AF298400

8° S
8784

COURS ÉLÉMENTAIRE

DE

GÉOLOGIE ET DE BOTANIQUE

OUVRAGES DU MÊME AUTEUR

A LA MÊME LIBRAIRIE

Cours élémentaire de Zoologie, conforme aux derniers programmes. 1 vol. in-18 jésus, cart. **1** fr. **60**

Cours d'Anatomie et de Physiologie végétales, conforme aux derniers programmes. 1 vol. in-18 jésus, cartonné .... **1** fr. **60**

Cours d'Anatomie et de Physiologie animales, conforme aux derniers programmes. 1 vol. in-18 jésus, cartonné................................. **2** fr. **25**

COURS ÉLÉMENTAIRE

DE

GÉOLOGIE

ET DE

BOTANIQUE

Rédigé conformément aux derniers programmes officiels.

(Enseignement classique et enseignement moderne)

PAR

B. LAMOUNETTE

AGRÉGÉ DES SCIENCES NATURELLES, DOCTEUR ÈS SCIENCES

PROFESSEUR AU LYCÉE DE TOULOUSE

CINQUIÈME ÉDITION

(Revue et considérablement augmentée)

PARIS

GARNIER FRÈRES, LIBRAIRES-ÉDITEURS

6, RUE DES SAINTS-PÈRES, 6

GÉOLOGIE

NOTIONS PRÉLIMINAIRES

Forme de la terre. — La terre a la forme d'une sphère renflée à l'équateur et légèrement aplatie aux pôles.

Par des calculs d'une grande précision, on a pu mesurer ses divers rayons, et l'on a trouvé que le rayon allant du centre à l'équateur a environ 6.377 kilomètres, tandis que le rayon des pôles n'a que 6.356 kilomètres, ce qui fait une différence de 21 kilomètres.

Température intérieure de la terre. — En dehors de la température extérieure, qui varie suivant les saisons, les climats, etc., et qui lui est donnée par le soleil, la terre a une température intérieure qui lui est propre. On a remarqué, en effet, qu'à partir d'une profondeur de 30 à 40 mètres, le thermomètre marque dans les mines 1 degré de plus par 33 mètres, de telle sorte que, à 3.000 mètres au-dessous de la surface extérieure, on trouverait la température de l'eau bouillante, c'est-à-dire 100 degrés.

En supposant que l'augmentation de chaleur continue à

être régulièrement de 1 degré par 33 mètres — ce qu'on ne peut nullement vérifier — au centre même de la terre la température serait d'environ 200.000 degrés !

Écorce terrestre et noyau incandescent. — Que cette dernière donnée soit exacte ou non, on conçoit que, à une certaine profondeur évaluée à 50 ou 60 kilomètres, toutes les substances minérales que nous connaissons doivent se trouver à l'état de fusion, puisqu'elles fondent presque toutes au-dessous de 2.000 degrés.

Cela revient à dire qu'on doit considérer le globe terrestre comme étant constitué actuellement de deux parties :

1° Une partie solide appelée *écorce terrestre ;*

2° Une partie liquide appelée *noyau incandescent.*

La faible épaisseur de l'écorce terrestre relativement au noyau l'a fait comparer à l'épaisseur de la coquille d'un œuf par rapport à son contenu.

La présence dans la terre d'un noyau liquide à température très élevée est encore prouvée par d'autres faits (volcans, sources chaudes, etc.) dont nous aurons à parler plus loin. On en conclut, avec raison, que, avant d'avoir sa constitution actuelle, le globe terrestre était entièrement formé par une masse liquide ronde, tournant comme maintenant autour du soleil et sur elle-même. On démontre, en mécanique, que l'aplatissement des pôles est dû précisément à la rotation de notre globe alors qu'il était liquide.

Idées générales sur la formation de l'écorce terrestre. — Comment s'est constituée l'écorce terrestre solide autour de cette immense sphère liquide? C'est là le problème principal que la géologie se propose de résoudre; nous ne pouvons en indiquer ici qu'une solution générale.

Une première croûte solide, de faible épaisseur, se forma d'abord autour de la sphère liquide à la suite du refroidissement progressif produit par le rayonnement. Plus tard, les eaux, maintenues jusque-là à l'état de vapeurs dans l'atmosphère, tombèrent sous forme de pluies et constituèrent ainsi les premières mers.

A partir de ce moment, l'écorce terrestre augmenta peu à peu d'épaisseur par deux sortes d'actions opposées.

Des fractures produites dans la première croûte solide établirent entre l'intérieur et l'extérieur des communications par lesquelles des matières liquides firent éruption pour se solidifier ensuite par refroidissement en masses souvent considérables. C'est le phénomène connu sous le nom d'*éruption*, que nous constatons encore aujourd'hui dans les volcans.

D'un autre côté, les eaux des mers décomposèrent ces divers matériaux solidifiés pour les déposer ensuite dans leur fond sous une forme nouvelle. Ce phénomène, bien facile à observer aussi de nos jours, porte le nom de *sédimentation*.

En même temps, la température diminuait peu à peu sur ces continents et ces mers nouvellement formés ; lorsqu'elle arriva à ne dépasser guère 60 à 70 degrés, les êtres vivants, plantes et animaux, apparurent et prirent possession des terres et des eaux.

Dès lors, la terre nous apparaît soumise aux mêmes conditions générales que de nos jours. Mais que d'étapes il faudra encore parcourir jusqu'au moment où l'on pourra constater l'apparition de l'homme !

L'étude des changements qui se sont produits à chacune de ces étapes est aussi un des domaines de la géologie ; et nous pouvons dire maintenant que *la géologie[1] est la science qui a pour but de reconstituer l'histoire de la terre depuis la formation de la première croûte solide jusqu'à nos jours*.

Les époques géologiques. — Le temps qui s'est écoulé depuis la formation de la première croûte solide jusqu'à nos

---

De deux mots grecs : *gé*, terre ; *logos*, discours.

jours est subdivisé par les géologues en cinq grandes périodes ou époques de durée indéterminée. Ces époques portent les noms suivants :

1° L'époque *primitive* (la plus ancienne) ;

2° L'époque *primaire* (succédant à l'époque primitive) ;

3° L'époque *secondaire* (succédant à l'époque primaire) ;

4° L'époque *tertiaire* (succédant à l'époque secondaire) ;

5° L'époque *quaternaire* (succédant à l'époque tertiaire) ; c'est au début de l'époque quaternaire que l'homme a apparu sur la terre.

Cette subdivision montre que, en tout point du globe où la série est complète, les formations de l'époque quaternaire constituent la partie la plus superficielle de l'écorce terrestre et les formations de l'époque primitive la partie la plus profonde, les autres époques étant intercalées entre celles-là dans l'ordre énuméré.

Plan des leçons de géologie. — Ces notions préliminaires étant acquises, nous allons indiquer les trois parties principales que comprennent les leçons de géologie.

Dans une première partie nous ferons l'étude des matières solides ou *roches* qui forment l'écorce solide : **étude des roches.**

La seconde partie est consacrée à l'étude des modifications qui surviennent actuellement dans l'écorce terrestre, sur les continents ou dans les mers : **étude des phénomènes actuels.**

Dans la troisième partie, nous examinerons les diverses époques géologiques au point de vue des roches qui les caractérisent, des animaux et des plantes qu'elles ont vus se développer, et nous indiquerons la part que chacune d'elles a prise dans la constitution du sol de la France : **étude des époques géologiques.**

PREMIÈRE PARTIE

Étude des Roches.

Définition. — On désigne sous le nom de *roche* toute substance minérale qui, réunie en grande masse, contribue d'une façon notable à la constitution de l'écorce du globe. Exemples : sable, argile, calcaire, granit, etc.

Les deux grands groupes de roches. — Les roches se divisent tout d'abord en deux grands groupes.

1.° Dans un premier groupe se placent toutes les roches qui sont entièrement formées de cristaux ou qui renferment seulement des cristaux englobés dans un ciment d'aspect uniforme : ce sont les *roches cristallisées*. Ce groupe comprend les

FIG. 1. — Disposition des roches éruptives.

matériaux qui se sont solidifiés à la surface externe du globe terrestre liquide, ainsi que ceux qui sont sortis du noyau incandescent à travers les fissures du sol, c'est-à-dire par un phénomène d'*éruption*; c'est ce qui leur a valu aussi le nom de *roches éruptives*. Exemple : le granit. On les reconnaît immédiatement à la présence dans leur masse de parties brillantes qui sont précisément les cristaux entiers ou brisés qu'elles renferment ; elles se trouvent toujours disposées dans le sol en masses irrégulières (fig. 1).

2° Dans un deuxième groupe se placent toutes les roches qui n'ont pas de cristaux et qui par conséquent présentent

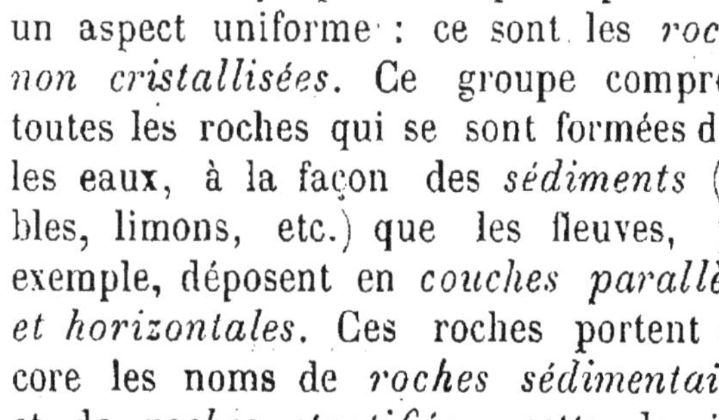

un aspect uniforme : ce sont les *roches non cristallisées*. Ce groupe comprend toutes les roches qui se sont formées dans les eaux, à la façon des *sédiments* (sables, limons, etc.) que les fleuves, par exemple, déposent en *couches parallèles et horizontales*. Ces roches portent encore les noms de *roches sédimentaires* et de *roches stratifiées*; cette dernière dénomination vient de leur disposition dans le sol, en couches ou *strates* parallèles (fig. 2). Exemples : argile, calcaire.

Fig. 2. — Disposition des roches sédimentaires.

Nous étudierons successivement les roches cristallisées et les roches non cristallisées.

CHAPITRE PREMIER

Les roches cristallisées.

Principaux éléments des roches cristallisées. — Parmi les éléments ou cristaux qui entrent dans la composition de ces roches, il en est quelques-uns qu'il est important de connaître parce qu'on les trouve très fréquemment; ce sont : le *quartz*, le *feldspath* et le *mica*.

1° *Le quartz.* — Le quartz[1] ou *cristal de roche* est de la silice pure. Ses cristaux se présentent d'habitude sous

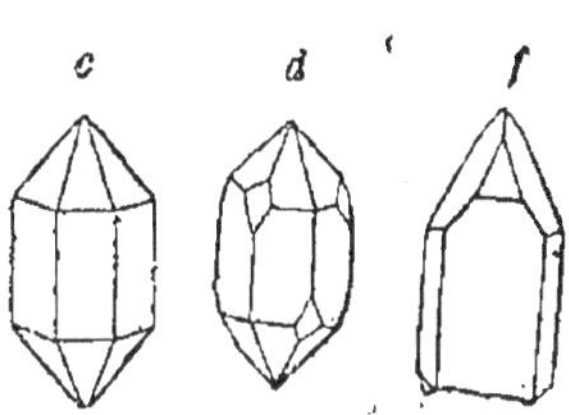

FIG. 3. — Cristaux de quartz.

forme de prismes à six pans terminés à chaque extrémité par une pyramide à six faces (fig. 3). Il raie le verre, n'est pas rayé par une pointe d'acier et fait feu sous le briquet.

Lorsque le quartz est pur, il est absolument transparent : lorsqu'il est coloré en violet, il porte le nom *d'améthyste* et est très recherché dans la bijouterie; la *calcédoine*, l'*agate*, l'*opale*, l'*onyx*... ne sont autre chose que des variétés de quartz non cristallisé et diversement coloré.

2° *Le feldspath.* — Le feldspath[2] est un double silicate, c'est-à-dire qu'il résulte de la combinaison de la silice avec deux bases. L'une de ces bases est toujours l'*alumine;* l'autre est la *potasse*, la *soude* ou la *chaux*, suivant les cas. Il y a donc plusieurs formes de feldspaths : une des formes les plus fréquentes **est** le feldspath appelé *orthose*, silicate d'alumine et de **potasse**; une autre forme est l'*oligoclase*, silicate d'alumine et de soude.

Les cristaux de feldspath ont généralement la forme de prisme obliques à six pans; leur couleur est blanche ou grise, d'habitude. Ils sont un peu moins durs que le quartz; c'est-à-dire qu'ils sont rayés par ce dernier; leur dureté est à peu près celle de l'acier.

Le feldspath présente une particularité qu'il est très utile

1. Nom allemand de la silice pure.
2. Mot allemand : *feld*, champ; *spath*, pierre.

e connaître : sous le choc du marteau il se coupe en fragments qui ont exactement la forme de prismes, comme les gros cristaux ; il semble donc que chaque cristal résulte de la soudure de cristaux plus petits. On exprime cette particularité en disant que le feldspath est *clivable*.[1]

3° *Le mica*. — Le mica[2] a une composition plus complexe que le feldspath : c'est un silicate d'alumine et de potasse renfermant en outre du *fer* et de la *magnésie*. Il se présente en lamelles minces et brillantes qu'il est très facile de séparer en lamelles de plus en plus minces : c'est le minéral clivable par excellence. La dureté du mica est très faible, car il est rayé par l'ongle.

Nous citerons encore parmi les cristaux que l'on rencontre dans les roches cristallisées : l'*amphibole*, silicate d'un vert foncé, non clivable ; le *péridot*, silicate d'un vert olive ; le *pyroxène*, silicate d'un vert très foncé.

Distinction de ces divers cristaux dans les roches. — Lorsque ces divers cristaux sont grands et séparés les les uns des autres, il n'y a aucune difficulté à les reconnaître par les caractères ci-dessus indiqués. Mais il n'en est pas ainsi dans les roches, où ils sont généralement petits et brisés. Cependant on s'habitue vite à distinguer le mica à son éclat brillant, le feldspath à son éclat un peu terne et aux miroitements que la lumière détermine sur les faces planes de ses cristaux brisés, le quartz à sa cassure, irrégulière comme celle du verre, et à sa grande dureté.

Les autres cristaux (amphibole, etc.) se distinguent des précédents surtout par leur couleur ; ils se distinguent moins facilement les uns des autres, mais nous ne pouvons entrer ici dans les détails qui les concernent.

Les deux groupes de roches cristallisées. — Les

---

1. Du latin *clivare*, fendre.
2. Du latin *micare*, briller.

roches cristallisées ne se sont pas toutes formées au même moment : les unes, appelées roches cristallisées *anciennes*, se sont formées pendant l'époque primitive et pendant l'époque primaire ; les autres, appelées roches cristallisées *récentes*, sont arrivées à la surface du sol à la façon des *laves* de nos volcans à partir du commencement de l'époque tertiaire. Il est à remarquer que pendant l'époque secondaire il n'y a presque pas eu de formation de roches cristallisées.

Étudions successivement les principaux exemples de ces deux catégories de roches.

Les roches cristallisées anciennes. — Les nombreuses roches cristallisées anciennes appartiennent à l'un des trois sous-groupes suivants ;

1° Les roches *primitives ;* exemple : gneiss.

2° Les roches *granitoïdes ;* exemple : granit.

3° Les roches *porphyroïdes ;* exemple : porphyre.

1. ROCHES PRIMITIVES. — Dans les roches primitives, les cristaux, accolés intimement les uns aux autres, sont disposés par petites couches parallèles, ce que l'on voit nettement en examinant la tranche d'un fragment de ces roches (fig. 4).

FIG. 4. — Coupe d'une roche primitive ; *a*, *b*, couches de cristaux.

Les deux principaux exemples sont : le *gneiss* et le *micaschiste*.

Le *gneiss*[1] est formé principalement de cristaux de quartz, de feldspath et de mica ; les cristaux de mica sont disposés en couches minces, brillantes ; ces couches sont séparées les unes des autres par des couches grisâtres dans lesquelles les

____

1. Mot allemand.

cristaux de quartz et de feldspath se trouvent mélangés sans aucun ordre.

Le *micaschiste*[1] est formé principalement de mica et de quartz, disposés en couches alternatives ; c'est donc un gneiss sans feldspath.

Les roches primitives sont les plus anciennes de toutes les roches; elles constituent la première croûte solide qui s'est formée à la surface du globe liquide, d'où leur désignation.

2. ROCHES GRANITOÏDES. — Dans les roches granitoïdes, les cristaux, accolés intimement les uns aux autres, sont disposés sans aucun ordre et non en couches parallèles comme dans les roches primitives (fig. 5).

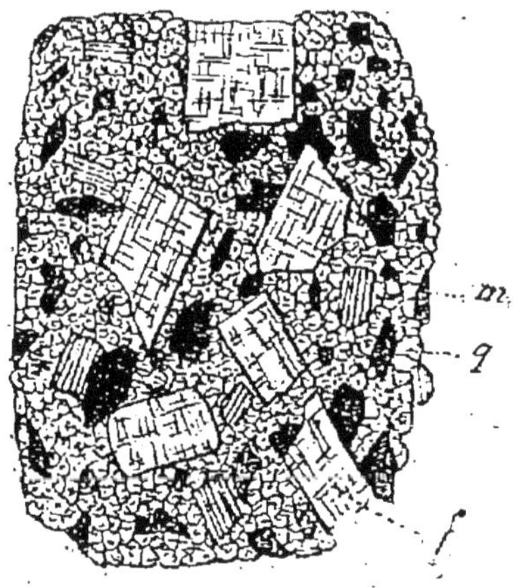

FIG. 5. — Le granit; *q*, quartz; *f*, feldspath; *m*, mica.

Le type de ces roches est le *granit*[2], constitué essentiellement de cristaux de quartz, de feldspath et de mica noir.

La *granulite* diffère du granit en ce que le mica est blanc (granit à mica blanc).

Dans la *pegmatite*, on ne trouve plus guère que des cristaux de quartz et de feldspath (granit sans mica).

La *syénite*[3] est formée surtout de cristaux de quartz, de feldspath et d'*amphibole* (granit dont le mica est remplacé par l'amphibole).

La *diorite* est constituée principalement de cristaux de feldspath et d'amphibole.

Ce sont là les exemples les plus communs des roches gra-

1. De *mica* et du grec *schizô*, je fends.
2. De *granito*, grain.
3. De *Syène*, ville d'Egypte.

nitoïdes : on peut en trouver des échantillons intéressants dans les cailloux que roulent les cours d'eau descendant des pays de montagnes.

3. ROCHES PORPHYROÏDES. — Dans les roches porphyroïdes, les cristaux sont disséminés dans une pâte dure, de nature feldspathique, colorée en rouge le plus souvent, en vert quelquefois. Cette pâte paraît homogène à l'œil nu; mais on voit, à l'aide du microscope, qu'elle renferme de nombreux cristaux extrêmement petits (fig. 6).

Le phorphyre[1], type de ces roches, est formé — comme le

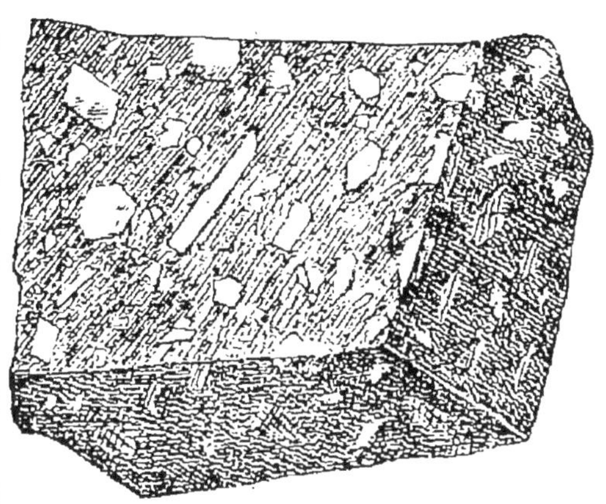

FIG. 6. — Le porphyre (cristaux en blanc au milieu d'un ciment).

granit et le gneiss — de cristaux de quartz, de mica et de feldspath, mais séparés par un ciment dur, feldspathique. Cette roche est très ornementale quand elle est polie, parce que les cristaux, surtout les cristaux de feldspath, tranchent par leur couleur claire, sur le fond rouge ou vert du ciment.

On désigne sous le nom d'*eurite* une roche porphyroïde dépourvue presque entièrement de cristaux visibles à l'œil nu.

Les roches cristallisées récentes. — Les roches cristallisées récentes se rangent dans les trois sous-groupes suivants :

1° Les roches *trachytiques*; ex. : trachyte;

2° Les roches *basaltiques*; ex. : basalte;

3° Les *laves*, produites par les volcans actuels.

1. Du latin *porphyra*, pourpre.

1. ROCHES TRACHYTIQUES. — Le trachyte[1], type de ce groupe, est une roche âpre au toucher, formée d'une pâte feldspathique grise, rude, renfermant quelques cristaux fendillés de feldspath vitreux, de mica et de certains autres minéraux. Ces divers cristaux, visibles à l'œil nu,

FIG. 7. — Colonnes prismatiqes de basalte aux environs de Volant, (*Ardèche.*)

sont peu nombreux; la pâte des trachytes renferme, en outre, un grand nombre de petits cristaux visibles seulement à l'aide du microscope.

Le Puy-de-Dôme, le Mont-Dore, le Cantal, sont presque entièrement constitués de trachytes.

Nous signalerons encore, parmi les roches trachytiques l'*obsidienne*[2], sorte de trachyte noir, ayant l'aspect vitreux,

1. Du grec *trachus*, rude.
2. Découverte par *Obsidius.*

la *ponce* ou pierre ponce, trachyte poreux, par conséquent très léger et pouvant flotter sur l'eau.

2. ROCHES BASALTIQUES. — Le basalte[1], type des roches basaltiques, est une roche noirâtre qui semble au premier abord n'être pas cristallisée ; cependant on y peut trouver quelques cristaux de feldspath et surtout des cristaux vert-olive de *péridot* ou olivine. En se solidifiant après leur sortie des volcans tertiaires et quaternaires, la masse des basaltes s'est divisée en colonnes prismatiques, comme on peut le voir dans l'Ardèche, par exemple (fig. 7).

La couleur noire, sombre, des basaltes est due à la présence du fer (oxyde magnétique de fer).

3. LAVES. — Les laves sont les roches qui, sorties de nos volcans à l'état liquide, se sont ensuite solidifiées par refroidissement ; leur aspect rappelle, en général, les scories des hauts fourneaux. Parmi les laves, il en est qui se rapprochent des trachytes, d'autres qui rappellent les basaltes.

TABLEAU DES ROCHES CRISTALLISÉES

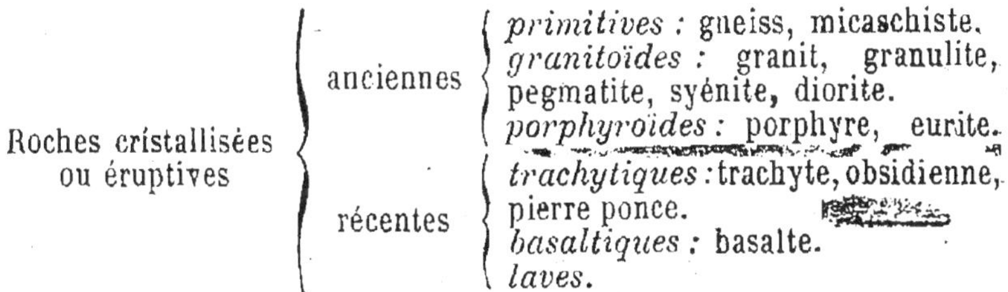

| Roches cristallisées ou éruptives | anciennes | *primitives* : gneiss, micaschiste. *granitoïdes* : granit, granulite, pegmatite, syénite, diorite. *porphyroïdes* : porphyre, eurite. |
| | récentes | *trachytiques* : trachyte, obsidienne, pierre ponce. *basaltiques* : basalte. *laves*. |

1. Etymologie douteuse : *ba*, faux ; *sall*, pierre ; *ès*, fer.

1. Comment définissez-vous les roches ? Comment distinguez-vous les roches cristallisées et les roches non cristallisées ?

2 Donnez quelques renseignements sur le mode de formation de ces deux groupes de roches.

3. Quels sont les cristaux que l'on trouve le plus fréquemment dans les roches cristallisées ?

4. Comment distinguez-vous ces cristaux ?

5. Qu'appelez-vous roches cristallisées anciennes ? Donnez leur division en trois groupes.

6. Parlez des roches primitives.

7. Définissez les roches granitoïdes et donnez les exemples principaux.

8. Comment distinguez-vous les roches porphyroïdes ? Exemples.

9. Qu'est-ce que les roches cristallisées récentes ?

10. Comment distinguez-vous les trachytes des basaltes ? — Qu'appelle-t-on laves ?

11. Comment sont constituées les roches cristallisées récentes ?

CHAPITRE II

Les roches non cristallisées.

Définition et classification. — Les roches non cristallisées sont, ainsi que nous l'avons dit, des roches sédimentaires et stratifiées ; ces deux dernières dénominations indiquent leur mode d'origine et leur disposition dans l'écorce solide du globe terrestre.

On peut ranger la plupart de ces roches dans les trois groupes suivants :

1° Les roches siliceuses ; ex. : *grès* ;

2° Les roches calcaires ; ex. : *marbre* ;

3° Les roches argileuses ; ex. : *argile plastique.*

Dans un quatrième groupe, nous placerons les roches végétales (ex. : *houille*), qui se sont formées à la façon des roches sédimentaires, mais qui résultent, non de substances minérales, mais de plantes ou de parties de plantes décomposées à l'abri de l'air.

I. — LES ROCHES SILICEUSES.

Caractères généraux. — Les roches siliceuses sont formées essentiellement de silice, dont le quartz est la forme cristallisée; on les reconnait, d'une manière générale: 1° à leur dureté, car elles ne sont pas rayées par l'acier: 2° à ce qu'elles ne font pas effervescence. avec les acides; 3° à ce qu'elles font feu au briquet.

Les principaux exemples sont: les quartzites, les silex.

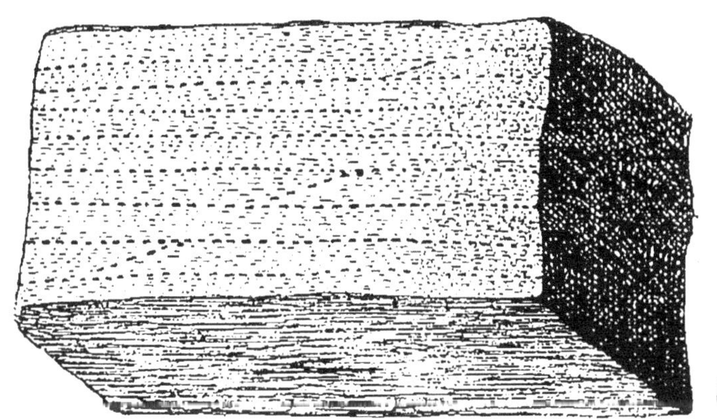

FIG. 8. — Fragment de grès.

les grès, les poudingues, les conglomérats et les meulières.

Quartzites, silex. — Les quartzites sont formées de silice presque pure, en général; dans les silex, la silice est moins pure. Ces deux roches font feu au briquet; la seconde porte le nom de *pierre à fusil ;* l'une et l'autre ont une cassure irrégulière avec des arêtes tranchantes.

Sables, grès. — On désigne sous le nom de *sables* les roches composées de grains de silice arrondis par l'action

des eaux ; ces grains de silice ne sont autre chose que les
cristaux de quartz des roches cristallisées anciennes, cristaux arrachés d'abord par les eaux, puis arrondis par leur
frottement réciproque, et enfin déposés au fond des eaux.

Les *grès* sont des roches dures formées de grains de
sable réunis, cimentés par une pâte siliceuse (fig. 8). Les
grains des grès sont plus ou moins fins : ainsi, dans les *grès
grossiers*, les grains de sable sont relativement assez gros
et peuvent facilement être détachés avec une pointe d'acier.

Poudingues, conglomérats. — Les *poudingues* (fig. 9)
sont des grès dans lesquels les grains siliceux sont remplacés

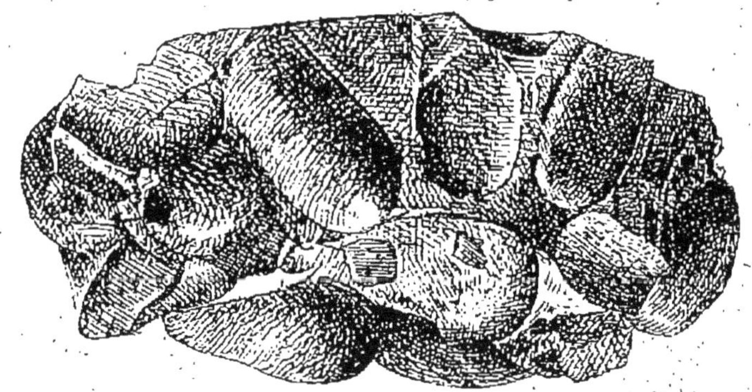

FIG. 9. — Fragment de poudingue.

par des cailloux siliceux, arrondis par suite de leur frottement réciproque dans les eaux ; cette roche a été compa-
rée au point de vue de sa structure aux gâteaux du même
nom, constitués par une pâte renfermant des fruits.

Les *conglomérats* ne sont autre chose que des poudingues dans lesquels les cailloux auraient des formes irrégulières et non arrondies.

Remarque. — Les roches que nous venons de définir
doivent être accompagnées d'un qualificatif qui détermine
leur nature, car on trouve des sables formés de grains et
calcaire, par exemple, et l'on trouve surtout des grès, des

poudingues et des conglomérats dans lesquels le ciment, au lieu d'être siliceux, est formé par du calcaire, de l'argile ou du fer.

Il faut donc dire : grès *siliceux*, grès *calcaire*, grès *ferrugineux*, selon la nature du ciment, et de même pour les poudingues et conglomérats.

Meulières. — Les *meulières* ne sont guère autre chose que des grès caverneux, c'est-à-dire creusés de nombreuses cavités, et plus ou moins mélangés de calcaires. Le nom de ces roches vient de leur emploi ; elles servent, en outre, à édifier les ponts, les murailles, etc., c'est-à-dire les constructions qui doivent présenter une grande solidité, et de plus, une grande résistance à l'humidité.

Usages des roches siliceuses. — Les sables servent à la fabrication du verre, du mortier (mélange de chaux et de sable); les grès sont très employés pour le pavage des rues, pour la fabrication des meules, des éviers, etc., ainsi que pour la construction des maisons ; les poudingues et conglomérats servent aussi pour ce dernier usage dans les pays où les autres matériaux solides sont rares.

2. — LES ROCHES CALCAIRES.

Caractères généraux. — Les roches calcaires sont ainsi appelées parce qu'elles renferment surtout la substance minérale connue sous le nom de calcaire.

Le calcaire[1] résulte de la combinaison de la *chaux* et de l'*acide carbonique* : c'est donc un *carbonate de chaux*.

On distingue les roches calcaires des autres roches stratifiées aux caractères suivants :

1° Les roches calcaires font *effervescence*[2] avec les acides ;

1. De *calx*, chaux.
2. Du latin *effervescere*, bouillir.

cela veut dire que, si l'on met une goutte d'acide sur une roche calcaire, ou si l'on place un fragment de cette roche dans un acide quelconque, on observe aussitôt une sorte de bouillonnement ; ce bouillonnement ou effervescence est dû à ce que l'acide carbonique se dégage de la roche calcaire, et s'échappe dans l'air en formant des bulles de gaz qui traversent l'acide employé. Le résultat de l'action de l'acide sur les calcaires est le suivant : le départ de l'acide carbonique permet à la chaux restée libre de se combiner avec l'acide employé ; si, par exemple, on a employé de l'acide sulfurique, la chaux se combinant avec ce dernier, il se forme un *sulfate de chaux*.

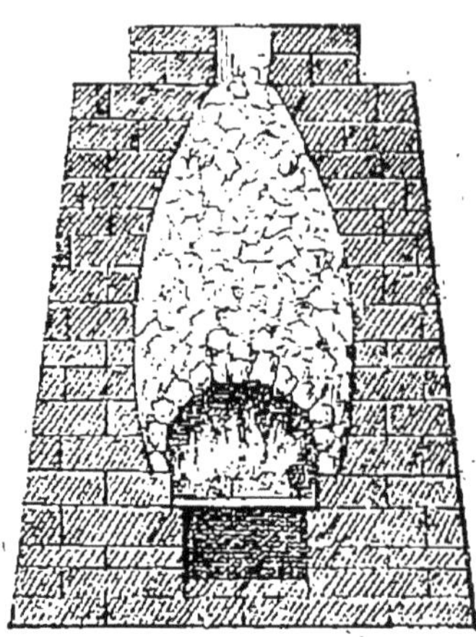

FIG. 10. — Four à chaux.

2° Les roches calcaires, chauffées à une certaine température (fig. 10), perdent leur acide carbonique, qui s'échappe dans l'air ; il reste donc seulement de la chaux, dite *chaux vive*. La chaux vive plongée dans l'eau se combine avec celle-ci ; cette combinaison est accompagnée d'une grande augmentation de température, et elle a pour résultat la formation de la *chaux éteinte* qui sert à la fabrication du mortier.

3° Les roches calcaires sont beaucoup moins dures que les roches siliceuses, car elles peuvent toujours être rayées avec un couteau.

Les roches calcaires sont très nombreuses ; parmi les plus importantes, nous citerons, afin de les examiner successivement : les *marbres*, la pierre *lithographique*, la *craie*, le *calcaire oolithique*, le calcaire *grossier*, les *travertins*, les grès et poudingues *calcaires*.

Les marbres. — Les marbres sont des calcaires durs, à apparence cristalline, employés en sculpture, dans l'ornementation, etc. ; leur dureté et la finesse de leur grain permettent de les polir. Il existe un grand nombre de variétés de marbres : les marbres *blancs* (Paros, Carrare, Saint-Béat) sont les plus renommés.

Le calcaire lithographique. — Le calcaire lithographique[1], ainsi appelé parce qu'il sert pour la gravure sur la pierre, est aussi un calcaire dur, susceptible d'être poli, formé de grains excessivement fins, mélangés avec une petite quantité d'argile.

La craie. — La craie est un calcaire d'un blanc très pur le plus souvent; on peut la rayer avec l'ongle, par conséquent elle est très tendre; cela permet de l'employer pour écrire sur les tableaux noirs, sur l'ardoise.

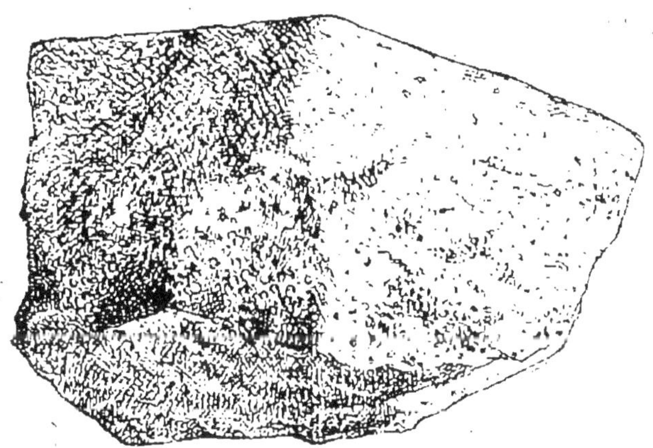

FIG. 11. — Fragment de calcaire oolithique.

Le calcaire oolithique[2]. — Cette variété de roches calcaires est formée (fig. 11) de petits grains arrondis comme des œufs de poisson (d'où son nom); chaque grain est cons-

1. Du grec *lithos*, pierre ; *graphein*, écrire.
2. Du grec *öon*, œuf ; lithos, pierre.

titué d'un petit fragment de silice entouré de calcaire. Lorsque les grains sont plus gros, le calcaire est appelé pisolithique.

Le calcaire oolithique est très abondant dans la région du Jura ; il sert de pierre de construction.

Le calcaire grossier. — Le calcaire grossier, formé de gros grains, est plus connu sous le nom de pierre à bâtir ; c'est la pierre exploitée dans les carrières des environs de Paris et pour les constructions. Sa dureté est plus grande que celle de la craie, égale à peu près à celle du calcaire ooltihique.

Les travertins. — Les travertins sont des roches calcaires formées par certaines eaux chaudes.

Les grès, les poudingues et les conglomérats *calcaires* se distinguent immédiatement des mêmes roches siliceuses par leur effervescence au moyen des acides.

LE GYPSE

Caractères du gypse. — A côté des roches calcaires, on peut placer le *gypse* ou *pierre à plâtre* qui est, non un carbonate de chaux, mais un *sulfate de chaux hydraté;* cela veut dire que, pour former cette roche, la chaux est combinée à l'acide sulfurique (sulfate de chaux) et à l'eau (hydraté).

Le gypse est une roche tendre ; il ne fait pas effervescence au moyen des acides; chauffé à une température suffisante (130°), il perd les 3/4 de son eau qui s'évapore dans l'air et il devient pulvérulent : à cet état il s'appelle plâtre.

Cette roche se rencontre dans le sol sous des formes bien diverses, dont les principales sont :

1° Le gypse *compact*, ayant l'aspect d'un calcaire blanchâtre;

2° Le gypse *saccharoïde*, ayant l'apparence du sucre, avec de petits grains brillants comme des cristaux ;

3° Le gypse *fibreux*, qui semble constitué de fils ou fibres accolés les uns aux autres ;

4° Le gypse *fer-de-lance*, formé de cristaux clivables, ayant la forme bizarre d'un fer de lance ; chaque cristal

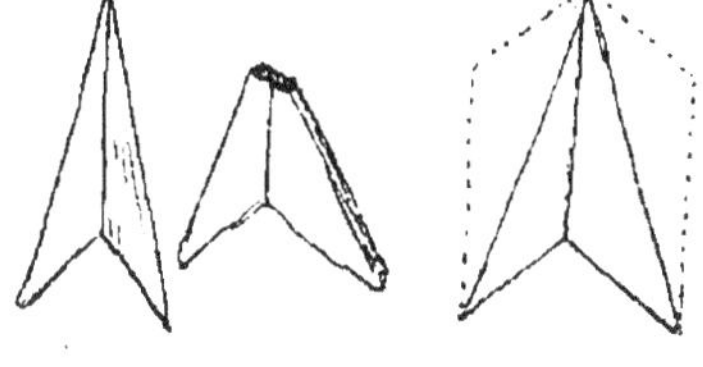

Fig. 12. — Cristaux de gypse (le dessin de droite montre la formation d'un cristal en fer de lance).

est, en somme, constitué par deux demi-cristaux soudés, mais renversés l'un par rapport à l'autre (fig. 12).

3. — LES ROCHES ARGILEUSES.

Caractères généraux. — Les roches argileuses tirent leur nom de l'*argile*, l'une des roches les plus communes de ce groupe.

L'argile est un silicate d'alumine plus ou moins pur ; l'argile pure est blanche et porte le nom de *kaolin* ; les autres argiles sont d'habitude grises ou bien colorées en rouge par une matière étrangère, l'oxyde de fer.

Les caractères de l'argile sont les suivants :

1° Elle est douce au toucher, très tendre, puisqu'elle est facilement rayée par l'ongle ;

2° Mise dans l'eau, elle l'absorbe, se délaye et forme comme une espèce de pâte que l'on peut pétrir dans les doigts : c'est une *pâte plastique* ; quand l'argile est sèche, elle happe à la langue parce qu'elle absorbe la salive ;

3° L'argile est *imperméable*, c'est-à-dire qu'elle ne se laisse pas traverser par l'eau qu'elle absorbe ;

4° Chauffée, l'argile se transforme en une sorte de pierre beaucoup plus dure (*brique*), non délayable dans l'eau et non imperméable.

Principaux exemples. — Nous citerons, dans ce groupe : le kaolin, l'argile plastique, l'argile à foulon et les schistes argileux.

Le *kaolin*[1] est une argile blanche, servant à la fabrication de la porcelaine ; on en trouve un gisement très important aux environs de Saint-Yrieix.

L'*argile plastique*[2] est la terre dont se servent les sculpteurs, la terre des potiers, des briquetiers, la terre des faïenciers.

L'*argile à foulon* n'est pas plastique comme les précédentes, mais elle a la propriété importante d'absorber les matières grasses ; c'est ce qui la fait utiliser pour dégraisser ou foulonner les étoffes de laine.

Les *schistes argileux* sont des argiles dures, n'ayant aucune plasticité et appartenant, en général, aux matériaux de l'époque primaire ; le nom de *schiste*[3] vient de ce que ces argiles se séparent par le choc en lames, en feuilles, comme l'*ardoise*, qui est précisément le type des schistes argileux.

LES MARNES.

Caractères généraux. — La marne est, à la fois, une roche argileuse et une roche calcaire : en effet, elle résulte d'un mélange intime de calcaire et d'argile, en proportions très variables. On conçoit qu'elle doit faire effervescence par les acides ; on la reconnaît surtout à ce que, laissée quelque temps à l'air humide, elle se réduit en poussière.

On fabrique avec la marne le *ciment hydraulique* qui a la propriété remarquable de durcir dans l'eau et qu'on emploie dans la construction des piles de ponts ou tous autres ouvrages qui se font sous l'eau.

Mais la marne est surtout utilisée pour l'*amendement*

---

1. Mot chinois.
2. Du grec *plassein*, modeler.
3. Du grec *schizô*, je fends.

des terres, c'est-à-dire pour fournir de l'argile aux terres calcaires ou sablonneuses et du calcaire aux terres argileuses et imperméables.

4. — LES ROCHES VÉGÉTALES.

Caractères généraux. — Ainsi que nous l'avons dit, les roches végétales sont le résultat de la décomposition lente des plantes à l'abri de l'air.

Elles renferment toutes une grande proportion de carbone et, par conséquent, elles sont *combustibles*.

Dans ce groupe nous citerons : la *houille*, l'*anthracite*, la *lignite*, la *tourbe*.

La houille. — La houille est une roche fragile, tendre, souvent un peu schisteuse. Elle brûle facilement avec flamme et fumée et, en brûlant, elle dégage une forte odeur de bitume. Quand elle est chauffée en vase clos, elle abandonne certains gaz, notamment le *gaz d'éclairage* ; elle laisse comme résidu le *coke*, qui brûle aussi, mais presque sans flamme.

On connaît l'utilité de la houille et l'on sait que cette roche se trouve dans le sol en amas le plus souvent très considérables. Elle s'est formée pendant l'époque primaire aux dépens de végétaux qui ont entièrement disparu.

L'anthracite. — L'anthracite[1] est une roche à peu près de la même époque ; noire, brillante, elle brûle avec moins de flamme, mais en dégageant une forte chaleur.

La lignite. — La lignite[2] est plus récente que les deux roches précédentes ; elle appartient, en effet, à l'époque secondaire et à l'époque tertiaire ; les végétaux qui l'ont formée sont moins transformés ; elle brûle avec flamme et fumée en répandant une odeur forte et piquante ; on ne

---

1. Du grec *anthrax*, charbon.
2. Du latin *lignum*, bois.

peut pas l'employer pour la forge. Sa poussière est noire; celle de l'anthracite et de la houille est d'un noir brillant.

Le *jais* est de la lignite dure et d'un beau noir.

La tourbe. — La tourbe se forme actuellement dans certains marais; c'est un mélange de végétaux plus ou moins décomposés et de terre. Elle brûle beaucoup moins facilement que les roches précédentes, sans flamme, mais en dégageant une fumée épaisse.

TABLEAU DES ROCHES SÉDIMENTAIRES

Roches non cristallisées ou sédimentaires	1. Roches siliceuses	Sables Grès Poudingues Conglomérats
	2. Roches calcaires	Marbres Pierre lithographique Craie Calcaire oolithique Calcaire grossier Travertin
	3. Le gypse	
	4. Roches argileuses	Kaolin Argile plastique Argile à foulon Ardoises
	5. La marne	
	6. Roches végétales	Houille Anthracite Lignite Tourbe

QUESTIONNAIRE SUR LE DEUXIÈME CHAPITRE

1. Quels sont les principaux groupes de roches sédimentaires ?
2. Donnez les caractères et les principaux exemples de roches siliceuses.
3. Caractères du calcaire ; décrivez les principales roches calcaires.
4. Décrivez le gypse.
5. Qu'est-ce que l'argile ? Décrivez les principales roches argileuses.
6. Qu'appelle-t-on marne ?
7. Décrivez les principales roches végétales.
8. Citez les roches sédimentaires que vous avez vues.

DEUXIÈME PARTIE

Etude des phénomènes actuels.

Objet et but de cette étude. — Le globe terrestre, constitué, ainsi que nous venons de le voir, de roches très diverses, semble au premier abord immuable; en réalité, il se modifie sans cesse sous l'influence de l'eau, de l'air, par exemple, qui agissent d'une façon continue sur presque toutes les roches; il se modifie aussi sous l'influence du noyau incandescent qui détermine la formation de nouvelles roches, telles que les laves, et qui est la cause des mouvements connus sous le nom de tremblements de terre.

Toutes ces modifications ont un caractère commun, leur *continuité* : elles ont commencé à se produire dès l'origine de la première écorce solide; nous les constatons de nos jours, d'où le nom de *phénomènes actuels*, et elles continueront à se manifester dans les temps futurs. En général aussi, ces modifications sont lentes et elles ne peuvent, en conséquence, être comprises qu'à la suite d'observations longues et patientes.

L'étude des phénomènes actuels est de la plus haute importance, car elle nous permet de rattacher le présent de notre globe à son passé, en montrant que les mêmes effets ont été produits par les mêmes causes. Si, par exemple, nous nous demandons comment les montagnes ont pu se former, nous en trouvons une explication dans l'étude des mouvements actuels du sol, car nous constatons que, en certains points du globe, le sol s'exhausse lentement; si cet exhaussement est continu, on conçoit bien que dans la série des temps il pourra avoir pour effet d'élever certains continents jusqu'à la hauteur de nos montagnes.

Nous examinerons successivement les modifications de notre sol dues à l'action de l'eau, de l'air et du noyau incandescent.

CHAPITRE III

Modifications exercées par l'eau à l'état liquide.

Les trois états de l'eau. — L'eau se présente dans la nature sous trois états :

1° A l'état de *vapeur* (nuages, brouillards); son action s'ajoute en cet état à celle de l'air qui la porte; nous l'étudierons plus loin.

2° A l'état *liquide ;* sous cet état elle constitue la pluie, les sources, les cours d'eau et les mers ;

3° A l'état *solide*, c'est-à-dire sous forme de neige et de glace ; nous étudierons l'eau à l'état solide dans le chapitre suivant.

Que devient l'eau des pluies? — L'eau des pluies, après être tombée sur le sol, se comporte de trois manières différentes :

1° Une partie retourne à l'air sous forme de vapeur, par le phénomène de l'évaporation ; c'est une des sources des brouillards et des nuages ;

2° Une autre partie pénètre dans l'intérieur du sol, si celui-ci est perméable : c'est le phénomène de l'*infiltration* ;

3° Une troisième partie s'écoule à la surface pour se rendre dans les parties creuses, sous forme de petits ruisseaux : c'est le *ruissellement*. L'eau de ruissellement, jointe à l'eau qui provient de la fonte des neiges et des glaces et aussi à une grande partie de l'eau d'infiltration, est l'origine des divers cours d'eau, torrents, rivières et fleuves. On sait que les eaux courantes se rendent dans les *mers*, source principale des nuages et, par suite, de l'eau des pluies.

A propos des modifications exercées par l'eau à l'état liquide, nous avons par conséquent à étudier :

1° Les eaux d'infiltration ;

2° Les eaux de ruissellement ;

3° Les mers.

1. — Les eaux d'infiltration.

Sources. — Les eaux d'infiltration, en raison de leur propre poids, descendent dans le sol à travers les roches *perméables*, telles que les sables, les graviers, les calcaires, jusqu'à ce qu'elles rencontrent une roche qui ne se laisse pas traverser par elles, c'est-à-dire une roche *imperméable* (argile, par ex.). Elles forment alors, au-dessus de cette roche, une *nappe souterraine*. Si la couche imperméable a une disposition horizontale, l'eau de la nappe souterraine s'écoule lentement sur une grande étendue ; mais si la couche imperméable est inclinée, et si elle comprend des parties creuses, l'eau souterraine s'écoule par un point seulement, donnant ainsi naissance à une *source* (fig. 13). Il est certain que, d'une façon générale, le débit de la source

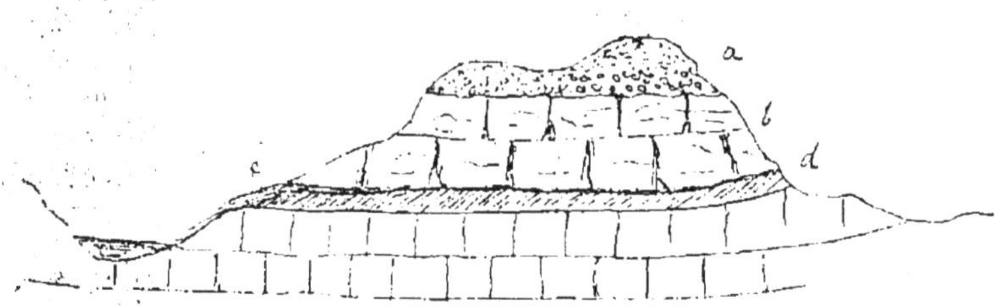

Fig. 13. — Source sortant d'une nappe d'eau souterraine retenue par la couche imperméable *cd*.

dépend de la quantité des eaux infiltrées : chacun a pu constater, en effet, que pendant les étés secs les sources ont un débit moindre, et que ce débit est bien plus grand après les grandes pluies ou à la suite de la fonte des neiges.

Puits, fontaines intermittentes. — Les puits et les fontaines intermittentes s'expliquent par la présence dans le sol, à une profondeur plus ou moins grande, des nappes d'eau dues à l'infiltration des pluies.

Pour faire un *puits ordinaire*, on fore le sol jusqu'à la profondeur d'une roche imperméable ; l'eau remplit le puits jusqu'au niveau qu'elle atteint dans le sol.

Les *fontaines intermittentes* sont des sources présentant cette particularité curieuse de couler pendant un certain temps, puis de s'arrêter pour couler de nouveau pendant le même temps et ainsi de suite. On explique cette particularité en admettant que la source communique par un conduit en forme de siphon avec une cavité intérieure où s'accumulent les eaux d'infiltration : l'eau coule tant que le siphon est amorcé ; elle ne coule plus si le niveau de l'eau baisse dans la cavité intérieure jusqu'au point de désamorcer le siphon ; et pour la voir couler encore, il faudra attendre que les eaux d'infiltration remplissent suffisamment la cavité pour amorcer le siphon de nouveau.

Puits artésiens. — Dans les puits artésiens, l'eau jaillit avec force par l'ouverture extérieure ; elle jaillit aussi en grande quantité, car les deux puits artésiens de Paris (Grenelle et Passy) donnent environ 20.000 mètres cubes d'eau en 24 heures.

Voici comment s'expliquent les puits artésiens, en prenant comme exemple les puits de cet ordre creusés à Paris.

Certaines roches de l'époque secondaire (crétacé), très développées au pourtour du bassin de Paris, en Champagne et en Normandie, par exemple, ont pour caractère spécial de plonger de tous côtés vers le centre du bassin et de for-

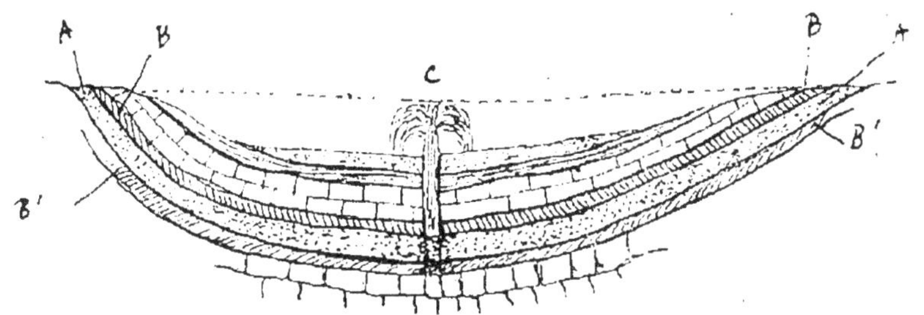

Fig. 14. — Figure théorique d'un puits artésien. BB, B'B', couches imperméables entre lesquelles s'accumule l'eau qui jaillit jusqu'au niveau C

mer ainsi une sorte d'immense cuvette recouverte par les roches de l'époque tertiaire. En creusant le sol sous Paris, on trouve à une certaine profondeur (600 mètres environ) les couches qui affleurent en Normandie et en Champagne ; or, parmi ces couches, on trouve des sables intercalés entre deux couches d'argile, et les eaux d'infiltration ne peuvent que s'accumuler dans ces sables, éminemment perméables (fig. 14); de plus, Paris est à un niveau plus bas que la Champagne et la Normandie. En vertu du principe

connu en physique sous le nom de principe des *vases com-
municants*, l'eau qui remplira les puits creusés jusqu'au
niveau de la nappe souterraine tendra à s'élever jusqu'à la
hauteur de la Champagne, par exemple, c'est-à-dire qu'elle
jaillira au-dessus de l'ouverture, puisque Paris occupe un
niveau plus bas.

Actions chimiques des eaux d'infiltration. — Les
eaux d'infiltration exercent des modifications très importantes sur certaines roches; tout d'abord, il est à noter que
si elles traversent des roches solubles, telles que le sel
gemme et le gypse, elles dissolvent ces roches et les entraînent peu à peu.

Mais les eaux des pluies, grâce surtout à la présence de
l'acide carbonique qu'elles ont enlevé à l'air, peuvent transformer considérablement les roches en apparence les plus
réfractaires à toute modification, telles que les calcaires
et les roches granitoïdes, et former à leurs dépens de
nouvelles roches, comme les *travertins*, les *stalactites*, les
stalagmites et le *kaolin*.

1° *Travertins.* — Il existe, en certains points, et notamment à Saint-Allyre, près de Clermont-Ferrand, des sources
dites *incrustantes*. Ces sources sont limpides, claires, mais
si riches en calcaire qu'au bout de quelque temps les objets
qu'on y laisse séjourner se couvrent d'une couche uniforme
de calcaire qui conserve leur forme exacte en leur donnant
une apparence de pierre. Le calcaire que renferment ces
sources a été dissous, grâce à l'acide carbonique, par les
eaux d'infiltration ayant traversé des massifs calcaires :
mais en arrivant à l'air et par suite du dégagement de
l'acide carbonique, ce calcaire, jusque-là dissous, se préci-
pite et se dépose autour des objets.

Ces faits expliquent la formation des travertins, roches
calcaires que nous avons signalées. A Tivoli, près de Rome,
au milieu d'une plaine, se trouvent de petits lacs qui
reçoivent des eaux chargées de calcaires, lesquels se dépo-

sent lentement dans leur fond : ces dépôts constituent précisément le travertin qui est exploité pour la construction
de Rome depuis les temps anciens. On croit d'ailleurs que
la plaine de Ti-
voli est le reste
d'un grand lac
qui a été comblé,
à part les petits
lacs actuels, par
les calcaires dé-
posés au fond de
ses eaux.

2° *Stalactites,
stalagmites.* —
Ce sont des colon-
nes calcaires for-
mées au plafond
(stalactites) et au
plancher (stalag-

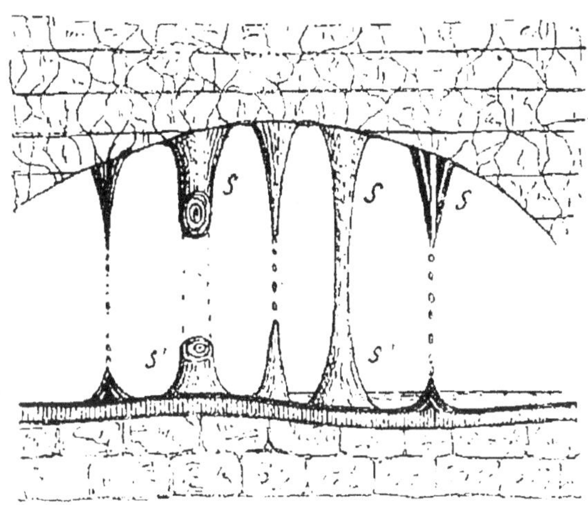

FIG 15.— Figure théorique de la formation des
stalactites *s* et des stalagmites *s'*.

mites) des grottes par la sortie de gouttes d'eau chargées de calcaire (fig. 15). L'origine du calcaire et la
manière dont il se dépose sont absolument identiques à
l'origine et au dépôt du calcaire des sources incrustantes.

3° *Kaolin.* — Les roches granitoïdes, sous l'action inces-
sante des eaux de pluies chargées d'acide carbonique, se
transforment partiellement en *kaolin*, c'est-à-dire en une
argile blanche très pure, employée pour la fabrication de la
porcelaine et très abondante aux environs de Saint-Yrieix.

Voici comment s'opère cette transformation.

Les cristaux de feldspath sont attaqués par l'acide carbonique qui se combine avec la seconde base (soude, potasse
ou chaux) pour former un carbonate soluble que l'eau en-
traîne; il ne reste donc que le silicate d'alumine, c'est-à-
dire le kaolin. Les autres cristaux n'étant plus liés les uns
aux autres par suite de cette transformation, se séparent :

les cristaux de quartz forment des amas de sables et les parties plus légères, comme les paillettes de mica, sont entraînées par le ruissellement.

2. — LES EAUX DE RUISSELLEMENT.

Leur origine. — Les eaux d'infiltration, lorsqu'elles s'écoulent par des sources, les puits qui ruissellent à la surface, ainsi que le produit de la fonte des neiges et des glaciers, produisent de grandes masses qui coulent de tous côtés en suivant la pente du sol et qui, réunies ensemble, forment les torrents, les ruisseaux, les rivières et enfin les fleuves par lequels elles arrivent jusque dans les mers.

Actions exercées par les torrents. — Les actions exercées sur les roches par les eaux courantes varient avec la pente, la rapidité de l'écoulement, le resserrement ou l'élargissement de leur lit et avec la nature même de ces roches.

Les *torrents*, dont la pente et la rapidité du cours sont souvent très grandes, ont des effets désastreux, justement redoutés dans nos montagnes, surtout à l'époque de la fonte des neiges ou à la suite de pluies abondantes. Ils roulent avec un bruit de tonnerre des masses de roches en les usant fortement les unes contre les autres; ils attaquent aussi leurs propres rives et en changent sans cesse les contours par des éboulements parfois considérables; les arbres, les ponts, les maisons sont déracinés et enlevés par la force de leur courant, etc.

Les résultats généraux de ces actions destructives sont les suivants :

1° Le fond du lit se creuse de plus en plus; l'on sait à quelle profondeur coulent la plupart des torrents des Alpes et des gaves des Pyrénées. Le creusement du lit est quelquefois inégal parce qu'une roche est plus résistante que les roches placées au-dessous (fig. 16) : c'est là l'origine des *cascades;*

2° Les *sédiments* ou fragments de roches entraînées sont transportés au loin, mais après avoir été plus ou moins modifiés suivant leur nature. Les roches les plus tendres,

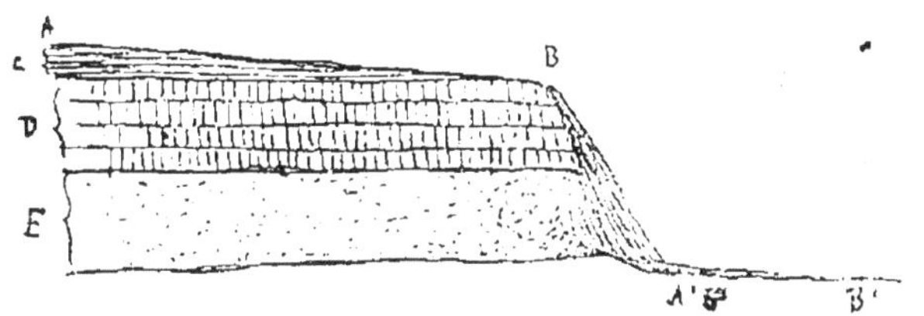

Fig. 16.— Coupe théorique d'une cascade : *AB*, cours du torrent; *C*, *D*, roches dures; *E* roche tendre.

comme l'argile, sont réduites à l'état de limon qui, en raison de son faible poids, restera longtemps en suspension dans les eaux ; la trituration d'autres roches — les roches calcaires ou granitoïdes, par exemple — aura pour résultat la formation de *sables* plus ou moins fins que les eaux courantes pourront aussi transporter à de grandes distances; les roches moins tendres — les grès, certaines roches cristallisées — seront décomposées en *graviers*, c'est-à-dire en cailloux arrondis qui roulent facilement et qui sont par conséquent susceptibles d'être tranportés aussi fort loin de leur point d'origine; enfin les roches les plus dures sont transformées en gros cailloux arrondis, usés par le frottement, que le cours d'eau ne pourra plus déplacer à partir d'un changement notable dans la pente ;

3° Si le torrent déborde sur son parcours, il dépose dans les vallées sur lesquelles il coule momentanément, une partie de ces matériaux, surtout les graviers, les sables et les limons ; ainsi se forment de nouvelles roches sédimentaires; ainsi se sont formées les roches de même nature que nous trouvons à diverses profondeurs dans l'écorce terrestre.

Actions exercées par les rivières et les fleuves. — Il est clair que si la force de ces eaux courantes ne changeait pas, tous les matériaux qu'elles entraînent arriveraient les uns après les autres jusque dans la mer. Mais déjà dans les rivières la pente est plus douce ; dans les fleuves elle est généralement plus faible encore : aussi les fleuves et les rivières ne transportent-ils guère que des sables et des limons légers qui restent comme suspendus dans leurs eaux, et qui se déposent dans leur fond quand la pente est nulle ou à leur embouchure dans la mer, ainsi qu'on le verra à propos des barres et des deltas. Lors des crues abondantes, ces cours d'eau peuvent déborder dans les vallées qui les bordent et, dans ce cas, ils abandonnent en se retirant la plupart des sédiments qu'ils entraînaient. On donne à ces sédiments, de nature diverse, le nom général d'*alluvions ;* nous citerons, à ce sujet, l'exemple du Nil qui déborde régulièrement chaque année à l'époque des crues et couvre ainsi le sol de l'Egypte d'un limon fertile.

Dépôts dans les lacs. — Si les torrents, les rivières ou les fleuves se déversent dans un lac, les sédiments qu'ils en-

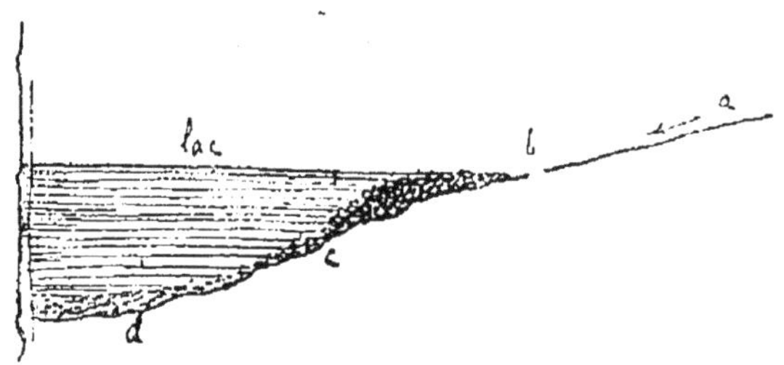

Fig. 17. — Formation des dépôts lacustres. *b*, graviers; *c*, sables; *d*, limons légers.

traînent s'y déposent comme dans une mer tranquille, mais dans un ordre régulier déterminé par le propre poids de leurs éléments.

Les cailloux restent près de l'entrée du lac, les graviers

vont un peu au delà ; enfin les sables et les limons se déposent en couches horizontales au fond même du lac. Les dépôts de cet ordre portent le nom général de *dépôts lacustres* (fig. 17).

La plaine d'alluvions qui se constitue par ce procédé au fond des lacs augmente sans cesse d'importance, puisque de nouveaux matériaux s'ajoutent à ceux qui ont été déjà déposés. En même temps, la profondeur des lacs diminue de plus en plus, et l'on peut dire qu'ils finiront par être complètement comblés.

Ces effets de comblement sont assez sensibles au lac de Genève, puisqu'une petite ville ancienne, Port-Valais, située il y a environ huit siècles sur les bords mêmes de ce lac, se trouve actuellement à trois kilomètres dans l'intérieur des terres.

Creusement des vallées. — Les faits que nous venons d'exposer nous ont appris le mode de formation des alluvions et des dépôts lacustres aux dépens de roches dégradées et transformées par les eaux courantes. Ils ont en outre un intérêt particulier en ce qu'ils nous montrent comment les vallées actuelles se sont formées : «Ces vallées ont été formées dans des terrains meubles ou délayables comme les ra-

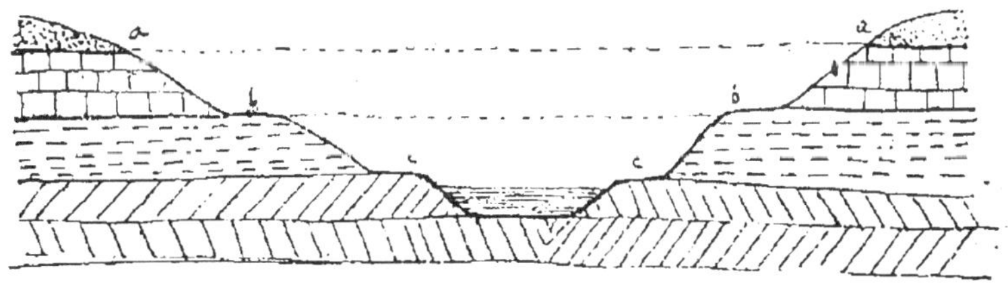

Fig. 18. — Figure théorique du creusement d'une vallée : *aa*, *bb*, *cc*, lits successifs occupés par le cours d'eau.

vins que les eaux d'orages produisent sous nos yeux en emportant avec elles les matériaux qui constituent le sol. »

En effet, le cours d'eau qui coule actuellement dans le

fond de nos vallées n'est que le reste d'un immense cours
d'eau qui, autrefois, occupait toute la vallée et qui, peu à
peu, a usé ses bords à la façon des cours d'eau actuels,
en même temps qu'il creusait son lit. Ce cours d'eau ancien
prenait naissance dans les grands glaciers qui couvraient
nos montagnes au début de l'époque quaternaire ; ces glaciers ayant fondu peu à peu donnaient des débits d'eau de
plus en plus faibles ; le cours d'eau, devenant moindre,
abandonnait ses rives primitives, se creusait un nouveau lit
inférieur au précédent et ainsi de suite (fig. 18).

Ce qui prouve nettement ce mode de creusement des vallées, c'est que les flancs des vallées présentent une succession de terrasses qui ne sont autre chose que les rives successives occupées par les eaux ; c'est aussi que la constitution géologique des vallées est identique sur leurs bords ;
les mêmes roches se retrouvant à droite et à gauche, comme
sur les bords d'une tranchée de chemin de fer.

3. — LES EAUX DES MERS.

Effets destructeurs des vagues. — Les vagues sont
les agents de destruction constante des côtes sur lesquelles

Fig. 19. — Action des vagues sur les falaises.

elles frappent (fig. 19). Sous leur action les roches tendres
sont attaquées et comme minées par la base jusqu'à la hauteur des vagues les plus fortes ; les roches placées au-dessus

de ce niveau — et soumises d'ailleurs aux dégradations des eaux d'infiltration et de ruissellement — finissent par n'avoir plus un soutien suffisant et, en raison de leur poids, s'écroulent tôt ou tard dans la mer.

Il résulte nettement de ce fait que les côtes reculent devant l'invasion des eaux marines.

Quand les roches de la côte sont dures, les effets sont plus lents, mais absolument identiques, d'ailleurs : tôt ou tard aussi, les parties élevées s'écroulent sous l'action des vagues qui ont incessamment miné leur base.

Si la côte est formée de roches alternativement tendres et dures, les vagues attaquent plus rapidement les premières, plus lentement les secondes, et les contours de la côte finissent par être comme déchiquetés, ainsi qu'on l'observe en divers points, notamment en Bretagne. Lorsque la côte est uniformément constituée par les mêmes roches ou par des roches d'une égale dureté, l'action destructive étant la même, la côte recule également en tous ses points, ainsi qu'on l'observe entre l'embouchure de la Gironde et l'embouchure de l'Adour.

On pourrait citer, à l'appui de ces faits, de nombreux exemples de l'empiétement des mers sur les continents. En voici quelques-uns très probants.

1° Les falaises de la Manche, aussi bien sur la côte anglaise que sur la côte française, reculent d'environ un mètre par année, et par suite le Pas de Calais s'élargit dans les mêmes proportions.

2° Certaines îles, plus directement exposées à l'action des vagues puissantes ont disparu ou sont sur le point de disparaître entièrement. La petite île de *Nordstrand*, par exemple, qui, autrefois, formait une presqu'île du Danemark et qui fut ensuite séparée de la côte par l'action des vagues, a été peu à peu totalement enlevée. L'île de *Sheppey* (Angleterre) perd en moyenne un hectare chaque année, si bien que l'on peut dire qu'elle aura entièrement disparu dans un demi-siècle.

Effets destructeurs des courants sous-marins. — Les courants sous-marins, constants ou temporaires, agissent sur le fond irrégulier des mers comme les eaux courantes agissent sur le fond de leur lit et contribuent par conséquent pour une part quelquefois très marquée aux modifications de l'écorce solide du globe.

Dépôts formés par les eaux des mers. — Les matériaux que les vagues enlèvent à la côte et ceux que les courants sous-marins enlèvent au fond des mers sont déposés soit sur la côte même (fig. 20), soit au large dans les endroits plus tranquilles, soit aussi à l'embouchure des grands fleuves. Ainsi se forment de nouvelles roches que nous devons passer en revue parce qu'elles expliquent la formation des roches anciennes.

Fig. 20. — Accumulation des débris de roches au pied des falaises; ces débris repris par les vagues formeront des galets et des sables.

1° *Galets et conglomérats.* — Les roches dures sont réduites en cailloux par l'action des vagues; ces cailloux, roulés, puis arrondis par le frottement constant des uns contre les autres, portent le nom de *galets;* les galets, sous l'action des vagues puissantes, sont rejetés sur les rivages où ils constituent les *plages de galets.* Ces galets sont parfois cimentés par le calcaire que les eaux des mers tiennent en dissolution et qu'elles déposent à la façon des sources incrustantes; ainsi se forme un *conglomérat calcaire* (à Biarritz, par exemple).

2° *Sables et grès.* — Les roches granitoïdes ou siliceuses sont transformées en sables par les mêmes actions ; ces sables sont déposés sur les rivages où ils forment les *plages de sables ;* ces mêmes sables peuvent d'ailleurs être transportés par les vents jusqu'à une distance très grande de la côte (voir *Dunes*) ; ils peuvent aussi se déposer dans les parties basses et tranquilles des mers pour former des *barres de sables*. En outre, on observe en certains points que cimentés par du calcaire ils deviennent des *grès calcaires* (près de la Rochelle), et que cimentés par de la silice, ils donnent naissance à des *grès siliceux* (Algérie).

3° *Argile, craie.* — Le produit de la destruction des côtes de nature argileuse est une boue fine, que les mers tiennent en suspension pour les déposer plus tard dans leur fond, ainsi qu'on l'observe dans la Méditerranée. Les sondages faits dans l'Océan Atlantique ont ramené en certains points une sorte de boue blanche ressemblant à la *craie* et formée de calcaire fin mêlé à des débris innombrables de coquilles microscopiques.

4° *Calcaire grossier.* — Les coquilles de Mollusques brisées et triturées par les vagues peuvent être cimentées par le calcaire dissous dans la mer. Ainsi se forme un calcaire grossier ayant les caractères des calcaires de même ordre trouvés dans les couches du sol.

Barres et deltas. — Les *barres* et les *deltas* sont des formations particulières dues aux dépôts que les fleuves forment à leur embouchure, sous l'influence des mers. On sait qu'à l'endroit où les fleuves débouchent dans les mers, la côte a été échancrée sous l'action des eaux fluviales et des eaux marines : cette échancrure s'appelle *estuaire ;* la mer peut remonter dans l'estuaire plus ou moins loin à l'inverse du courant des fleuves.

Si les vagues sont fortes, les matériaux solides apportés à la fois par les fleuves et par les mers se déposent dans l'estuaire et forment ainsi des bancs de sables ou de limons appelés *barres* (ex. : estuaire de la Gironde).

Si la mer est calme et par conséquent les vagues faibles, la première barre formée n'est pas détruite et les alluvions,

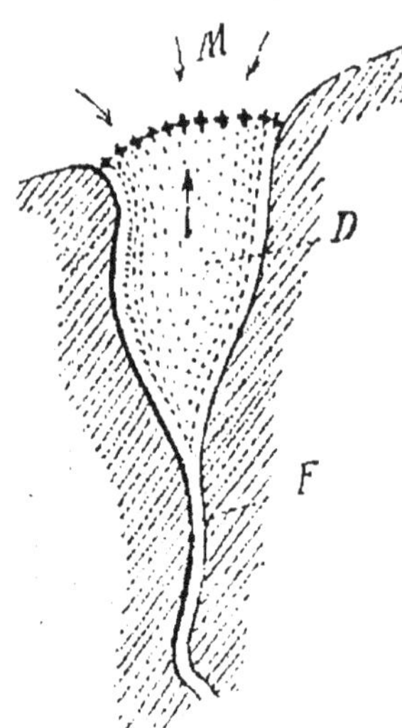

Fig. 21. — Figure théorique de la formation du delta *D* par le fleuve *F*.

incessamment apportées par le fleuve se déposent dans l'estuaire qu'elles finissent par combler entièrement, excepté sur les bords (fig. 21) par où le fleuve, désormais divisé en deux branches, continue à s'écouler dans la mer : c'est un delta qui s'est ainsi formé (de Δ, lettre grecque).

Quand l'estuaire est comblé, les alluvions se déposent en avant de lui, dans la mer, et le delta gagne de plus en plus sur le domaine maritime.

Le delta du Rhône peut être pris comme exemple de ces formations; l'île qui résulte du comblement de l'estuaire est l'île de la Camargue; le progrès du delta est estimé à 55 mètres par an, ce qui a pour effet de reculer d'autant les villes voisines de la mer.

On observe aussi des deltas dans des mers agitées, telles que l'Océan Atlantique (embouchure du Mississipi, par ex.); mais ces deltas sont dus à la masse énorme des sédiments apportés : le Mississipi ressemble, au printemps, bien plus à une mer boueuse qu'à un fleuve, de telle sorte que dans la lutte entre son pouvoir constructeur et le pouvoir destructeur des vagues l'avantage reste au fleuve, les sédiments qu'il apporte ayant une masse plus considérable que ceux qui sont enlevés à mesure par la mer.

QUESTIONNAIRE SUR LE CHAPITRE III

1. Expliquez en quoi consistent les phénomènes actuels.
2. Parlez des états de l'eau ; que devient l'eau des pluies ?
3. Expliquez la formation des sources. Qu'est-ce que c'est que les fontaines intermittentes ?
4. Définissez et expliquez les puits artésiens.
5. Décrivez la formation des travertins et du kaolin.
6. Décrivez les formations des torrents.
7. Que se passe-t-il dans les rivières et les fleuves au point de vue du transport des alluvions ?
8. Qu'appelle-t-on dépôts lacustres ? Leur importance et leur mode de formation.
9. Expliquez le creusement des vallées.
10. Parlez des effets destructeurs des eaux de mer.
11. Citez les dépôts formés par les eaux de mer et exposez leur origine.
12. Qu'appelle-t-on barres ? Les deltas et leur mode de formation.

CHAPITRE IV

Modifications exercées par l'eau à l'état solide.

Neige, glace. — L'eau se solidifie à la température zéro marquée par le thermomètre centigrade ; à l'état solide, elle porte les noms de *neige* et de *glace*. La neige résulte de la solidification de l'eau des nuages dans les régions supérieures de l'atmosphère ; elle tombe en flocons qui sont composés d'un grand nombre de cristaux visibles à la loupe, ayant le plus souvent la forme d'étoiles à six branches plus ou moins ornées. La glace ordinaire résulte de la congélation de l'eau liquide sous l'influence du froid ; le volume

occupé par la glace est plus grand que le volume occupé
par l'eau d'où elle provient.

La neige et la glace fondent au-dessus de 0°; elles
restent à l'état solide tant que la température est inférieure
à zéro.

Neiges perpétuelles. — La température diminue progressivement à mesure qu'on s'élève dans les airs, de telle
sorte que, en tous les points de la terre il existe une
hauteur à laquelle cette température est zéro et des
hauteurs plus grandes où la température est toujours inférieure à zéro : c'est ce qu'on observe dans nos pays sur les
montagnes qui dépassent 2.500 mètres au-dessus du niveau
de la mer; les sommets de ces montagnes sont toujours
couverts de neiges dites *neiges perpétuelles.*

Si l'on se dirige vers l'équateur, on constate que la limite
des neiges perpétuelles augmente progressivement, de telle
sorte que sous l'équateur les neiges perpétuelles ne se trouvent guère qu'à partir de 5.000 mètres au-dessus du niveau
de la mer.

Si l'on se dirige vers les pôles, on constate, au contraire,
que la limite des neiges perpétuelles baisse progressivement : en Islande, on voit des neiges perpétuelles à partir
de 1.000 mètres de hauteur, au Spitzberg, à partir de
500 mètres et dans les contrées polaires, à partir presque
du niveau même de la mer.

En résumé, la limite des neiges perpétuelles varie avec
la latitude; elle varie aussi, d'ailleurs sur le même
point, avec l'humidité, car sur les versants froids et secs des
montagnes elle se trouve à un niveau plus élevé que sur les
versants exposés aux vents humides et chauds.

Formation de la glace des glaciers. — Ainsi que
nous l'avons dit, la glace qui se forme dans les bassins et
dans les cours d'eau résulte directement de la congélation
de l'eau liquide. La glace des glaciers a une origine diffé-

rente, car elle provient de la transformation des neiges perpétuelles sous diverses influences que nous allons examiner.

Les neiges qui tombent sur les hautes montagnes sont chassées par les vents jusque dans les dépressions en forme de *cirques* qui sont le point de départ des vallées; dans les cirques, elles s'accumulent en masses considérables et se tassent peu à peu par le simple effet de la pression des couches nouvelles sur les couches plus anciennes.

Le soleil fait fondre pendant le jour une partie des cristaux des neiges les plus superficielles; l'eau qui résulte de cette fusion s'insinue à travers les couches placées au-dessous, et comme elle est de nouveau congelée pendant la nuit, elle fait en quelque sorte l'office de ciment vis-à-vis des groupes de cristaux de neige. Ce n'est plus la neige, c'est le *névé*, qui a, bien plus que la neige, l'aspect et la consistance de la glace. A un niveau moins élevé, le soleil exerce plus d'action sur les névés, mais les congélations de la nuit sont aussi plus importantes et, en outre, la pression est plus forte : à partir de ce niveau, c'est la glace compacte, transparente, d'une belle couleur azurée, c'est-à-dire la glace des glaciers.

En d'autres termes, les neiges fondent peu à peu sous l'influence des rayons solaires; l'eau qui provient de leur fusion se congèle à mesure et c'est, en définitive, cette eau congelée qui constitue la glace des glaciers.

Marche des glaciers. — Malgré leur apparente immobilité, les immenses masses de glace qui constituent les glaciers cheminent sur les pentes des montagnes à la façon des cours d'eau, mais avec une vitesse beaucoup moindre.

Le moyen le plus simple de constater la marche des glaciers consiste à planter sur leur rive des piquets qui serviront de point de repère et sur le glacier même un certain nombre d'autres piquets alignés entre eux et avec les précédents. Au bout de peu de temps (deux ou trois journées par exemple), on observe que l'alignement est nettement rompu, car les piquets du glacier se trouvent disposés en une courbe plus avancée vers le milieu, dans le sens de la pente, que sur les bords (fig. 22).

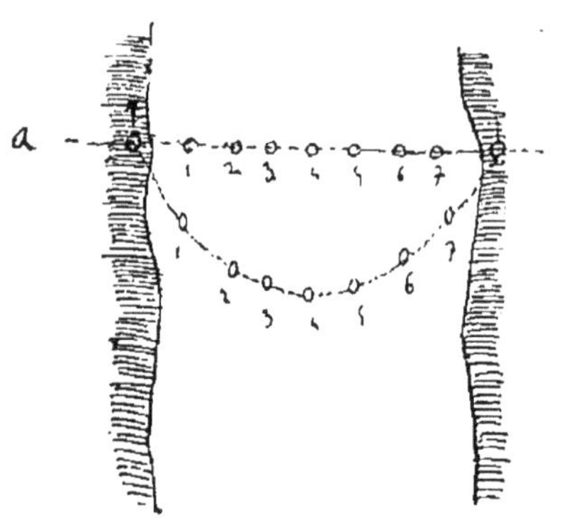

Fig. 22. — Preuve de la marche d'un glacier. Les piquets 1 à 7, alignés au début avec les piquets *a* et *b*, se sont déplacés et forment une courbe.

Il en est de même dans les rivières et les fleuves, car leurs eaux coulent plus lentement sur les bords que sur le milieu ; mais combien moindre est la vitesse de la glace ! Dans le glacier du Mont-Blanc, la vitesse varie entre 0^m30 et 1^m25 par 24 heures, et dans certains torrents, la vitesse atteint plusieurs centaines de kilomètres dans le même espace de temps (jusqu'à 1.300 kilomètres).

Limite inférieure des glaciers. — Les glaciers descendent vers les plaines dans les vallées qui les encaissent ; mais leur marche est subitement arrêtée à un certain point par la fusion produite par la température : on appelle *front du glacier* sa partie terminale à partir de laquelle le glacier est remplacé par le cours d'eau qui résulte de sa fusion.

Il est facile de concevoir que, si la glace fondue en ce point n'était pas compensée à mesure par la glace qui arrive des régions supérieures, le front du glacier remonterait tous les étés à un niveau plus élevé ; mais le glacier est soumis à deux conditions générales qui lui conservent, de nos jours, à peu près ses dimensions : la *fusion*, d'un côté, et l'*alimentation* par les neiges tombées sur les hauts sommets, d'un autre côté. S'il neige peu l'hiver et si l'été est chaud et sec, le front du glacier doit remonter ; il descend au contraire si l'été est froid et si les neiges sont tombées en grande abondance pendant les hivers précédents.

Sans insister autrement sur ces faits, nous constaterons simplement que les glaciers se terminent, dans les Alpes, à des niveaux où la température est supérieure à zéro, et que, dans les régions polaires, ils arrivent jusque dans les mers qui en séparent de grandes masses appelées *glaces flot-tantes*.

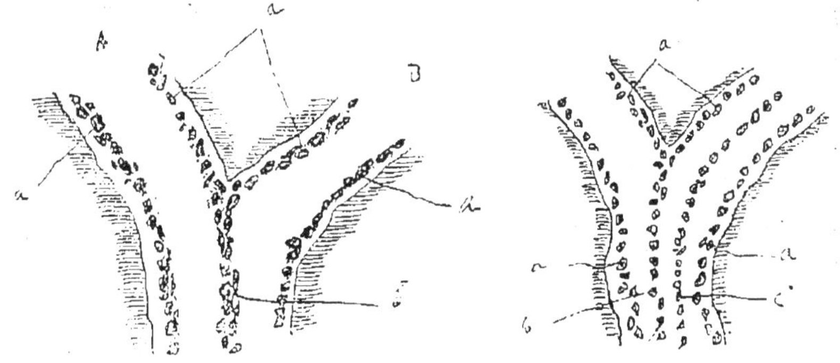

Fig. 23 et 24. — Moraines latérales *a*, *a* et médianes *b*, *c*. Confluence des glaciers.

Effets généraux des glaciers sur les roches. — Les glaciers, en raison de leur masse, exercent une pression considérable sur les roches qu'ils recouvrent. Entre eux et ces roches se trouvent des cailloux et des sables, parfois de gros blocs tombés au fond par des crevasses; ces divers matériaux solides, enchâssés dans la glace en mouvement, agissent comme autant de burins, en polissant et en striant les roches recouvertes. Si le glacier vient à fondre, on constate que le lit dans lequel il coulait présente des stries nombreuses et des surfaces polies; il a quelquefois une appa-rence dite *moutonnée*, c'est-à-dire rappelant l'aspect d'un troupeau de moutons.

3.

Les blocs tombés sur les glaciers à la suite des infiltrations des pluies ou de toute autre cause, de même que ceux qui ont été arrachés aux rives par l'énorme pression de la glace, s'accumulent sur les bords, constituant ainsi des traînées connues sous le nom de *moraines* (fig. 23). On peut constater sur un même glacier plusieurs moraines : les moraines *latérales*, disposées vers les bords ; les moraines *médianes*, qui résultent de la réunion des blocs de glaciers confluents, et les moraines *frontales* ou *terminales*, qui résultent de l'accumulation au front du glacier des blocs des diverses moraines (fig. 24 et 25).

Tous ces matériaux ont pour caractères communs : 1° d'être anguleux, irréguliers et non arrondis comme ceux

Fig. 25. — Coupe en long d'un glacier montrant la formation de la moraine frontale *F*.

qui sont entraînés par les cours d'eau ; 2° de présenter des surfaces *polies et striées*, ce qui est le résultat de leur frottement contre les roches formant les rives.

On peut trouver aussi, comme produit des actions exercées sur le fond et sur les rives des glaciers, des boues argileuses, fines, grises, disposées en arcs de cercle et connues sous le nom de *boues glaciaires* ; ces boues se distinguent nettement des limons jaunes et sableux déposés par les eaux courantes.

Anciens glaciers. — Si un des glaciers actuels venait à fondre entièrement, on ne serait nullement embarrassé pour en fixer la topographie et les limites après sa disparition : les roches moutonnées, polies et striées, indiqueraient la place du lit qu'il occupait ; les blocs abandonnés par suite de la fusion et disposés en longues bandes marqueraient la place de ses moraines latérales et médianes ; la masse irrégulière des blocs ayant formé sa moraine frontale montrerait l'endroit précis où il se terminait.

Ce sont là précisément les données qui ont permis aux géologues d'affirmer que, pendant l'époque quaternaire, les glaciers étaient bien plus étendus que de nos jours. Les limites de ces anciens glaciers ont été déterminées avec soin, et l'on sait, par exemple, que le glacier du Mont-Blanc couvrait la Suisse et les vallées de la Savoie et qu'il se terminait au confluent actuel du Rhône et de la Saône, c'est-à-dire au point où Lyon est bâti. On sait aussi que, non seulement les Alpes et les Pyrénées, mais encore l'Auvergne, les Vosges, le Jura, ont été recouverts à la même époque, de vastes glaciers qui descendaient fort loin dans les vallées débouchant de ces montagnes.

Blocs erratiques. — On désigne sous ce nom des blocs aux formes anguleuses, irrégulières que l'on trouve à partir du sommet des montagnes jusque dans les vallées et les plaines avoisinantes (fig. 26). Ils se reconnaissent aux caractères suivants : 1° ils appartiennent à une roche différente de la roche sur laquelle ils se trouvent posés (bloc *granitique* sur une roche *calcaire*, par exemple) ; 2° ils présentent des surfaces polies et striées.

Leurs formes singulières, leur nature, ainsi que leurs dimensions (il en est qui ont un volume de 40.000 mètres cubes) ont de tout temps appelé l'attention sur eux et quelques-uns étaient entourés de mystérieuses légendes; on en cite même qui sont encore l'objet de pieux pèlerinages.

Un simple guide des Alpes, Perrautin, émit, en 1815, l'idée que ces blocs singuliers pourraient bien être les restes de moraines de glaciers anciens, extrêmement développés. Cette idée est complètement justifiée, car il n'y a aucune différence essentielle entre les blocs erratiques et les blocs appartenant aux moraines charriées par les glaciers actuels.

Fig. 26. — Bloc erratique.

Il est inutile de faire ressortir tout l'intérêt que l'on doit attacher au phénomène actuel des glaciers, puisque l'étude que nous en avons faite nous permet de reconstituer toute une période curieuse de l'histoire de notre globe.

QUESTIONNAIRE SUR LE CHAPITRE IV

1. Dans quelles conditions se forment la neige et la glace ?
2. Qu'appelle-t-on neiges perpétuelles ? Indiquez leurs limites dans les différentes latitudes.
3. Expliquez la formation des glaciers aux dépens des neiges perpétuelles.
4. Exposez les observations qui ont été faites sur la marche des glaciers.
5. Comment se détermine la limite inférieure des glaciers ?
6. Expliquez l'action exercée par les glaciers sur le lit dans lequel ils cheminent.
7. Parlez des moraines et définissez par des caractères précis les blocs qui les forment.
8. Comment a-t-on pu savoir qu'il y a eu autrefois des glaciers immenses ?
9. Quelle était la distribution générale de ces glaciers en France ?
10. Qu'appelle-t-on blocs erratiques ? Pourquoi leur étude a-t-elle une grande importance ?

CHAPITRE V

Modifications exercées par l'atmosphère.

Modifications dues à la vapeur d'eau. — L'atmosphère est principalement formée d'air et de vapeur d'eau ; la vapeur d'eau constitue les brouillards et les nuages.

L'action de la vapeur d'eau est relativement peu importante ; il est à remarquer cependant que les roches *poreuses*, telles que les calcaires, sont peu à peu désagrégées et réduites en poussière : il suffit d'examiner un vieux monument pour se rendre compte de ce résultat.

Cette action est naturellement beaucoup plus lente sur les roches non poreuses, sur les roches cristallisées, par exemple ; toutefois, nous citerons un fait intéressant à cet égard : la cathédrale de Limoges est bâtie en granit ; sur sa face nord, exposée aux vents humides, elle a perdu près de 1 centimètre d'épaisseur en 400 ans; dans les carrières d'où ce granit a été extrait, les roches sont désagrégées jusqu'à une profondeur de 1^m60.

Modifications dues aux vents. — Les sables abandonnés par les mers sur les plages unies, ou bien ceux qu'on

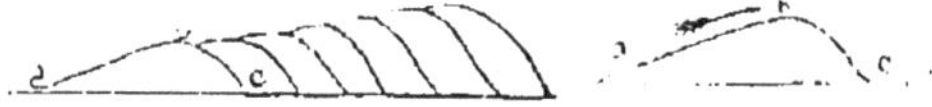

FIG. 27 et 28. — Formation et disposition des dunes.

trouve dans les déserts, sont poussés par les vents et forment des collines ayant en général de 8 à 10, 20, 30 mètres de hauteur et qui peuvent aussi atteindre 80 et même 100 mètres : ce sont les *dunes*. Dans une dune, on consi-

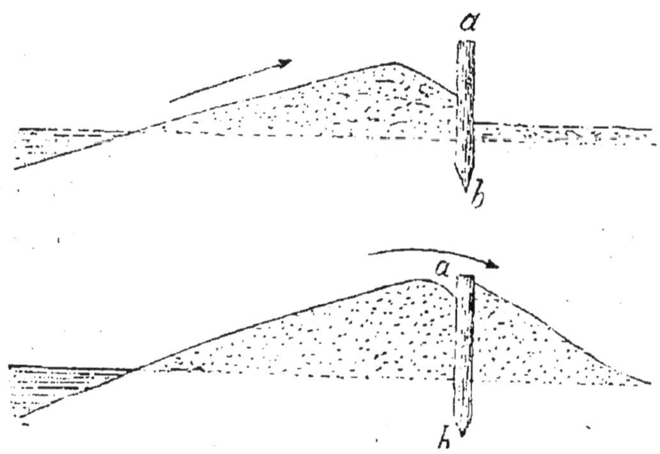

FIG. 29. — Preuve de la marche des dunes : le piquet *ab* se trouve peu à peu enseveli sous les sables.

dère une pente douce tournée vers la mer ou dans la direction des vents, un sommet et une pente rapide, du côté opposé (fig. 27 et 28).

Mode de formation et marche des dunes. — Si nous

observons ce qui se passe sur une plage sablonneuse et plate lorsque les vents soufflent de la mer, nous constatons que les grains de sable sont poussés vers la terre jusqu'à ce qu'ils rencontrent un obstacle quelconque, une pierre, un arbre, un mur, etc. ; cet obstacle est bientôt recouvert entièrement des sables apportés par les vents et, à partir de ce moment, les nouvelles masses de sable retombent du côté opposé. C'est ainsi que se forment les dunes (fig. 27).

Si nous plantons un piquet dans le sol à une distance connue de la base de cette première dune (fig. 29), nous constaterons au bout de quelque temps que le piquet sera enseveli sous la dune qui s'est peu à peu étendue vers les terres ; au bout d'un temps plus long, nous pourrons constater aussi que le piquet reparaît du côté opposé : cette expérience permet d'affirmer que les dunes se déplacent.

Si, après qu'une première dune s'est constituée, de nouveaux sables lui sont incessamment fournis en avant, de nouvelles dunes se formeront au delà de la première, et l'on verra ainsi toute une série de collines à peu près parallèles qui couvriront de plus grandes étendues du continent (fig. 28).

De toutes façons les dunes marchent ; leur vitesse est très variable : on en a vu qui s'avançaient chaque année de 20 à 25 mètres, de 80 mètres aussi quelquefois, et même de 500 mètres. Si, dans leur marche, elles rencontrent des cours d'eau, ceux-ci sont arrêtés dans leur écoulement, s'étendent en arrière et forment ainsi des étangs, comme le long de la côte des Landes ; les campagnes les plus fertiles finissent par être ensevelies sous ces masses de sables, les villes et les villages sont aussi menacés d'un ensevelissement semblable. On cite, à ce sujet, aux environs de Saint-Pol-de-Léon (Bretagne), un village qui a été envahi par une couche de sable de 6 mètres d'épaisseur, sable venu de dunes ayant une vitesse de 500 mètres par an. On sait, d'autre part, que, par suite des dunes, la région des Landes était devenue infertile et inhabitable.

Fixation des dunes. — Vers la fin du siècle dernier, un savant ingénieur, Brémontier, après avoir constaté que les Landes avaient été envahies par les dunes au XIVe siècle et à la suite du déboisement de cette région, eut la pensée de reboiser les Landes afin d'arrêter les dunes. Après bien des essais, toujours soutenu par la pensée d'être utile à son pays, il fixa son choix sur le pin maritime dont il fit faire de nombreuses plantations aux environs d'Arcachon. Cet essai ayant parfaitement réussi, des travaux analogues furent entrepris sur tous les points des Landes et cette région devint bientôt prospère, car les pins donnent d'importants revenus, puisqu'ils fournissent la résine, la térébenthine, le bois de chauffage et de construction.

Comment les pins fixent-ils les dunes? Leur tige et leurs branches brisent les vents ; en outre, leurs feuilles en tombant sur le sol couvrent les sables d'un épais tapis qui empêche toute action sensible des vents sur eux.

Toutes les plantes qui peuvent se développer sur les sables agissent, d'ailleurs, à peu près aussi efficacement que les pins pour la fixation des dunes : dans le nord de la France et en Belgique, c'est une herbe, le *Carex* ou laîche de sables, qui, s'étalant sur le sol, opère la fixation des dunes.

QUESTIONNAIRE SUR LE CHAPITRE V

1. Indiquez quelques modifications dues à la vapeur d'eau.
2. Qu'est-ce qu'une dune ?
3. Expliquez le mode de formation des dunes.
4. Comment les dunes marchent-elles ?
5. Quels sont les dangers des dunes?
6. Comment arrive-t-on à fixer les dunes ?

CHAPITRE VI

Phénomènes actuels d'origine interne.

Définition et classification. — Les modifications que nous avons étudiées jusqu'ici sont dues à des causes *extérieures* à notre globe ; celles que nous allons passer en revue dans ce chapitre sont dues à une même cause *intérieure* dépendant de la présence, sous l'écorce terrestre, d'un immense noyau de matières minérales fondues.

Ces modifications d'origine interne peuvent se rattacher à deux grands phénomènes actuels, les *volcans* et les *mouvements du sol*. Aux volcans se rattachent naturellement certains phénomènes, tels que les

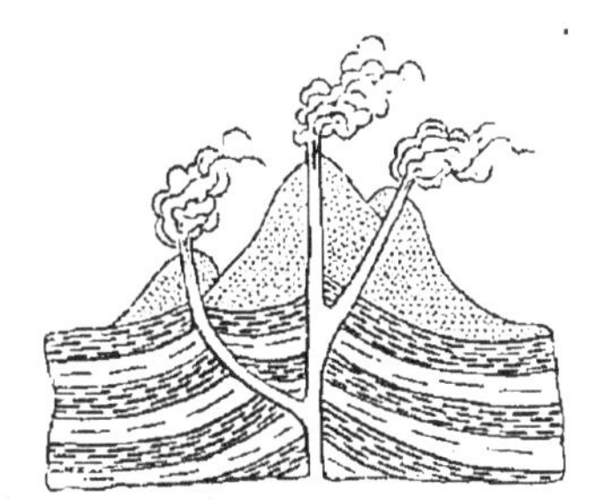

Fig. 30. — Coupe à travers un volcan, montrant les cheminées qui s'enfoncent sous l'écorce terrestre et traversent les cratères.

solfatares et les geysers ; quant aux mouvements du sol, ils se divisent tout naturellement en deux catégories : les mouvements violents ou *tremblements de terre*, et les *mouvements lents* d'exhaussement et d'affaissement du sol.

Nous étudierons successivement ces divers phénomènes.

1. — LES VOLCANS.

Définition. — Les volcans sont des ouvertures de l'écorce du globe qui mettent en communication les profondeurs du sol avec la surface extérieure.

Ils se présentent généralement sous la forme de montagnes coniques terminées à leur sommet par une sorte de
réservoir appelé *cratère*; au centre du cratère débouche un
canal, la *cheminée*, qui est la partie vraiment *essentielle*
du volcan (fig. 30); la montagne et le cratère ne sont que
des parties *accessoires*. En effet, les volcans ne comprennent
que la cheminée à leur début; autour de l'ouverture extérieure de ce conduit s'accumulent peu à peu les divers
matériaux qui forment la montagne volcanique.

FIG. 31. — Volcan dans une île.

Diverses catégories de volcans. — Si nous examinons
les volcans répartis à la surface du globe, nous pouvons les
diviser en plusieurs catégories, savoir : 1° les volcans
éteints, très nombreux en Auvergne; 2° les volcans *intermittents*, qui manifestent leur activité par des éruptions
plus ou moins éloignées; 3° les volcans *continus*, qui se
trouvent de nos jours en éruption ininterrompue. Le Vésuve et l'Etna appartiennent à la 2e catégorie, le Stromboli (îles Lipari), appartient à la 3e.

Que se passe-t-il pendant une éruption volcanique?

Caractères d'une éruption volcanique.— L'éruption
volcanique, dans les volcans intermittents, est d'habitude

comme annoncée par des phénomènes précurseurs : des bruits souterrains se font entendre, le sol tremble, la fumée augmente au-dessus du cratère ou apparaît s'il n'y en avait pas auparavant ; puis les mouvements du sol et les

Fig. 32. — Le sommet du Vésuve en 1829, montrant le cratère actuel d'où s'échappent des fumerolles avec des blocs solides.

bruits souterrains deviennent de plus en plus violents ; la colonne de fumée atteint une hauteur extraordinaire, de plusieurs milliers de mètres quelquefois (fig. 31) ; elle est bientôt traversée comme par des fusées et mélangée de blocs solides et de cendres légères (fig. 32). C'est l'éruption qui commence ; elle se continue par l'arrivée de matières fondues qui montent le long de la cheminée, remplissent le cratère pour s'écouler ensuite sur les flancs du cône volcanique. Cela dure un temps indéterminé, après quoi le volcan passe à l'état de repos jusqu'à ce qu'une nouvelle éruption survienne, et ainsi de suite jusqu'à l'extinction complète.

L'énoncé des principaux caractères d'une éruption nous montre qu'il convient d'examiner successivement : 1° les produits *gazeux;* 2° les produits *solides;* 3° les produits *liquides*.

Produits gazeux. — Ce sont les produits gazeux qui forment la colonne de fumée, qui souvent persiste au-dessus du cratère longtemps après la fin de l'éruption. A une grande distance, on perçoit des odeurs âcres, violentes, que l'on reconnaît comme étant dues au dégagement de l'acide chlorhydrique, de l'acide sulfureux, de l'hydrogène sulfuré, etc.

Ces vapeurs — car ce n'est pas en réalité de la fumée — portent le nom général de *fumerolles;* elles renferment, surtout au début de l'éruption, un grand nombre de matières gazeuses, parmi lesquelles la vapeur d'eau est de beaucoup la plus importante comme masse : on a, en effet, calculé que sur 1.000 kilos de vapeurs, il faut compter environ 999 kilos de vapeur d'eau. M. Fouqué évalue à plus de deux millions de mètres cubes la masse d'eau qui fut rejetée à l'état de vapeur par l'Etna, en 1865, pendant 109 jours, ce qui ferait à peu près 20.000 mètres cubes par jour, en moyenne.

Certains corps que nous sommes habitués à trouver à l'état solide ou à l'état dissous se trouvent sous forme de gaz dans les fumerolles du début de l'éruption : parmi eux, nous citerons le sel marin, des sels de potasse, d'ammoniaque, de magnésie, accompagnés d'acide chlorhydrique, carbonique, sulfureux, etc. Comme le sel marin passe à l'état de vapeur vers 1.500 degrés, on voit quelles fumerolles ont une très haute température.

Produits solides. — Parmi les produits solides rejetés par les volcans, il convient d'établir deux catégories, savoir : 1° les blocs arrachés aux parois de la cheminée par la pression des fumerolles ; ces blocs varient naturellement avec la nature des roches traversées par les conduits souterrains ; 2° les matières qui résultent de la solidification des laves projetées dans les airs par la pression des vapeurs.

Dans cette dernière catégorie, nous signalerons :

1° Les *cendres volcaniques*, poussière fine et grise, pouvant faire pâte avec l'eau ; leur légèreté est si grande qu'elles peuvent rester longtemps en suspension dans l'air et être entraînées par les vents à de très grandes distances : on a pu, par exemple, voir les cendres du Vésuve retomber en Afrique et en Tunisie ; mélangées avec les eaux des pluies ou avec les eaux des mers, les cendres volcaniques forment une boue qui en se desséchant, donne une roche solide connue sous le nom de *tuf volcanique;*

2° Les *scories*, les *bombes*, les *larmes volcaniques* et les *lapilli*, sont également des masses de laves projetées dans l'air à l'état pâteux et solidifiées par le refroissement; leurs noms indiquent suffisamment leurs formes.

Laves. — Les laves sont des matières fondues qui montent le long de la cheminée, qui peuvent remplir le cratère pour s'écouler ensuite par-dessus les bords et s'étaler, en se refroidissant peu à peu, sur les flancs de la montagne.

Leur composition est très variable, mais toutes renferment beaucoup de silice, de 40 à 65 0/0; dans leur pâte solidifiée, on observe quelques rares cristaux visibles à l'œil nu et, à l'aide du microscope, une infinité de petits cristaux ou *microlithes*.

On a pu évaluer approximativement la température des laves en y plongeant une pointe de fer aiguisée : comme il a été constaté, à la suite d'expériences de ce genre, que la pointe de fer avait éprouvé un commencement de fusion, on en a conclu que la température des laves est à peu près égale à celle de la fusion du fer (1.500 degrés).

Distribution des volcans. — On compte actuellement plus de 300 volcans en activité continue ou intermittente : tous sont situés au voisinage des mers. En citant d'abord ceux qui sont le plus rapprochés de notre pays, nous constatons, en effet, que le Vésuve touche par sa base au golfe de Naples, l'Etna est en Sicile, le Stromboli dans les îles Lipari, par conséquent tout près de la Méditerranée, l'un et l'autre ; le mont Hécla en Islande est dans une situation analogue.

Si maintenant nous examinons l'Océan Pacifique, nous constatons que cet immense Océan est comme bordé par une ceinture de volcans, parmi lesquels nous citerons : les volcans des montagnes Rocheuses (Amérique du nord), des Andes (Amérique du sud), des îles de la Sonde, des Philippines, du Japon, des îles Kouriles et du Kamtchatka.

Théorie des volcans. — La théorie des volcans, c'est-à-dire l'explication des phénomènes volcaniques, s'appuie d'abord sur ce premier fait : *les volcans sont tous situés au voisinage des mers.*

Elle s'appuie d'autre part sur une opinion qu'on ne peut vérifier directement, mais qui est cependant admise par tous les géologues, à savoir que *le sol est fissuré, fracturé au voisinage des volcans.*

Rappelons aussi que, à une profondeur évaluée à 50 ou 60 kilomètres, la température est telle que toutes les matières solides qui composent l'écorce terrestre doivent être à l'état de fusion.

Rapprochons de ces trois ordres d'idées quelques-uns des faits que nous connaissons relativement aux éruptions volcaniques :

1° L'immense quantité de vapeur d'eau dégagée par les volcans et la présence dans les fumerolles de la plus grande partie des corps qui se trouvent normalement dissous dans les eaux des mers, notamment le sel marin ;

2° L'ascension des laves ou matières fondues dans la cheminée des volcans.

Ne semble-t-il pas logique d'admettre que les eaux des mers sont la première cause des éruptions volcaniques? Les eaux infiltrées à travers les fissures du sol arrivent jusqu'au

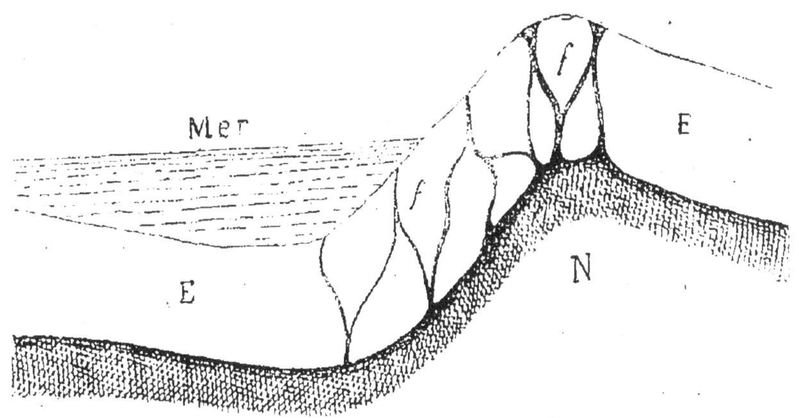

Fig. 33. — Coupe du sol au voisinage des mers. *EE*, écorce du globe; *N*, noyau incandescent; *f*, fissures.

contact ou jusqu'au voisinage des matières fondues ; leur transformation en vapeurs détermine la formation d'une masse immense de gaz qui exercent une pression énorme sur les roches placées au-dessus ; ces gaz montent peu à peu et les laves à leur suite, un vide étant produit par le dégagement des vapeurs à travers le volcan.

Ce sont là précisément les points essentiels de la théorie des éruptions volcaniques admise par un grand nombre de géologues.

Quelques savants ne croient pas qu'il soit nécessaire de faire intervenir l'eau des mers comme cause première des éruptions : pour eux, les éruptions seraient dues surtout à

ce que l'écorce terrestre, affaissée en certains points, exerce
une pression sur les matières fondues placées au-dessous ;
ces matières montent par les fissures produites à la suite
de ces affaissements de l'écorce terrestre. Or, ces fissures
sont précisément nombreuses au voisinage des mers (fig. 33),
d'où la situation occupée sur le globe par les volcans actuels.

2. — Phénomènes rattachés aux volcans.

Les éruptions volcaniques se succèdent à des intervalles
et pendant un temps indéterminés, après quoi elles semblent se ralentir peu à peu jusqu'au moment où l'on
n'observe plus la moindre activité dans les volcans ; c'est à
ce dernier état que se présentent en France les volcans de
l'Auvergne : ce sont des *volcans éteints*.

Mais avant d'arriver à leur période d'extinction complète, les volcans peuvent passer par certaines phases, telles
que les *solfatares* et les *mofettes*, caractérisées uniseque-
ment par des dégagements de gaz.

En outre, on observe dans certaines régions d'autres
phénomènes, tels que les *geysers* et les *sources thermales*
qui démontrent nettement la présence, dans les profondeurs
de l'écorce terrestre, de roches portées à une haute température par l'influence du noyau incandescent.

Examinons successivement ces divers phénomènes.

Solfatares. — Prenons comme exemple de solfatare le
Vulcano des îles Lipari : c'est l'ancien cratère d'un volcan
dont la dernière éruption date de l'année 1786.

Des vapeurs abondantes se dégagent incessamment par
ce cratère ; elles sont principalement formées de vapeur
d'eau et d'*hydrogène sulfuré ;* ce dernier gaz est une combinaison de soufre et d'hydrogène.

En arrivant à l'extérieur, l'hydrogène sulfuré se décom-
pose en hydrogène qui forme de l'eau avec l'oxygène de

l'air, et en *soufre* qui se dépose, à l'état solide, sur les parois du cratère ou à leur voisinage.

Ce sont les dépôts ainsi formés par le soufre qui ont valu à cette phase ralentie des volcans le nom de *solfatare ;* ils sont peu abondants au Vulcano même, mais on en trouve en d'autres points de l'Italie, et la Sicile fournit à elle seule chaque année environ 200.000 tonnes de soufre au commerce.

Mofettes. — Les mofettes sont caractérisées par le dégagement de l'*acide carbonique ;* ce gaz est plus lourd que l'air ; on le reconnaît immédiatement à ce qu'il éteint une bougie allumée ; il trouble aussi l'eau de chaux ; c'est, du reste, un gaz dangereux, puisqu'il cause l'asphyxie.

On connaît un grand nombre d'exemples de mofettes. Elles sont nombreuses en Auvergne, où les caves des maisons se remplissent parfois d'acide carbonique.

La *Grotte du chien*, près de Naples, est une mofette bien connue. L'acide carbonique y forme une couche de près de 1 mètre de hauteur, de telle sorte qu'un chien qui y est introduit, ne pouvant respirer que ce gaz, tombe bien vite sur le flanc et serait inévitablement asphyxié si on ne le retirait assez tôt. L'homme, ayant sa tête au-dessus de la couche d'acide carbonique, respire dans cette grotte l'air ordinaire, plus léger, et ne court aucun risque.

On cite à Java la *Vallée de mort* qui est jonchée de squelettes d'animaux asphyxiés au moment où ils voulaient la traverser : c'est aussi une mofette.

Geysers. — On donne le nom de *geysers* à des jets intermittents d'eaux bouillantes qui s'élèvent en colonnes pouvant atteindre 50 mètres de hauteur (fig. 34). Ces eaux contiennent en dissolution de la *silice* qui se dépose autour de l'ouverture de façon à former un monticule conique, comparable à un petit volcan.

Il est probable que les geysers sont dus à la transformation en vapeur des eaux d'infiltration, transformation qui se fait à une profondeur où la chaleur interne se fait sentir ; cette vapeur, par la pression énorme qu'elle exerce,

Fig. 34. — Vue de geysers en Islande.

pousse violemment au dehors la colonne d'eau qui remplit la cheminée et le cratère des geysers.

On trouve ces volcans d'eau principalement en Islande, en Nouvelle-Zélande et dans l'Amérique du Nord.

Sources thermales. — Les sources thermales sont des sources dont les eaux ont une température plus élevée que celle des sources ordinaires. Elles sont communes dans les pays volcaniques, comme l'Auvergne ; mais on en trouve aussi ailleurs, notamment tout le long de la chaîne des

Pyrénées, par exemple, quoique ces montagnes ne soient volcaniques que dans la Catalogne.

La température des sources thermales est très variable : celles d'Ax ont 70 degrés ; celles de Luchon, 58 degrés ; celles de Cauterets, 55 degrés ; celles de Barèges et de Plombières, 48 degrés, etc. Les plus chaudes sont celles d'*Ischia*, qui ont jusqu'à 100 degrés : cela s'explique par le voisinage du Vésuve et aussi par ce fait que, à une époque peu reculée, les volcans de cette île étaient encore en éruption. On observe toutefois que la température s'abaisse lentement avec le temps dans une même source.

Grâce à leur température — et aussi à la présence de l'acide carbonique — les eaux des sources thermales peuvent dissoudre dans le sol un certain nombre de principes minéraux qui varient naturellement avec la nature des couches traversées : ce sont alors des *sources minérales*, dont l'action sur la santé est reconnue depuis une époque reculée.

Citons quelques-unes des sources minérales :

1° Les eaux de Seltz, de Royat, etc., renferment de l'acide carbonique ;

2° Les eaux de Luchon, de Cauterets, etc., renferment de l'hydrogène sulfuré ;

3° Les eaux de Vichy, de Spa, de Vals, etc., chargées de carbonate de soude ;

4° Les eaux d'Epsom, de Sedlitz, etc., amères et salées, renferment des principes purgatifs, tels que le sulfate de magnésie ;

5° Les eaux ferrugineuses, les eaux salées, les eaux arsenicales, etc., etc.

Filons métallifères. — Les sources thermales nous intéressent tout spécialement au point de vue des dépôts qu'elles peuvent former en abandonnant les matières minérales tenues jusque-là en dissolution. Si nous supposons que ces eaux circulent dans les fissures du sol, très nombreuses dans les régions des montagnes, nous pourrons admettre que ces fissures finiront par se remplir de matières minérales, car des dépôts de ce genre se forment dans les conduites artificielles destinées à amener les eaux minérales d'un point à un autre : nous avons ainsi l'explication des *filons métallifères*, dans lesquels on observe (fig. 35) : 1° un manchon de matière argileuse ou salbande, adossé aux parois de la fissure ; 2° un minerai de nature variable, renfermé dans ce manchon et mélangé de matières minérales sans valeur, formant ce qu'on appelle la *gangue*.

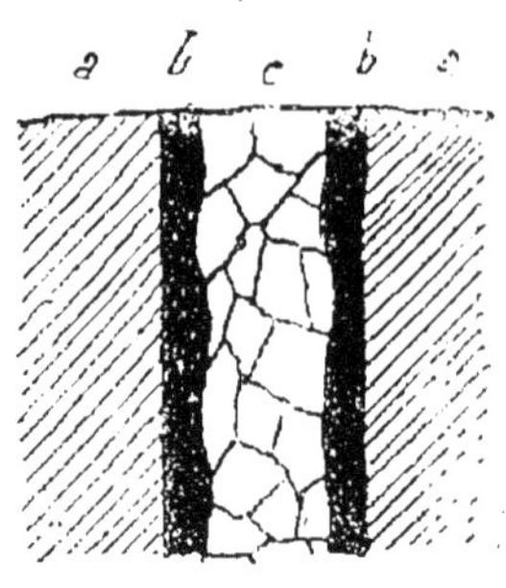

Fig. 35. — Coupe d'un filon métallifère : *bb*, salbande ; *c*, gangue.

3. — LES MOUVEMENTS DU SOL.

Les mouvements du sol sont dus, comme les phénomènes volcaniques proprement dits, à la présence, sous l'écorce terrestre, d'une masse immense de matières fondues qui exercent des poussées de dedans en dehors ou qui se contractent en certains points sous l'influence du refroidissement.

On peut diviser ces mouvements en deux groupes :

1° Les mouvements violents et temporaires, connus sous le nom de *tremblements de terre* ;

2° Les mouvements lents et constants, dont on ne peut saisir les effets qu'à la suite de longues observations ; ces derniers se subdivisent eux-mêmes en mouvements d'*exhaussement* du sol et en mouvements d'*affaissement* ; d'ailleurs, le sol peut, en un même point, s'exhausser pendant un temps et s'affaisser ensuite et réciproquement, ainsi qu'on le verra un peu plus loin.

1° Mouvements violents.

Tremblements de terre. — On donne le nom de tremblements de terre à des secousses quelquefois légères, en général violentes, qui sont circonscrites aux régions volcaniques ou bien qui s'étendent à de grandes distances avec une vitesse pouvant atteindre 5.000 kilomètres par minute.

Les secousses sont verticales ou horizontales, souvent l'un et l'autre. Leur intensité est variable : les plus légères se manifestent par les mouvements des meubles dans les maisons habitées ; d'autres, plus violentes, ébranlent les cheminées et les maisons ; les plus violentes renversent à leur passage les arbres, les villes, les montagnes, dessèchent les lacs, arrêtent les sources et les cours d'eau, entr'ouvrent le sol de crevasses, de gouffres ayant jusqu'à 100 mètres de profondeur. Dans ce dernier cas, le tremblement de terre s'annonce par des roulements, des bruits souterrains qu'on peut comparer au cliquetis de chaînes choquées les unes contre les autres, ou à des décharges de mousqueterie, ou aux éclats du tonnerre dans les montagnes.

Les tremblements de terre sont un des fléaux les plus redoutés, et ce n'est pas sans raison. Citons à ce point de vue la description du tremblement de terre qui détruisit Lisbonne, le 1ᵉʳ novembre 1756 :

Un bruit souterrain, comparable à celui du tonnerre, se fit entendre soudainement, puis tout aussitôt une violente secousse renversa, de fond en comble, la plus grande partie de la ville. Le nombre des morts ne fut nulle part aussi grand que sous les ruines des églises. C'était un jour de grande fête et l'heure de la grand'messe, les églises et les couvents regorgeaient de monde : soixante mille personnes restèrent ensevelies sous ces ruines.

Comme il arrive souvent dans ces grandes convulsions du sol, la mer se retira ensuite loin du rivage et mit à sec la barre qui obstrue l'embouchure du Tage; puis revenant bientôt sur ses pas avec fureur, elle envahit la côte en s'élevant de 15 mètres au-dessus de son niveau ordinaire.

Les montagnes les plus hautes du Portugal, ébranlées par ce choc, jusque dans leurs fondations, se disloquèrent et se précipitèrent dans les vallées en les comblant sous un entassement énorme de blocs accumulés. A Lisbonne, le long du port, un quai de marbre, nouvellement construit, s'enfonça tout d'une pièce dans la mer, engloutissant des milliers de personnes qui y avaient cherché un refuge pour échapper à la chute des édifices. Là où s'élevait autrefois ce quai superbe, la sonde accuse maintenant une profondeur de cent brasses.

Ce qui donne un caractère particulier au désastre de Lisbonne, c'est l'étendue considérable sur laquelle ce tremblement de terre se fit sentir. Les historiographes citent un grand nombre d'autres contrées en Europe, en Afrique et même dans le Nouveau-Monde, qui participèrent à cet immense ébranlement. (D'après M. Vélain.)

2° Mouvements lents.

L'étude des mouvements lents du sol a une grande importance en géologie, car elle permet de comprendre comment nos continents actuels, formés en majeure partie dans les eaux marines, ont pu s'élever au-dessus des mers et atteindre des niveaux souvent considérables; elle explique aussi comment des roches sédimentaires, déposées en couches horizontales, se trouvent dans le sol en couches inclinées de diverses façons, contournées, plissées, etc.

Les mouvements du sol en Suède. — Les premières observations précises qui aient été faites au sujet des mouvements lents du sol remontent à l'année 1730 et sont dues à deux savants suédois, Celsius et Linné. Ces deux savants avaient tracé une marque, un point de repère, au niveau de la mer, sur un rocher d'une île du nord de la mer Baltique (île Löffgrund); treize ans plus tard, cette marque se trouvait à 1^m80 au-dessus du niveau de la mer, ce qui fait un exhaussement d'environ 14 centimètres par an.

Depuis lors, on a multiplié les observations de ce genre en suivant la même méthode ; de plus, on a eu recours aux souvenirs historiques qui fournissent des renseignements précieux à cet égard, et il a été constaté, en ce qui concerne cette contrée, que tandis que le nord de la Suède *s'exhausse* graduellement, le sud *s'affaisse* au contraire, à peu près dans les mêmes proportions : certaines villes du sud de la Suède ont, en effet, des rues entièrement sous les eaux (Malmoe, par exemple) et des forêts ont été submergées ; l'affaissement est d'environ 1^m50 en 13 ans.

Autres exemples des mouvements du sol. — On pourrait citer des exemples de mouvements lents du sol dans presque tous les pays, au voisinage de la mer : les côtes de la Hollande, par exemple, s'affaissent constamment, et une partie de ce pays se trouve actuellement à un niveau plus bas que la mer.

En France même, on constate des mouvements d'exhaussement sur les côtes de la Flandre et de l'Artois, car la mer a remonté autrefois jusqu'à Abbeville ; de même entre la Loire et la Gironde, car La Rochelle actuellement rattachée à la côte, avait été bâtie sur un rocher avancé dans la mer ; ce qui lui avait, du reste, valu son nom.

En revanche, on observe des mouvements d'affaissement sur les côtes du Calvados et de la Bretagne : le mont Saint-Michel, bâti en 709 dans l'intérieur des terres, se trouve aujourd'hui entouré complètement par la mer ; les îles

anglo-normandes ont fait partie autrefois du continent;
les rochers du Calvados sont une portion de la côte enfoncée dans la Manche par un mouvement lent d'affaissement, etc.

Exhaussements et affaissements successifs en un même point.

— Nous citerons encore au sujet de ces mouvements un exemple très intéressant, car il démontre qu'en un même point le sol peut s'exhausser et s'affaisser tour à tour.

Aux environs de Naples, et sur le bord de la mer, se trouvent les ruines d'un temple romain dédié à Jupiter; parmi ces ruines, on observe trois colonnes qui sont hors de l'eau et qui cependant se trouvent percées, jusqu'à une hauteur de 5 mètres, de trous qui ne peuvent avoir été faits que par des mollus

Fig. 36. — Les colonnes du temple de Jupiter Sérapis (aux environs de Naples).

ques vivant dans la mer (fig. 36). Par conséquent, il faut conclure que le temple, bâti hors de l'eau, s'est affaissé avec la côte pendant un certain temps, puis s'est exhaussé, puisque les colonnes sont actuellement au-dessus du niveau de la mer.

Aujourd'hui on observe que cette côte recommence à s'affaisser d'environ 7 millimètres par an, de telle sorte que si ce mouvement continue régulièrement, il faudra 6 à 7.000

ans pour que les colonnes se trouvent de nouveau enfoncées sous les eaux jusqu'à une hauteur de 5 mètres.

EFFETS DES MOUVEMENTS DU SOL.

Les mouvements du sol ont pour effets généraux de produire dans l'écorce terrestre des fractures connues sous le nom de *failles* et de rompre, dans les points où ils se manifestent, la disposition primitive des roches sédimentaires (fig. 37).

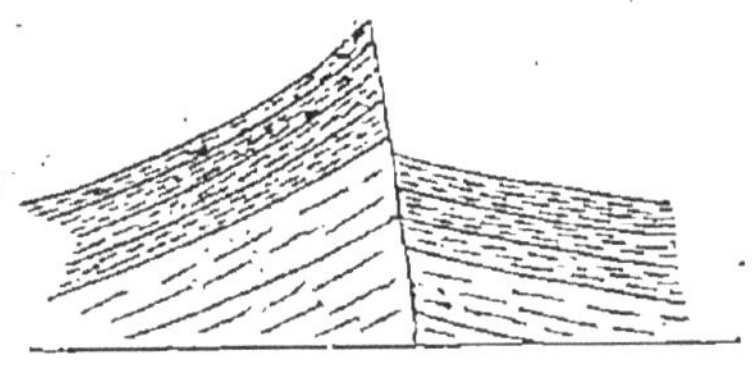

Fig. 37. — Exemple de faille.

Failles. — Les failles peuvent se produire à travers toutes les roches; leur longueur peut atteindre plusieurs

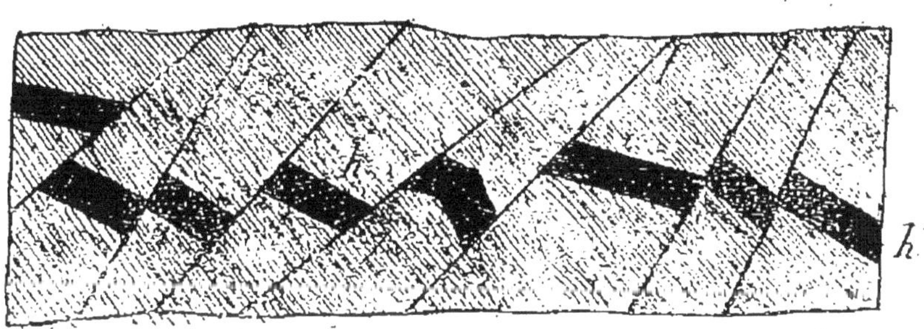

Fig. 38. — Failles (*f*) ayant disloqué une couche de houille (*h*).

centaines de kilomètres. En général, elles sont parallèles les unes aux autres et réunies en groupes; quelquefois cependant elles se coupent en divers sens.

L'effet des failles est de rompre la concordance d'un ensemble de couches sédimentaires formées en même temps, soit en les exhaussant d'un côté et en les affaissant de l'autre, soit en les affaissant d'un seul côté : dans tous les cas,

les mêmes couches se trouvent toujours à des niveaux différents (fig. 38).

Filons de roches. — Nous avons déjà constaté la production de filons métallifères par les eaux minérales; les
filons de roches ne sont autre chose que des roches érup-

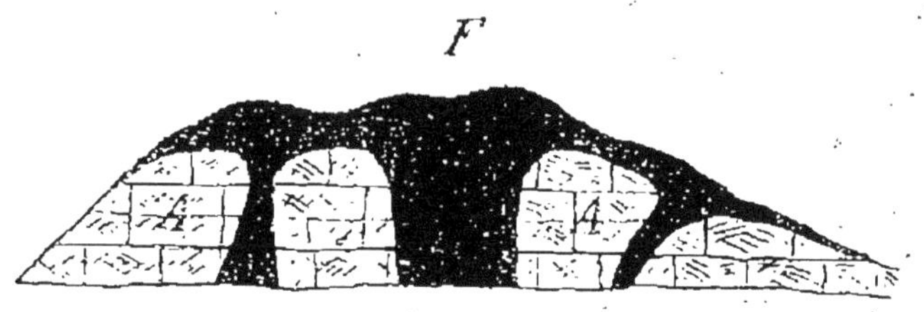

FIG. 39. —Filon de roche *F* ayant traversé les couches sédimentaires *A*.

tives (granit, basalte, etc.) qui ont comblé les failles ou
toutes autres fissures du sol; ces filons sont naturellement
disposés comme les failles mêmes (fig. 39).

Dans un filon quelconque, métallifère ou autre, on dis-
tingue (fig. 40) sous le nom de *toit* la partie supérieure et sous le nom de *mur* la partie inférieure; la *tête* est la portion la plus voisine de la surface extérieure du sol; elle porte le nom d'*affleurement* quand elle se montre à l'extérieur; la partie la plus enfoncée du filon s'appelle la *queue*. La *puissance*

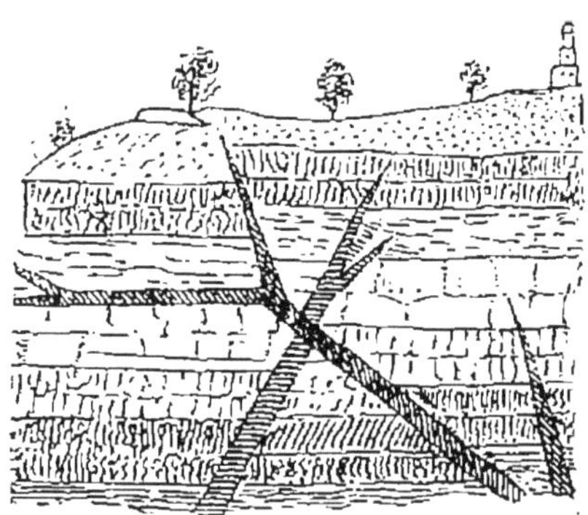

FIG. 40. — Exemples de filons entrecroisés.

du filon est la distance qui sépare le mur du toit; elle
varie entre 0^{m}10 et 50 mètres, en général.

Roches sédimentaires redressées. — Les roches sédimentaires ont été toutes formées dans les eaux en *cou-*

ches horizontales; on les trouve le plus souvent en *couches obliques* et quelquefois même en *couches verticales;* dans tous les cas, l'inclinaison de ces couches ou *strates* a été produite par un soulèvement local, de telle sorte qu'on peut retrouver ces mêmes strates dans leur position primitive aux points où le soulèvement du sol ne s'est pas fait sentir.

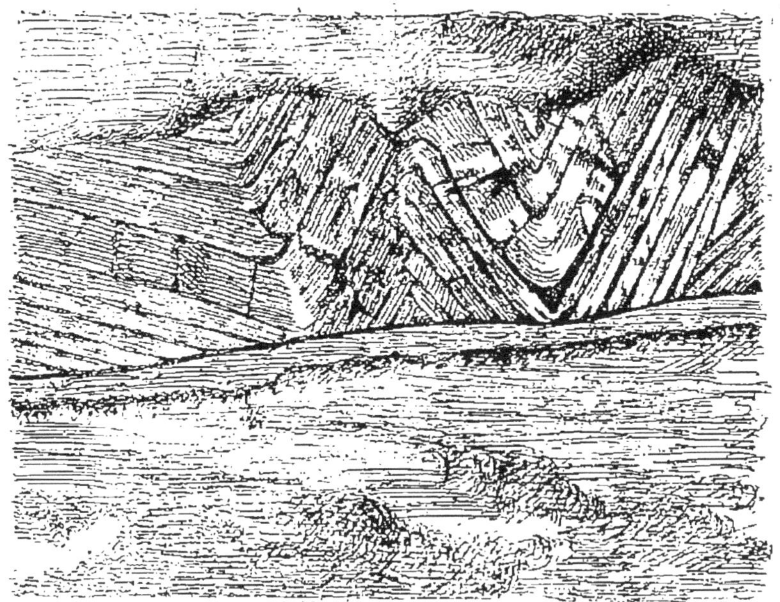

FIG. 41. — Roches ondulées du Jura.

Roches sédimentaires ondulées. — Si l'on examine la disposition des roches sédimentaires dans le Jura, on constate que ces roches forment des couches ondulées, plissées (fig. 41), ce qui s'explique par les pressions latérales que ces couches placées entre les Alpes et les Vosges ont dû subir notamment à l'époque du soulèvement des Alpes.

L'expérience suivante montre comment le plissement a pu se produire. On place sur une table (fig. 42) un paquet d'étoffes disposées horizontalement, et l'on exerce sur les côtés une compression suffisante; chaque morceau d'étoffe, représentant une couche sédimentaire, se montre alors

ondulé, plissé, et l'ensemble rappelle la disposition caractéristique du Jura, avec cette différence toutefois que les roches se trouvent brisées, fracturées, à cause de leur rigidité.

Fig. 42. — Expérience qui explique le plissement des roches sédimentaires

QUESTIONNAIRE SUR LE CHAPITRE VI

1. Définissez et classez les phénomènes actuels d'origine interne.
2. Qu'est-ce que c'est qu'un volcan ? Comment se montre-t-il constitué d'habitude ?
3. Quels sont les caractères d'une éruption volcanique ?
4. Parlez des fumerolles.
5. Quels sont les produits solides rejetés par le volcan ? leur origine et leur forme ?
6. Température et composition des laves.
7. Quelle est d'une manière générale la distribution géographique des volcans? Citez des exemples.
8. Comment explique-t-on les éruptions volcaniques?
9. Décrivez les solfatares. Exemples.
10. Décrivez les mofettes. Exemples.
11. Description des geysers.
12. Qu'appelle-t-on sources thermales ? Citez des exemples avec quelques températures.
13. Qu'appelle-t-on sources minérales ? Exemples.
14. Qu'appelle-t-on filons métallifères? leur mode de formation ?
15. Comment classez-vous les mouvements du sol ?
16. Décrivez les tremblements de terre.
17. Comment peut-on reconnaître les mouvements lents? Exhaussement et affaissement de la Suède.
18. Exemple d'affaissements et de soulèvements en France.
19. Le sol peut-il s'exhausser et s'affaisser tour à tour ? Expliquez l'exemple du temple des environs de Naples.
20. Qu'appelle-t-on failles ?
21. Qu'est-ce que c'est que les filons de roches ? Les noms des diverses parties des filons.
22. Montrez les dislocations produites sur les roches sédimentaires par les mouvements du sol.

TROISIÈME PARTIE

Étude des époques géologiques.

Objet et but de cette étude. — On a déjà vu que les géologues divisent la formation de l'écorce terrestre en *cinq époques* (primitive, primaire, secondaire, tertiaire et quaternaire); la durée de chacune de ces époques est indéterminée, supérieure à plusieurs millions d'années, d'après les évaluations les plus récentes.

Etudier ces époques, c'est rechercher les faits principaux qui caractérisent chacune d'elles au point de vue de la formation des roches éruptives ou sédimentaires que l'on rencontre dans le sol; c'est aussi reconstituer, à l'aide des débris connus sous le nom de *fossiles*, les animaux et les plantes qui ont vécu sur la terre et dans les eaux jusqu'à l'apparition de l'homme; en d'autres termes, l'étude des époques géologiques a pour but l'histoire de notre globe à partir du moment où une première croûte solide s'est formée à sa surface; ce que nous avons appris jusqu'ici n'est donc en quelque sorte qu'une introduction à ce que nous avons à faire maintenant.

Avant d'entrer dans le détail des diverses époques, nous devons examiner deux points très importants de la géologie : la *stratigraphie* et la *paléontologie*.

CHAPITRE VII

Stratigraphie et paléontologie.

1° STRATIGRAPHIE.

Définition de la stratigraphie. — La stratigraphie a pour but de faire connaître l'origine, la disposition et l'*âge relatif* des diverses roches sédimentaires ; elle fait connaître aussi les roches éruptives dans leurs rapports entre elles et avec les précédentes. Trouver l'âge relatif d'une roche consiste simplement à établir si une roche est plus ancienne ou plus récente qu'une autre.

Dispositions des roches sédimentaires. — Nous

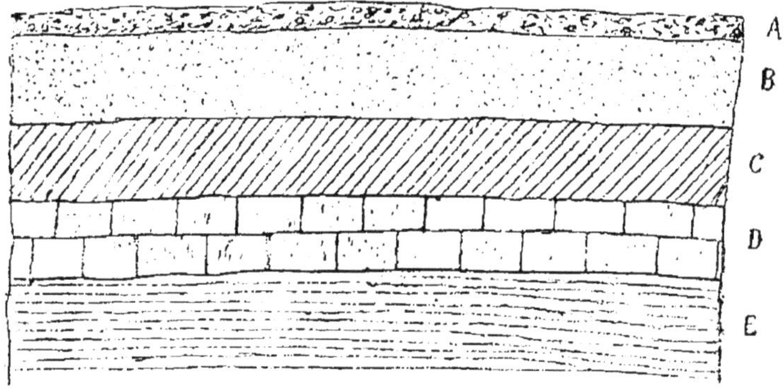

Fig. 43. — Stratification concordante et horizontale.

avons indiqué, à propos des phénomènes actuels, l'origine des principales roches sédimentaires ; nous avons vu d'autre part que ces roches, primitivement disposées en couches horizontales, se trouvent généralement plus ou moins relevées, mais en couches *parallèles* les unes aux autres : dans ce cas, la stratification est dite *concordante* (fig. 43), quelle que soit l'inclinaison des couches.

On observe assez souvent que certaines couches plus ou moins inclinées sont recouvertes par d'autres couches horizontales : dans ce cas, la stratification est *discordante* pour les deux systèmes de couches (fig. 44).

Age relatif des roches sédimentaires. — L'âge relatif des roches sédimentaires est en général très facile à

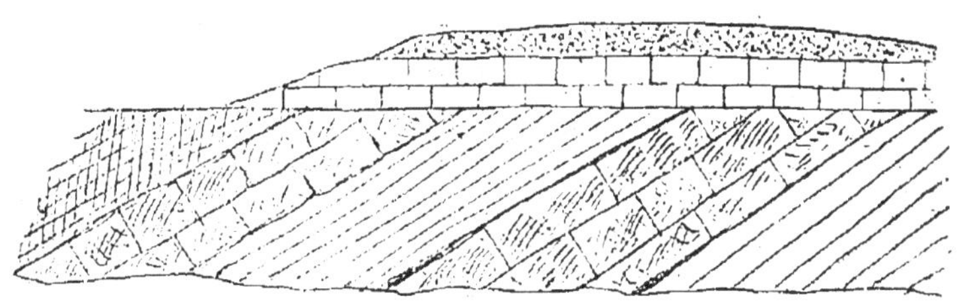

Fig. 44. — Stratification discordante.

établir, puisque le mode de formation montre que toute roche sédimentaire doit être plus ancienne que celles qui sont placées au-dessous.

Age relatif des roches éruptives. — Toutes les fois que l'on trouve dans un massif de roches éruptives des fragments d'une autre roche éruptive, on admet que cette dernière est plus ancienne que les autres. Soient, par ex., des fragments de gneiss inclus dans un massif granitique : il est évident que le gneiss était

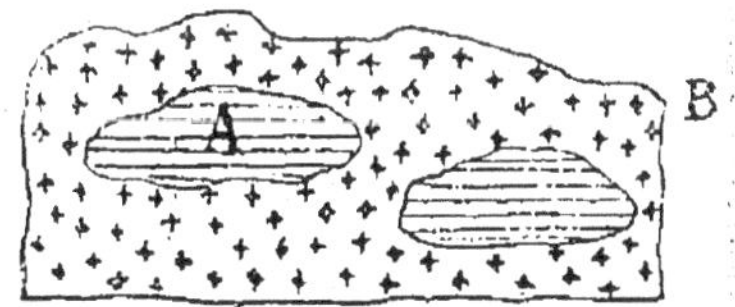

Fig. 45. — Age relatif d'une roche éruptive *B* et d'une roche sédimentaire *A*.

déjà formé lorsque s'est produite l'éruption du granit ; le gneiss est plus ancien que le granit (fig. 45).

Toutes les fois qu'on observe un filon de roches ayant

traversé un ensemble de couches sédimentaires pour venir s'étaler à leur surface, on conclut naturellement que ces dernières étaient déjà formées au moment du remplissage du filon — qui est par conséquent plus récent. De même si dans un massif de roches éruptives l'on trouve des fragments englobés de roches sédimentaires.

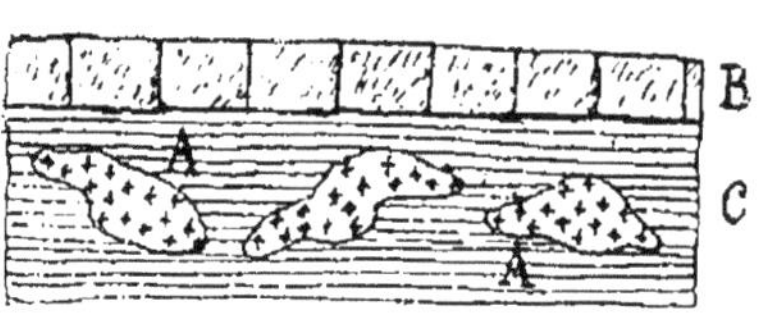

Fig. 46. — Age relatif de plusieurs roches : A éruptive; B et C sédimentaires.

Si, au contraire, on constate, dans une roche sédimentaire, la présence de fragments d'une roche éruptive, il est évident que cette dernière est plus ancienne (fig. 46).

Age relatif des montagnes. — A l'aide des considérations précédentes, on a pu évaluer l'âge relatif des prin-

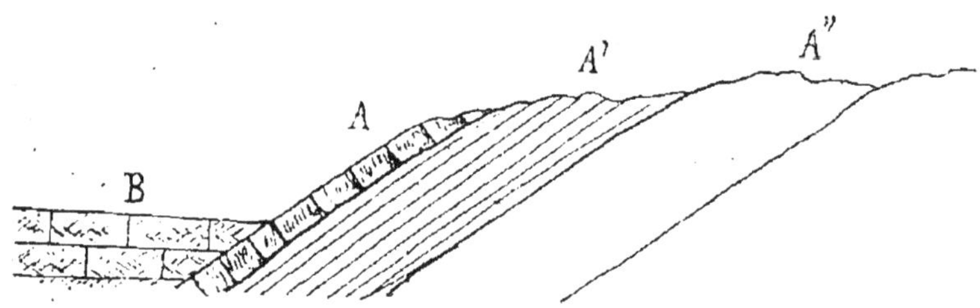

Fig. 47. — Détermination de l'âge relatif d'une chaîne de montagnes.

cipales chaînes de montagnes, c'est-à-dire connaître exactement l'époque pendant laquelle les montagnes ont été soulevées.

Soit une montagne quelconque. Nous constatons, sur ses flancs, la présence de couches relevées (fig. 47); nous concluons immédiatement que le soulèvement s'est produit après la formation de la plus récente de ces couches relevées; nous pourrons d'ailleurs déterminer l'âge relatif de cette couche la plus récente. D'autre part, l'on peut trouver à un autre point, notamment à la base même de la chaîne de montagnes, des couches restées dans leur position horizontale primitive (fig. 47) : nous admettons que ces couches horizontales, n'ayant pas participé au soulèvement, ont dû se former postérieurement à ce soulèvement; en déterminant l'âge relatif de la plus ancienne de ces couches horizontales, nous conclurons que la montagne a été soulevée entre le moment où s'était formée la couche relevée la plus récente et le moment où se forma la couche horizontale la plus ancienne.

<h2 align="center">2° PALÉONTOLOGIE.</h2>

Définition de la paléontologie. — La paléontologie a pour objet l'étude des fossiles, c'est-à-dire des restes des animaux et des plantes qui ont vécu à la surface de la terre, dans les eaux ou même dans les airs aux différentes époques géologiques. Les fossiles ne représentent souvent qu'une faible partie du corps des êtres anciens, si bien que certains animaux ne nous sont connus que par quelques dents ou quelques os, et certaines plantes par des feuilles ou des fragments de feuilles, mais ces restes suffisent presque toujours à reconstituer les êtres auxquels ils appartenaient et que l'homme n'a jamais vus.

Formation des fossiles. — Les plantes et les animaux actuels, après leur mort, se décomposent peu à peu à l'air; les parties molles ou charnues disparaissent au bout de peu de jours; les parties dures, telles que les os et les dents des vertébrés, les coquilles des mollusques, se conservent plus longtemps, mais finissent par se réduire en poussière sous les effets des pluies, des vents, de la chaleur, du froid, etc.

Supposons que ces mêmes plantes et animaux soient

ensevelis dans les dépôts qui se forment sous les eaux; recouverts par ces dépôts, ils échappent aux causes qui, à l'air, les décomposent rapidement, et leurs parties résistantes, dures, peuvent se conserver pour ainsi dire indéfiniment; on peut même ajouter que leur forme et les détails

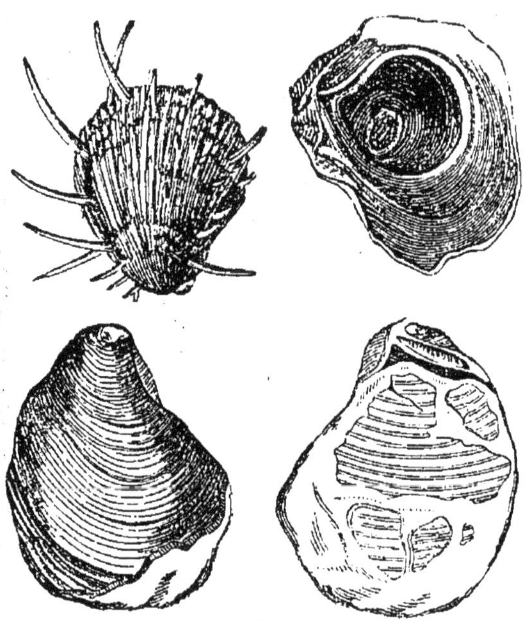

Fig. 18. — Exemples de coquilles fossiles.

de leur structure persisteront indéfiniment dans les dépôts qui les recouvrent.

Nous allons le démontrer en prenant un exemple parmi les mollusques pourvus d'une coquille calcaire (huître, escargot, etc.).

Après la mort de ces êtres, les parties molles disparaissent et laissent dans la coquille un vide qui est peu à peu rempli par une substance solide appartenant soit au dépôt lui-même, soit aux matières dissoutes dans les eaux d'infiltration. Cette substance solide reproduit exactement la forme interne de la coquille : c'est un *moule interne*. Si la coquille disparaît, la roche qui l'encaisse s'est moulée exactement à sa surface externe et elle donne un *moule externe*. Pour retrouver la forme extérieure de l'être disparu, il suffira de remplir ce moule externe avec du plâtre ou avec de la cire.

Pour résumer ce premier ordre de faits, nous appellerons *moule* la trace d'un être qui n'a laissé qu'un vide à la place occupée après sa mort.

Il peut se faire aussi que la substance de l'être soit lentement dissoute et remplacée, molécule par molécule, par une substance minérale de nature différente (calcaire, silice, etc.), avec une telle perfection que tous les détails de structure soient parfaitement conservés : dans ce cas, l'être est remplacé entièrement par une pierre qui en reproduit la forme exacte.

En outre, les êtres, en marchant sur les argiles encore molles, par exemple, laissent les traces de leurs pas, dont les *empreintes* pourront se conserver indéfiniment. Telles sont les principales conditions qui ont présidé à la formation des fossiles (fig. 48).

Utilité de la paléontologie. — La paléontologie est à la fois intéressante et utile. Son principal intérêt est de nous faire connaître des animaux et des végétaux qui ne vivent plus aujourd'hui.

Son utilité est très grande à plusieurs points de vue.

Pour le faire mieux ressortir, ne considérons que les fossiles animaux.

Les animaux sont terrestres ou bien ils vivent dans les eaux, soit dans les eaux douces, soit dans les mers. Par conséquent, leurs restes indiqueront si les dépôts qui les renferment se sont effectués dans la mer ou dans les eaux douces ; les animaux terrestres ne peuvent se fossiliser que s'ils sont ensevelis dans les eaux.

En outre, les animaux marins habitent, les uns, au voisinage des côtes, sur le *littoral*, les autres loin des côtes, dans la mer *profonde :* les fossiles marins indiquent si les dépôts qui les renferment sont des dépôts littoraux ou bien des dépôts de mer profonde.

De plus, l'on sait que ces mêmes animaux sont cantonnés les uns dans les régions chaudes du globe, les autres dans les régions tempérées, d'autres enfin dans les régions froides; leurs restes donneront des renseignements précis sur la *température* de l'époque à laquelle vivaient les animaux qu'ils représentent.

Ce ne sont point là cependant les seuls services que la paléontologie rend à la géologie. Il en est d'autres d'une nature différente que nous devons signaler.

Nous verrons plus loin que des roches *analogues* se sont formées à des époques *différentes :* les calcaires, par exemple, appartiennent à l'époque primaire, à l'époque secondaire et à l'époque tertiaire. Comment distinguer ces calcaires isolés les uns des autres? Parmi les fossiles qu'ils renferment, il y en a toujours quelques-uns qui appartiennent à des animaux ayant vécu à l'époque même où les calcaires se déposaient : ils sont *caractéristiques* de cette époque, et leur présence permet dans tous les cas la distinction de roches d'âges très différents.

Ces fossiles caractéristiques sont les seuls qui puissent nous intéresser, et il ne sera parlé que de ceux-là dans cet ouvrage.

QUESTIONNAIRE SUR LE CHAPITRE VII

1. Quel est le but de la stratigraphie ?
2. Qu'appelle-t-on stratification concordante et stratification discordante?
3. Comment se détermine l'âge relatif des roches sédimentaires ?
4. Comment se détermine l'âge relatif des roches éruptives ?
5. Comment arrive-t-on à connaître l'âge relatif d'une chaîne de montagnes ?
6. Qu'est-ce que la paléontologie ?
7. Exposez les divers cas de la formation des fossiles.
8. Quelle est l'utilité de la paléontologie ?

CHAPITRE VIII

Époque primitive.

Caractères de l'époque primitive. — C'est pendant l'époque primitive que s'est formée la première croûte solide autour du globe terrestre jusque-là à l'état de fusion. Cette formation s'est faite dans des conditions particulières : par suite du refroidissement progressif, les matières fondues les plus superficielles sont passées à l'état solide en laissant cristalliser les minéraux qui les composaient; les cristaux ainsi formés se sont disposés en couches parallèles, ainsi que le témoigne l'examen des roches appartenant à cette époque (gneiss, par exemple). Dès que cette première écorce fut formée, des mouvements se produisirent, qui eurent pour résultat de plisser les roches, de les rompre aussi en certains points par lesquels passèrent les premières roches éruptives (granit, par exemple); plus tard, et par suite de la diminution constante de la température extérieure, les eaux des pluies se rassemblèrent dans les dépressions nouvelles, et la surface du globe terrestre fut dès lors divisée en continents et en mers. Dès ce moment-là, nous entrons dans l'époque suivante qui a vu la formation des premières roches sédimentaires et les premières manifestations de la vie sur la terre et dans les mers.

Principales roches de l'époque primitive. — Les roches de l'époque primitive appartiennent à cette série de roches cristallisées dont le *gneiss* est le type ; parmi elles, nous citerons : le *gneiss granitoïde*, non nettement formé de couches parallèles de cristaux ; le *gneiss* et le *micaschiste*, dont nous avons vu les caractères ; les *schistes cris-*

tallins, de composition variable, mais ayant toujours l'aspect cristallisé. Le *granit* à mica noir traverse parfois les couches de gneiss.

Ces diverses roches — à l'exception du granit — se

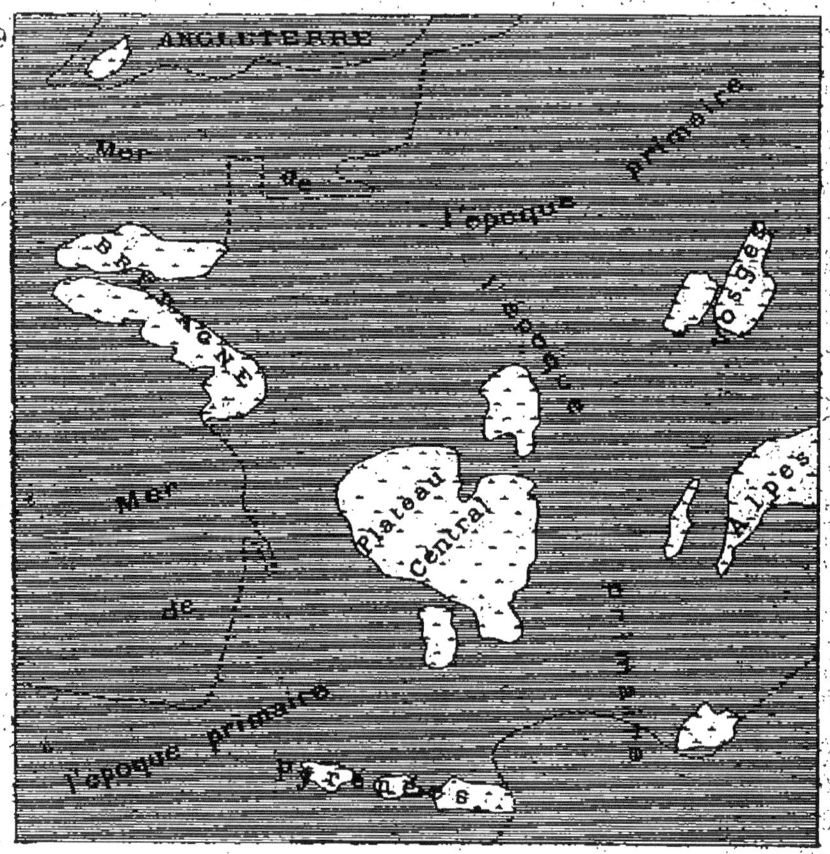

Carte n° 1. — État de la France à la fin de l'époque primitive.

trouvent disposées en couches parallèles comme les roches sédimentaires ; ces couches sont presque toujours relevées, contournées, ce qui est l'indice de mouvements considérables dont la terre a dû être le siège depuis l'époque primitive.

Dans leur masse sont disséminés de nombreux minéraux parmi lesquels nous pouvons citer : le grenat, le saphir, l'émeraude, la topaze, le rubis, l'améthyste..... qui sont des pierres précieuses.

État de la France à la fin de l'époque primitive. — Certaines parties du sol actuel de la France se sont trouvées émergées à la fin de l'époque primitive et n'ont pas été recouvertes depuis par les mers ; en d'autres parties les formations primitives recouvertes par des dépôts postérieurs, sont arrivées à la surface du sol à la suite des mouvements qui ont déterminé la formation des chaînes de montagnes. En marquant sur une carte les divers points où l'on observe, à la surface même du sol, les roches appartenant à l'époque primitive, on obtient à peu près la distribution des continents et des mers au commencement de l'époque primaire.

La carte n° 1, faite de cette façon, montre qu'à la fin de l'époque primitive la France était constituée par quelques îles, largement séparées par les mers de l'époque primaire. Parmi ces îles, les principales sont :

1° Le plateau central ;

2° La Bretagne, alors formée de deux îles constituant deux bandes allongées en forme de V couché dont le sommet est tourné vers la rade actuelle de Brest ;

3° L'île des Vosges (chaîne actuelle des Ballons);

4° L'île des Maures (en Provence).

Les fragments de formations primitives que l'on observe dans les Pyrénées et dans les Alpes, n'étaient peut-être pas émergés à la fin de l'époque primitive ; ils ne seraient venus à la surface du sol qu'à la suite de mouvements ultérieurs.

QUESTIONNAIRE SUR LE CHAPITRE VIII

1. Exposez les conditions qui ont présidé à la formation de l'époque primitive ?
2. Quelles sont les principales roches de cette époque?
3. Quel était l'état de la France à la fin de l'époque primitive?

CHAPITRE IX

Époque primaire.

Caractères de l'époque primaire. — Les caractères principaux de l'époque primaire sont les suivants :

1° Cette époque a vu se former de nombreuses roches sédimentaires qui ont été traversées par d'importants massifs de roches éruptives anciennes. En tous les points où l'on a pu observer le contact avec la formation de l'époque précédente et de l'époque suivante, on a constaté que les roches sédimentaires de l'époque primaire recouvrent les roches de l'époque primitive et ne sont jamais recouvertes par ces dernières et que, au contraire, les roches sédimentaires de l'époque secondaire recouvrent celles qui appartiennent à l'époque primaire : cela démontre nettement que l'époque primaire s'intercale entre l'époque primitive et l'époque secondaire;

2° L'époque primaire a vu apparaître les premiers animaux et les premiers végétaux. Ces animaux et ces végétaux sont, d'une façon générale, très différents de ceux qui vivent de nos jours ; les animaux appartiennent en grande partie au groupe des *invertébrés* et les plantes au groupe des *cryptogames* ou plantes sans fleurs.

Division en terrains. — L'époque primaire est subdivisée en *terrains*, ainsi que les époques suivantes. On désigne, en géologie, sous le nom de terrain une partie plus ou moins grande d'une époque, partie que l'on considère comme ayant été formée dans les mêmes conditions générales, quoiqu'elle soit constituée presque toujours par des roches de nature différente. Les terrains se subdivisent eux-mêmes en parties plus petites appelées *étages*, ceux-ci en *couches* et les couches en *zones ;* mais nous n'aurons guère à considérer ces dernières divisions.

Les principaux terrains qui entrent dans la composition de l'époque primaire sont, en allant de l'époque primitive à l'époque secondaire :

1° Le terrain *silurien*, ainsi appelé parce qu'il a été d'abord étudié dans le pays habité autrefois par les Silures, (peuplade romaine) et qui est simplement une partie du pays de Galles (Angleterre);

2° Le terrain *dévonien*, qui tire son nom du comté de *Devon* (Angleterre) où il a été d'abord étudié ;

3° Le terrain *carbonifère* où *houiller*, ainsi appelé parce qu'il renferme d'importants gisements de charbon de terre ou houille.

Etudions successivement ces trois terrains au point de vue des principales roches qui les forment et des principaux fossiles qui y ont été rencontrés.

1. — TERRAIN SILURIEN.

Caractères généraux du silurien. — 1° Les roches sédimentaires les plus importantes du silurien sont des *grès siliceux*, des *schistes ardoisiers*, des *quartzites* et quelques *calcaires ;* les calcaires se sont formés surtout vers la fin du silurien. Toutes ces roches sont très résistantes ; elles ont des couleurs foncées, ce qui donne un aspect triste aux pays où elles dominent.. Ces divers sédiments ont une épaisseur relativement considérable, jusqu'à plusieurs milliers de mètres. Ils se montrent traversés par des roches éruptives anciennes.

2° Les *animaux* qui ont vécu pendant le silurien étaient fort nombreux ; ce sont presque tous des invertébrés; parmi eux, nous citerons en première ligne les *Trilobites*, qui ont atteint à ce moment leur plus grand développement, qui ont vécu aussi pendant le dévonien et le carbonifère, mais qu'on ne retrouve plus à partir de l'époque primaire; nous les étudierons spécialement ;

3° Les *végétaux* du silurien étaient d'une grande simplicité : ils appartiennent aux cryptogames ; nous n'avons qu'à signaler leur existence.

Les Trilobites. — Les Trilobites se présentent quelquefois enroulés en boule à la façon des cloportes, crustacés actuels qui vivent dans les lieux humides, tels que les caves des maisons; ils vivaient dans la mer et, par leur forme générale, ils rappellent les *Limules* ou crabes des Moluques que l'on trouve de nos jours dans les mers des Moluques. Ils doivent leur nom à ce que leur corps est divisé transversalement en *trois* parties ou *lobes*: la partie antérieure est la *tête;* la partie moyenne, le *thorax;* la partie postérieure s'appelle queue ou *pygidium* (fig. 48).

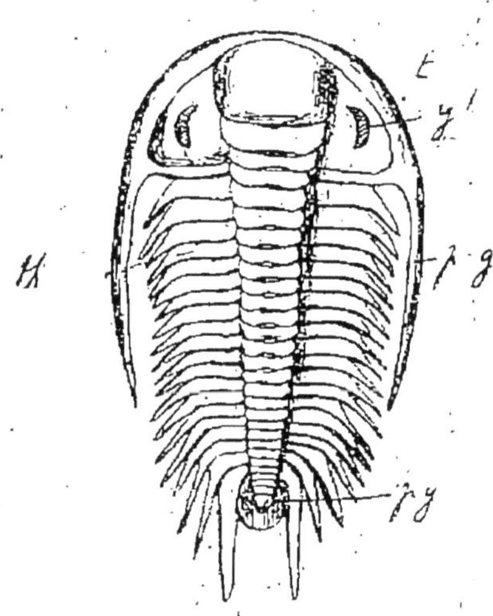

Fig. 49. — Paradoxide : *t*, tête; *y*, yeux; *pg*, pointes génales; *th*, thorax; *py*, pygidium.

Sur la tête on voit le plus souvent la trace de deux gros yeux composés, à facettes; la partie moyenne de la tête porte le nom de *glabelle;* les parties latérales portant les yeux s'appellent les *joues*. En arrière la tête est arrondie (Calymène, par ex.), ou bien elle se termine par deux pointes qui semblent la continuation des joues et appelées pour cela *pointes génales;* ces pointes s'allongent plus ou moins, parallèlement au thorax (Paradoxide, par ex.).

Le thorax est formé d'anneaux placés les uns à la suite des autres et mobiles les uns sur les autres, ce qui permettait à ces êtres de s'enrouler en boule. Les parties latérales du thorax ou *plèvres* sont, comme la tête, ou bien arrondies (Calymène) ou bien prolongées comme les joues en pointes plus ou moins longues (Paradoxide).

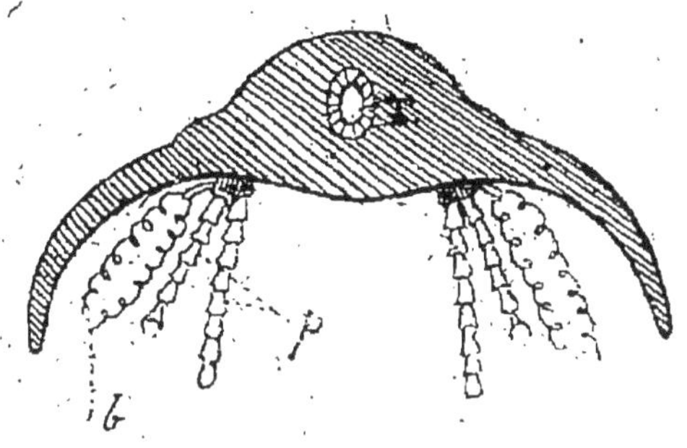

FIG. 50. — Coupe transversale du thorax d'un trilobite: *p*, pattes; *b*, branchies; *T*, tube digestif.

La queue ou pygidium est aussi formée d'anneaux placés les uns à la suite des autres, mais ces anneaux sont soudés entre eux et par conséquent immobiles.

On a retrouvé rarement les empreintes des pattes, ce qui

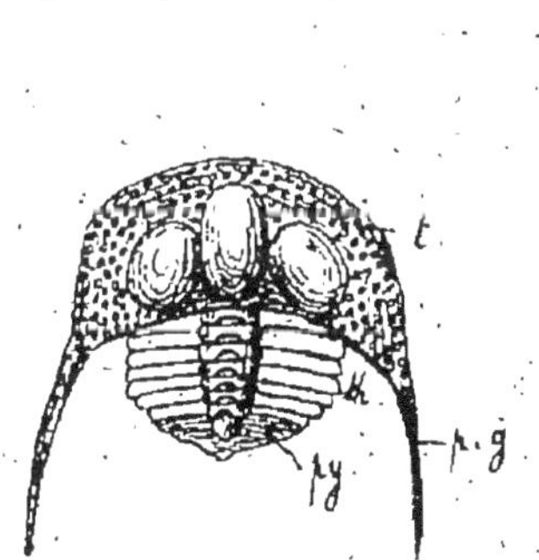

FIG. 51. — Trinucleus ornatus.

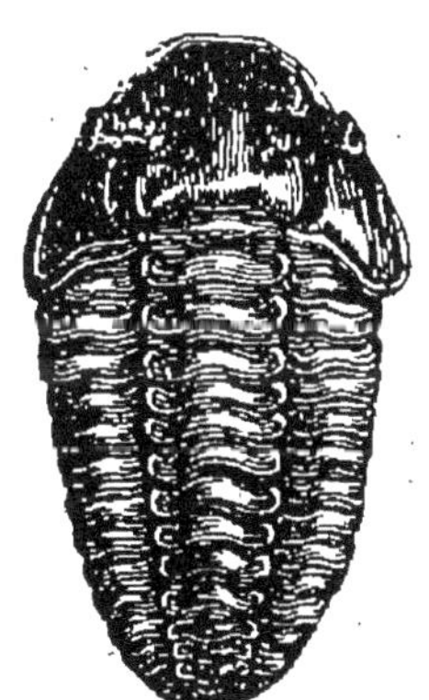

FIG. 52 — Calymène de Blumenbach.

tient évidemment à ce que ces organes étaient relativement plus mous que le reste du corps; on sait cependant (fig. 50) que les trilobites possédaient une paire de pattes par anneau, et que ces organes servaient par une de leurs parties à la nage et par une autre partie à la respiration (branchies).

Les trilobites sont rangés dans la classe des crustacés; on en a décrit plus de 1.200 espèces dans les dépôts du silurien, qui est bien le *règne des trilobites*.

Nous en citerons trois seulement, parce que chacun d'eux est caractéristique d'un des étages en lesquels le silurien est divisé :

1° Le *Paradoxide* (Paradoxides spinosus) qu'on trouve surtout dans le silurien inférieur (fig. 49); il a vingt anneaux au thorax et la tête présente de longues pointes génales;

2° Le *Trinucleus* (Trinucleus ornatus), abondant dans le silurien moyen ; les pointes génales dépassent beaucoup le thorax et la queue (fig. 51); la tête présente trois saillies arrondies ou *noyaux*, d'où le nom; il est orné de nombreuses ponctuations;

3° La *Calymène* (Calymene Blumenbachii), caractéristique du silurien supérieur; la tête n'a pas de pointes génales; le nombre des anneaux du thorax est grand (fig. 52);ce trilobite se trouve souvent enroulé sur lui-même.

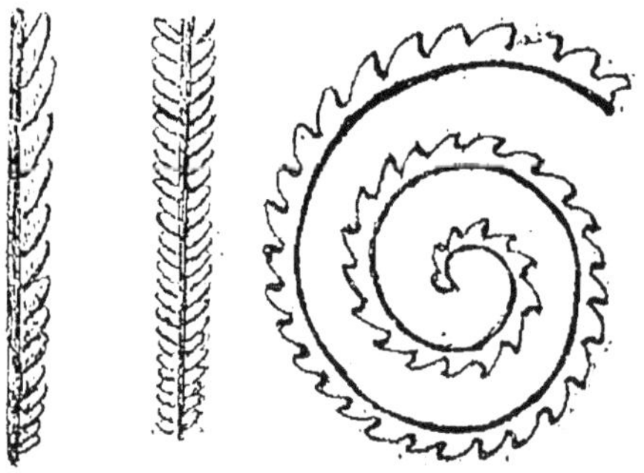

Fig. 53. — Exemple de Graptolithes.

Les Graptolithes. — Nous citerons encore, comme étant caractéristiques du silurien, les *Graptolithes*, colonies de petits polypiers, dont les parties dures ou loges se sont seules conservées (fig. 53); chaque loge devait renfermer un seul individu, comme cela se voit dans les hydraires actuels.

Toutes les loges sont portées sur un axe solide; quelquefois, elles se trouvent d'un même côté de cet axe; souvent, sur les deux côtés ; parfois aussi l'axe se montre enroulé sur lui-même, de façon à dessiner une spirale ou une hélice.

2. — TERRAIN DÉVONIEN.

Caractères généraux du dévonien. — 1° Les principales roches sédimentaires du dévonien sont des grès, très souvent colorés en rouge par l'oxyde de fer, comme le *vieux grès rouge d'Ecosse* ; des *grauwackes*, grès argileux et ferrugineux ; des *schistes* et des *calcaires*. Les calcaires, beaucoup plus importants que ceux du silurien, se présentent souvent sous la forme de marbres qui sont exploités dans les Pyrénées (marbre *griotte*) et sur les bords de la Meuse (calcaire de Givet) ;

2° Les animaux sont, dans leur ensemble, bien différents de ceux du silurien. On trouve bien encore de nombreux trilobites, mais ces êtres n'ont pas la même importance que dans le terrain précédent, et ce sont les *poissons*, les *brachiopodes* et les *polypiers* qui deviennent caractéristiques de ce terrain.

3° Les végétaux sont toujours des cryptogames, sans intérêt pour nous ;

Examinons les groupes d'animaux que nous avons signalés.

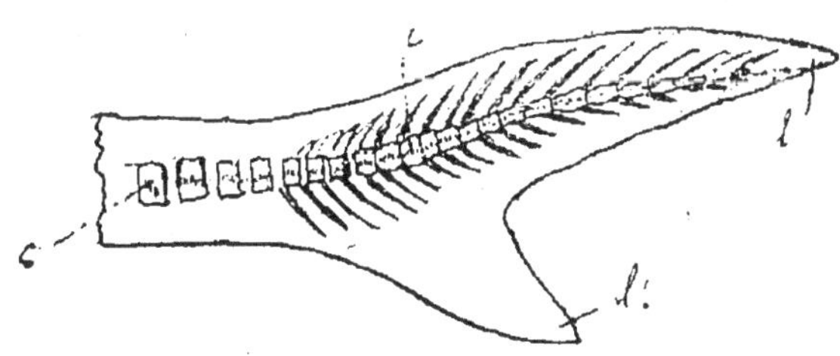

Fig. 54. — Queue hétérocerque.

Les poissons du dévonien. — Les poissons, qui avaient apparu dans les mers vers la fin du silurien, prennent un développement extraordinaire à partir du début du dévonien. Ils sont très différents de ceux qui vivent de nos jours. Les uns avaient la partie antérieure du corps recouverte par une sorte de cuirasse solide ; ils se tenaient probablement enfoncés dans la vase par la partie postérieure du corps, molle et peu résistante. Les autres avaient leur

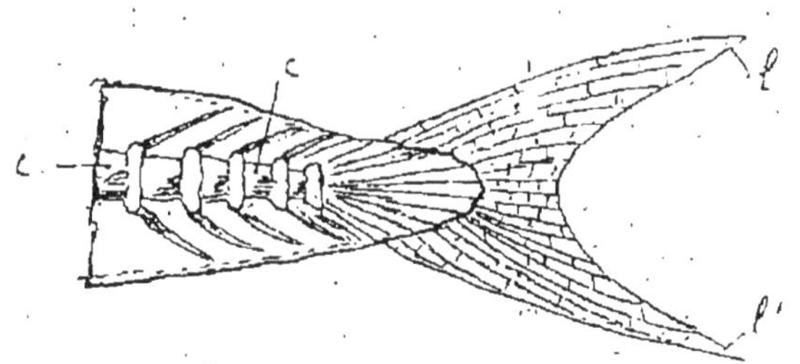

Fig. 55. — Queue homocerque.

queue terminée par deux lobes inégaux (queue *hétérocerque*) (fig. 54), et cependant leur squelette était osseux ; or, de nos jours, ce sont surtout les poissons cartilagineux qui ont la queue hétérocerque, et la queue des poissons osseux actuels est *homocerque*, c'est-à-dire à deux lobes égaux (fig. 55).

Les brachiopodes. — Les brachiopodes peuvent être considérés comme des mollusques renfermés dans une coquille à deux valves; mais, tandis que dans les mollusques bivalves proprement dits, tels que l'huître ou la moule, l'une des valves est à droite, l'autre à gauche de l'animal; les valves des brachiopodes sont l'une supérieure, l'autre inférieure, de telle sorte

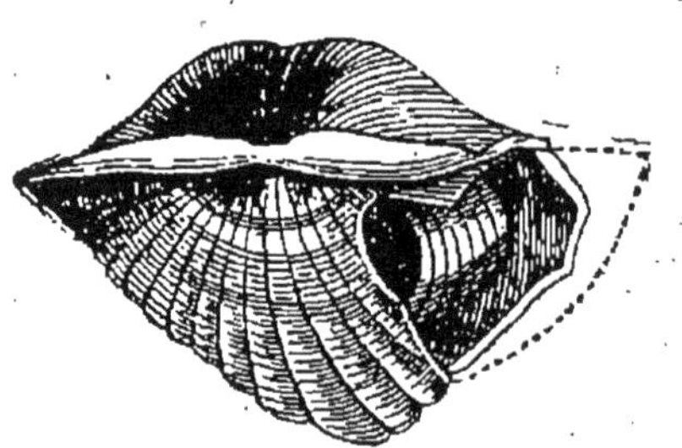

Fig. 56. — Spirifer; la coquille brisée à droite laisse voir les supports en spirale.

que ces animaux sont couchés dans leur valve inférieure comme l'enfant dans un berceau.

Les brachiopodes doivent leur nom à la présence autour
de la bouche de longs *bras* mous que l'on a comparés à des
pieds ou organes de locomotion, et qui servent en réalité à
respirer et à attirer les aliments vers la bouche. Il est évident
que ces bras n'ont pu se conser-
ver par la fossilisation ; mais ils
étaient souvent enroulés à l'intérieur autour de supports solides, calcaires, que l'on retrouve
en brisant la coquille.

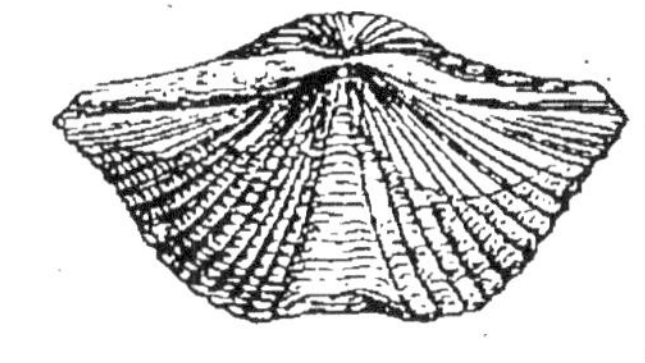

FIG. 57. — Spirifer entier.

La plupart des brachiopodes
du dévonien ont des supports enroulés en *spirale*, d'où le
nom de *spirifers* qu'on leur a donné (fig. 56). Les formes

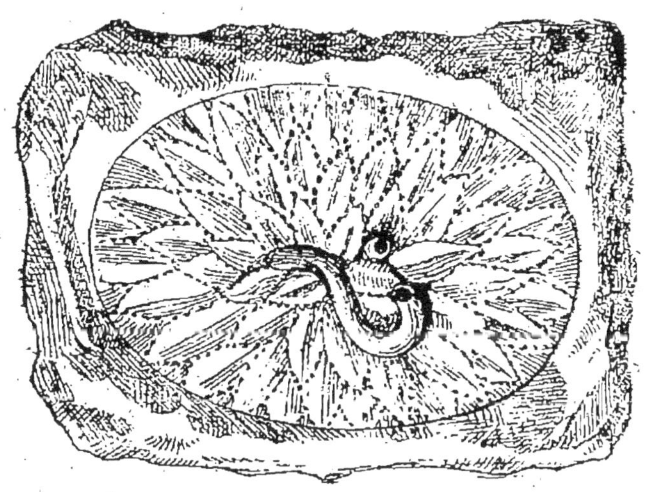

FIG. 58. — Le Pleurodyctium.

de la coquille de ces animaux sont très variables (fig. 57) ;
cependant, en général, la coquille présente deux prolongements latéraux plus ou moins longs, d'où la désignation de
spirifers ailés.

Les polypiers du dévonien. — Nous examinerons deux polypiers, le *Pleurodyctium* et la *Calcéole*, très différents à la fois de ceux que nous avons vus au silurien et de ceux qui vivent de nos jours.

1° Le Pleurodyctium (fig. 58) est formé par un ensemble de loges disposées en rayonnant à partir du centre de la masse ovoïde de la colonie; ces loges communiquent les unes avec les autres par de très fines ouvertures; au centre même, se voit un tube en S qui ne peut être que la loge d'un animal marin du groupe des vers. Ce polypier,

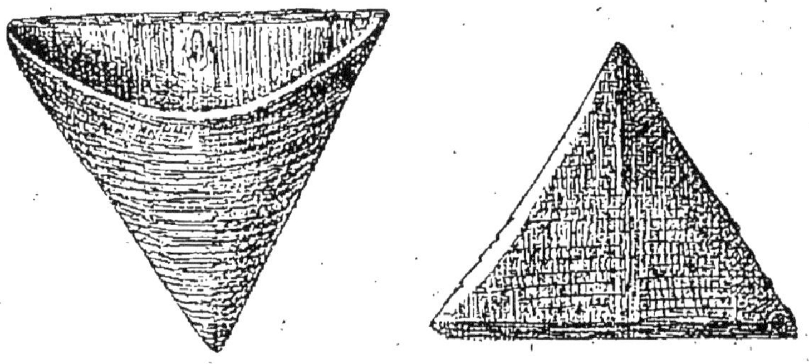

Fig. 59. — Les deux valves de la calcéole; la valve de droite est l'opercule de celle de gauche.

bien singulier, comme on le voit, porte le nom de *Pleurodyctium problematicum;*

2° La calcéole est tout aussi bizarre; au premier abord elle ressemble à un mollusque bivalve, car elle est formée de deux parties qui ont l'aspect de valves : l'une de ces parties est une espèce de cornet en sandale (d'où le nom de *Calceola sandalina*); l'autre recouvre la cavité du cornet à la façon d'un opercule mobile (fig. 59).

Les trois étages du dévonien. — Le dévonien est divisé en trois étages : le dévonien inférieur, le dévonien moyen et le dévonien supérieur.

Le dévonien inférieur, formé principalement de grès et

de grauwackes, est caractérisé essentiellement par le *Pleurodyctium*, qu'on ne trouve pas ailleurs ; il renferme aussi beaucoup de *spirifers ailés*.

Le dévonien moyen, schisteux et calcaire, est caractérisé par la calcéole ; il renferme aussi comme fossile caractéristique un brachiopode à crochet long et recourbé connu sous le nom de *Stringocéphale*.

Le dévonien supérieur, schisteux en grande partie, renferme des spirifers, différents de ceux du dévonien inférieur, notamment le *Spirifer Verneuilli*.

3. — TERRAIN CARBONIFÈRE OU HOUILLER.

Caractères généraux. — Au point de vue stratigraphique, le caractère dominant du terrain carbonifère est la présence de la houille. Mais la houille n'est pas la seule roche formée à ce moment, car on observe encore dans ce terrain : des *calcaires* durs, cristallins, abondants surtout à la partie inférieure, exploités d'ailleurs comme marbres de cheminée en Belgique et dans le nord de la France ; des *grès* et des *schistes*, entremêlés avec les couches de houille (fig 60) ; des *schistes bitumineux*, à la partie supérieure ; de telle sorte qu'on peut diviser le carbonifère en trois étages :

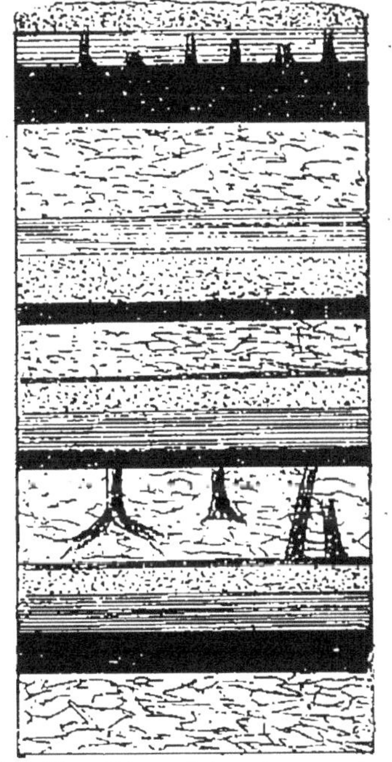

Fig. 60.—Disposition des couches : les couches de houille (en noir) sont intercalées entre des grès, des argiles, etc.

1° Le carbonifère inférieur ou *calcaire carbonifère*, renfermant comme fossiles caractéristiques des brachiopodes appelés Productus ;

2° Le carbonifère moyen ou *houiller* proprement dit, caractérisé par l'ensemble des végétaux qui ont fourni la houille ;

3° Le carbonifère supérieur ou *permien*, formé aux environs de Lodève et d'Autun par des schistes bitumineux et, en Allemagne, par cette même roche, et, en outre, par des *grès rouges*, des *calcaires magnésiens* avec gypse et sel gemme.

Au point de vue paléontologique, le caractère le plus important du carbonifère est, sans contredit, fourni par cette végétation abondante qui a donné naissance à la houille.

Nous examinerons d'abord la houille au point de vue de sa formation, puis les plantes ayant vécu à ce moment à la surface du sol, et enfin les animaux caractéristiques que l'on a rencontrés dans les divers étages du houiller.

Formation de la houille. — La houille a une origine nettement végétale. Non seulement elle est composée de carbone, d'oxygène et d'hydrogène, c'est-à-dire des éléments mêmes qui constituent les végétaux, mais, en outre, on retrouve dans certaines houilles et surtout dans les grès et les schistes, les restes des végétaux qui leur ont donné naissance, notamment des feuilles et des troncs de fougères. Aussi est-il admis par tout le monde que la houille est le résultat de la décomposition lente sous les eaux et à l'abri de l'air des végétaux ayant vécu pendant le carbonifère.

La houille est si abondante qu'il faut tout d'abord admettre que pendant cette période, les plantes se sont développées dans des conditions de rapidité et d'exubérance qu'on ne rencontrera plus à aucune autre époque. L'atmosphère était sans doute très humide et renfermait une grande proportion d'acide carbonique, qui est l'élément principal pour le développement des plantes vertes ; la température était assez élevée et partout la même ; les continents, encore peu élevés, renfermaient de grands lacs alimentés par des pluies perpétuelles, autour desquels se voyait une épaisse végétation.

Cette végétation était, en majeure partie, composée de cryptogames, c'est-à-dire de plantes faciles à déraciner par les pluies ; les débris de ces plantes, entraînés par les eaux, se rendaient dans les lacs de l'époque où ils étaient ensevelis à l'abri de l'air. De nouvelles plantes poussaient rapidement, étaient ensuite déracinées et entraînées par les eaux ; leurs débris venaient s'accumuler au-dessus des précédents et ainsi de suite. Ce mode de formation porte la désignation de *formation de la houille par transport des végétaux*.

Mais la houille a pu aussi se former à la place même où poussaient les végétaux, à la suite de mouvements lents d'affaissement du sol qui ensevelissaient les plantes sous les eaux et de mouvements d'exhaussement qui permettaient le développement de nouvelles végétations : c'est la *formation de la houille sur place*. Comme certaines mines comprennent plus de 100 couches de houille et que chaque couche a dû se former séparément, on voit combien le sol était peu stable pendant le carbonifère.

Les principaux végétaux du houiller. — Les plantes du houiller appartiennent en grande partie au groupe des Cryptogames représenté dans notre flore par les fougères, les prêles, etc. ; elles étaient parfois gigantesques, car quelques-unes atteignaient et dépassaient une hauteur de 20 mètres.

Citons les plus remarquables :

1° Les *fougères*. — Les fougères renfermaient des espèces plus hautes que nos pins et nos sapins ; leur tige se terminait par un immense bouquet de feuilles découpées, à la façon des fougères arborescentes que l'on trouve actuellement dans les régions tropicales. Les empreintes de quelques-unes de ces feuilles sont si nombreuses dans les schistes qui accompagnent la houille, que certainement cette roche est formée en grande partie de débris de fougères. La figure 61 montre les empreintes de quelques-unes de ces

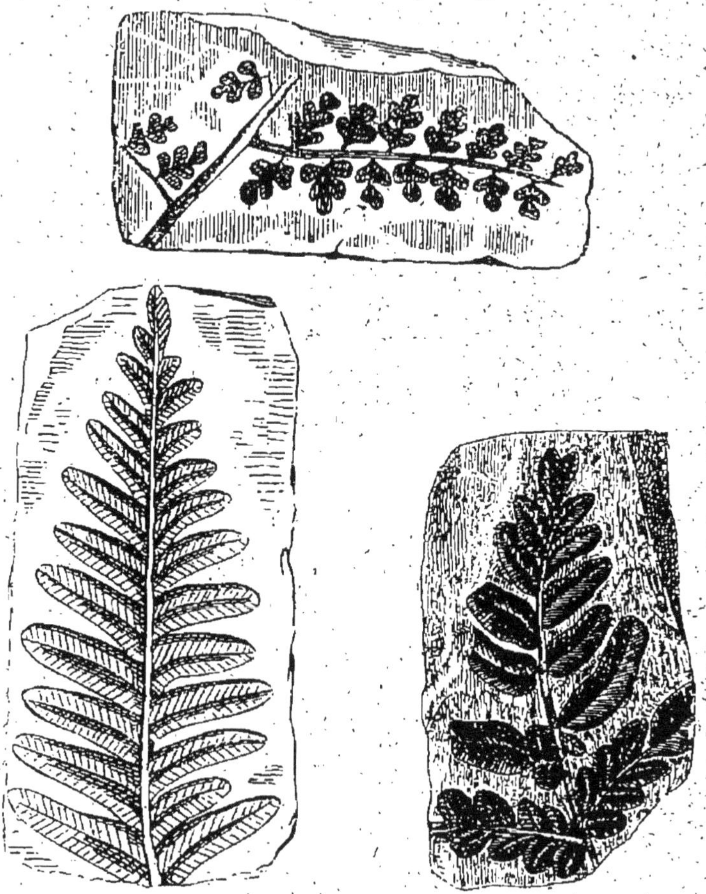

FIG. 61. — Empreintes de feuilles de fougères (sphenopteris, pecopteris et nevropteris).

feuilles : en haut, les empreintes du genre *sphenopteris* ; à gauche, les empreintes des *pecopteris* et, à droite, celles des *nevropteris*.

2° Les *calamites*. — Ce sont des sortes de prêles gigantesques, pouvant atteindre 20 mètres de hauteur ; on les

TABLEAU N° 1

Les principales plantes de la houille.

I. — Calamite : on voit en *b* les cannelures de la tige.

II. — Lépidodendron : on voit en *a* les empreintes laissées sur la tige par les feuilles.

III. — Sigillaire avec racines (Stigmaria) : en *c* se voient les empreintes des feuilles sur la tige ; en *d*, les radicelles et en *f*, une feuille isolée.

BIBLIOTHÈQUE NATIONALE R.F. IMPRIMÉS

6

reconnaît à ce que les tiges sont cannelées extérieurement, creuses intérieurement, et divisées transversalement en entre-nœuds allongés (voir tableau n° 1).

3° Les *lépidodendrons*. — Arbres de haute taille, dont le tronc, à partir d'une certaine hauteur, se divisait régulièrement en deux, chaque branche en deux, et ainsi de suite ; certaines de ces branches se terminaient par des sortes d'épis renfermant les spores. Les feuilles, en tombant, laissaient sur le tronc et sur les branches des cicatrices de forme losangique en général, rappelant la disposition des écailles sur le corps des poissons : c'est ce carac tère qui a valu à ces plantes le nom qu'elles portent (voir tableau n° 1).

Nous citerons aussi les *sigillaires* qui sont, non des cryptogames, mais des plantes gymnospermes, groupe représenté de nos jours par les pins, les sapins, etc.

Les sigillaires étaient des arbres de haute taille, dont le tronc, dépourvu de branches, se terminait par un bouquet de feuilles longues et étroites. Ces feuilles, après leur chute, ont laissé des empreintes en forme de *sceaux*, d'où le nom de la plante.

Les racines des sigillaires étaient énormes, puisqu'elles pouvaient atteindre une longueur de 20 mètres ; pendant longtemps on les avait considérées comme étant des plantes entières : c'est pour cela qu'on leur avait donné un nom spécial, les *stigmaria*. Il n'y a plus de doute aujourd'hui, car on a retrouvé des troncs de sigillaire attachés à des stigmaria (tableau n° 1).

Les animaux du carbonifère. — Dans les mers où se formaient les calcaires carbonifères vivaient de nombreux brachiopodes, notamment les *Productus*, dont les valves, recourbées dans le même sens, portent des sortes de piquants creux par lesquels le corps était mis en relation avec le dehors.

Sur les continents où la houille se formait, les insectes

prennent un grand développement ; on en a retrouvé de belles empreintes parfaitement conservées ; les orthoptères

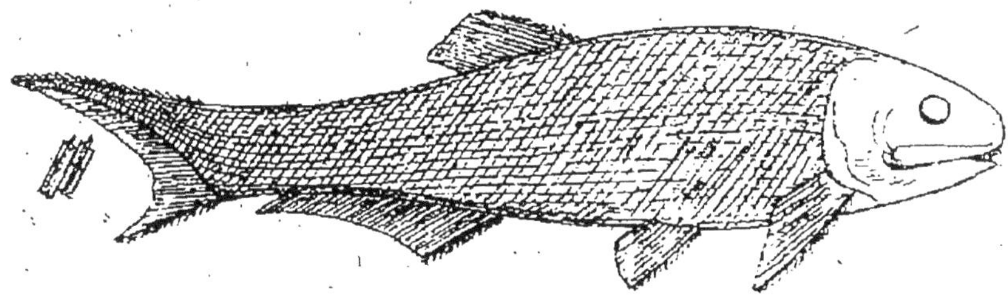

Fig. 62. — Poisson du permien (Paleoniscus).

surtout étaient nombreux (blattes, spectres) ; certaines empreintes rappellent les ailes des libellules ; d'autres sont dues à des coléoptères.

L'étage supérieur ou permien renferme des restes de poissons (*Paleoniscus*), et, surtout, des empreintes de batraciens, notamment du *Protriton*, qui ressemble beaucoup aux tritons actuels (fig. 63).

Etat de la France à la fin de l'époque primaire. — Les mouvements du sol, très nombreux probablement pendant le carbonifère, ont eu pour résultat d'élever au-dessus du niveau des mers les divers terrains de l'époque

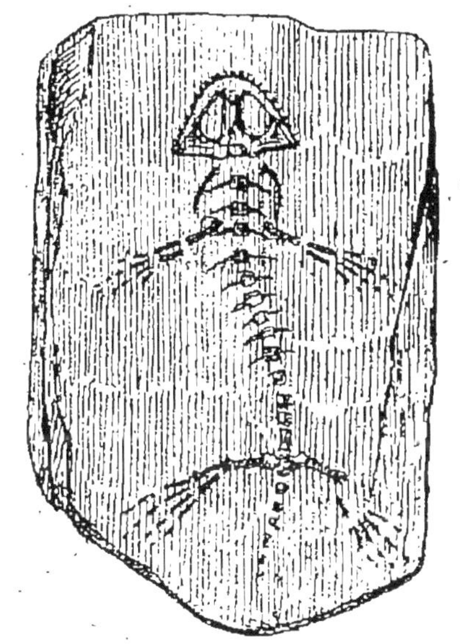

Fig. 63. — Protriton; squelette sur un fragment de schiste

primaire, et, par conséquent, d'augmenter d'une manière notable l'étendue du continent français (carte n° 2).

Si, en effet, on compare la carte de la France à la fin des deux époques que nous avons étudiées jusqu'ici, on

constate immédiatement que les mers sont beaucoup moins
larges qu'à la fin de l'époque primitive. D'une façon générale, on voit aussi que les formations de l'époque primaire
s'appuient sur celles de l'époque primitive. En Bretagne et

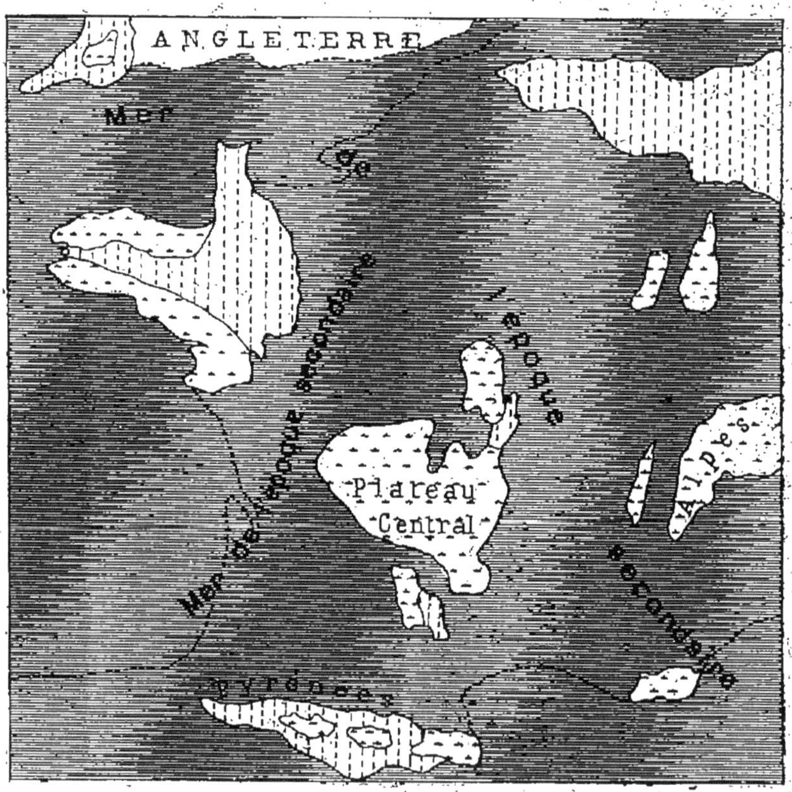

Carte nº 2. — État de la France à la fin de l'époque primaire.

en Normandie, par exemple, les terrains primaires reposent
sur les deux bandes que nous avons signalées comme appartenant à l'époque primitive.

Les Ardennes sont en grande partie formées par les terrains primaires.

Dans les Pyrénées et dans les Alpes, ces terrains affleurent en divers points (Eaux-Bonnes, Cauterets, Luchon, Briançon, etc.).

En outre, on trouve quelques lambeaux de terrains primaires autour du plateau central.

Le houiller, en particulier, forme, autour de ce plateau, quelques bassins importants (Autun, le Creuzot, Saint-Etienne, Alais, Lodève, Graissessac, Decazeville, Carmaux, etc.). On trouve en outre quelques gisements de houille dans la Basse-Loire. Mais les gisements les plus importants se trouvent dans le nord (Anzin, Douai, Valenciennes, etc.) et font partie du riche bassin connu sous le nom de bassin *franco-belge*.

QUESTIONNAIRE SUR LE CHAPITRE IX

1. Exposez les caractères généraux de l'époque primaire? Divisions de cette époque en terrains.
2. Caractères généraux du silurien.
3. Décrivez les Trilobites. Exemples.
4. Les Graptolithes.
5. Les caractères généraux du dévonien.
6. Les poissons du dévonien.
7. Les brachiopodes du dévonien.
8. Les polypiers du dévonien.
9. Comment divise-t-on le dévonien?
10. Exposez les caractères généraux du carbonifère.
11. Expliquez la formation de la houille par transport et sur place.
12. Décrivez les plantes du houiller.
13. Parlez des animaux du carbonifère.
14. Exposez l'état de la France à la fin de l'époque primaire.
15. Où trouve-t-on des gisements de houille ?

CHAPITRE X

Époque secondaire.

Caractères généraux de l'époque secondaire. — Au point de vue stratigraphique, l'époque secondaire a pour premier caractère l'absence presque complète de roches éruptives, car on a seulement constaté quelques éruptions de porphyre tout à fait au début de cette époque. Un deuxième caractère est tiré de la nature des roches sédimentaires qui sont presque toutes des calcaires, des argiles, des marnes, en général d'une faible résistance, et des sables. Enfin les dépôts de cette époque recouvrent en certains points ceux de l'époque primaire et sont recouverts par ceux de l'époque tertiaire, d'où la détermination exacte de l'âge relatif de l'époque secondaire.

Au point de vue paléontologique, on constate de grands changements dès le début de cette époque. Les animaux et les plantes de l'époque primaire sont remplacés par des êtres nouveaux qui se rapprochent davantage de ceux qui vivent de nos jours : les trilobites, les graptolithes, les poissons bizarres, les brachiopodes spirifers, etc., ont disparu pour toujours ; ils font place aux ammonites et aux bélemnites, parmi les invertébrés et, parmi les vertébrés, aux reptiles qui acquièrent un développement extraordinaire vers le milieu de cette époque. Les oiseaux apparaissent aussi, mais bien différents de ceux de nos jours ; les mammifères, de même. — Quant aux végétaux, ce sont surtout des restes de gymnospermes qu'on trouve sur les roches sédimentaires et vers la fin de cette époque quelques empreintes de plantes rappelant le chêne, le saule, etc.

Division en terrains. — L'époque secondaire comprend trois terrains qui sont, en allant de l'époque primaire à l'époque tertiaire :

1° Le terrain triasique ou trias ;

2° Le terrain jurassique ;

3° Le terrain crétacé.

1. — LE TRIAS.

Caractères généraux. — Le trias doit son nom à ce qu'il est formé généralement par trois étages bien distincts au point de vue de la nature des roches qu'ils renferment.

L'étage inférieur ou étage des *grès bigarrés*, ainsi appelé parce que les grès qui le forment en majeure partie sont de couleurs variées : rouges, en général, verts ou jaunes. C'est une formation de rivage, sur laquelle on trouve des empreintes de pattes attribuées aux *Labyrinthodontes ;* on y trouve aussi des empreintes de plantes, notamment de *Voltzia*, qui sont des gymnospermes.

L'étage moyen ou du *calcaire coquillier,* est formé de calcaires franchement marins qui sont pour ainsi dire pétris de débris de coquilles ; on y trouve surtout des *Cératites* et des *Encrines.*

L'étage supérieur ou étage des *marnes irisées*, est constitué par des marnes diversement colorées, jaunes, rouges, vertes. C'est une formation de lacs salés qui, en se desséchant, ont formé d'abondants dépôts de *gypse* et de *sel gemme*, exploités principalement en Lorraine et dans la région du Jura.

La nature des roches que nous venons de signaler et leur mode de formation montrent nettement qu'au début de l'époque secondaire les mouvements du sol ont été fréquents : la formation du calcaire coquillier est l'indice d'un affaissement notable ; le dépôt des marnes irisées, du gypse et du sel gemme indique un exhaussement prononcé.

Les animaux du trias. — Les animaux caractéristiques du trias sont : les Labyrinthodontes, les Cératites et les Encrines.

1° Les *Labyrinthodontes.* — Les Labyrinthodontes sont des Batraciens de grande taille (fig. 64) ayant apparu à

Fig. 64. — Labyrinthodonte restauré, avec empreintes de pas.

la fin de l'époque primaire; ils sont caractérisés surtout par la forme de leurs dents, car l'émail, au lieu de former une couche continue autour de la couronne, pénètre l'ivoire en plis contournés, de telle sorte qu'une coupe transversale donne un dessin qui rappelle les sinuosités d'un labyrinthe (fig. 65).

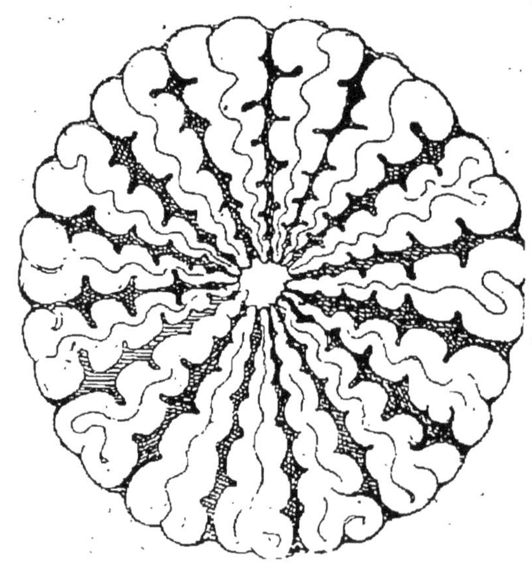

Fig. 65. — Coupe transversale d'une dent de Labyrinthodonte (les sinuosités sont formées par des plis d'émail.

Les empreintes des pas de ces animaux sont associées deux par deux, ce qui montre bien que les Labyrinthodontes marchaient sur quatre pattes. Mais l'on trouve aussi sur les mêmes grès des empreintes de pas isolées, d'un animal bipède, par consé-

quent, que les uns regardent comme un oiseau et que
d'autres considèrent comme étant un reptile bipède de
grande taille.

2° Les *Cératites*. — Les
Cératites sont des mollusques
céphalopodes qui vivaient dans
une coquille enroulée sur elle-
même en spirale, dans un
seul plan (fig. 66) ; cette
coquille est divisée intérieurement en chambres par des
cloisons irrégulières, comprenant chacune des *selles* ou par-

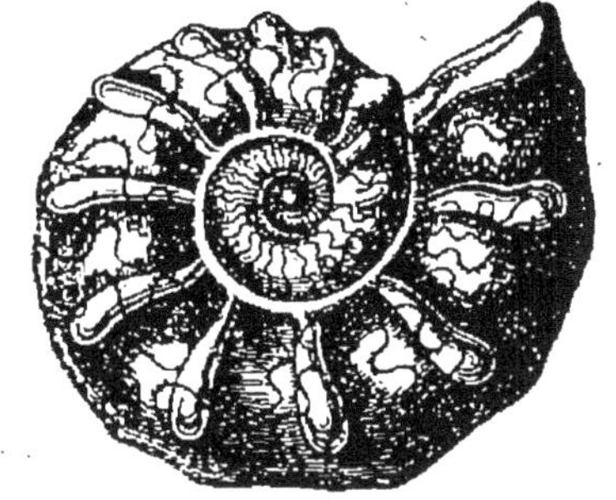

Fig. 66. — Coquille de Cératite
(avec les cloisons irrégulières).

ties saillantes du côté de l'ouverture et des *lobes* ou parties rentrées en sens inverse ; les sel-
les ont un contour régulier; les lobes,
au contraire, sont très divisés.

Les mollusques céphalopodes,
dont il est question ici pour la première fois, avaient déjà apparu pendant l'époque primaire, mais sous
des formes différentes : les uns
avaient des coquilles droites ayant
l'aspect d'un cornet ; chez d'autres,
la coquille était recourbée en arc ;
d'autres enfin vivaient dans une
coquille enroulée comme les Cératites. Chez tous la coquille était aussi
divisée en chambres successives, mais
les cloisons étaient presque toujours
de forme régulièrement concave et
non formées de selles et de lobes.
C'est là une des différences essentiel-
les entre les céphalopodes primaires et les Cératites.

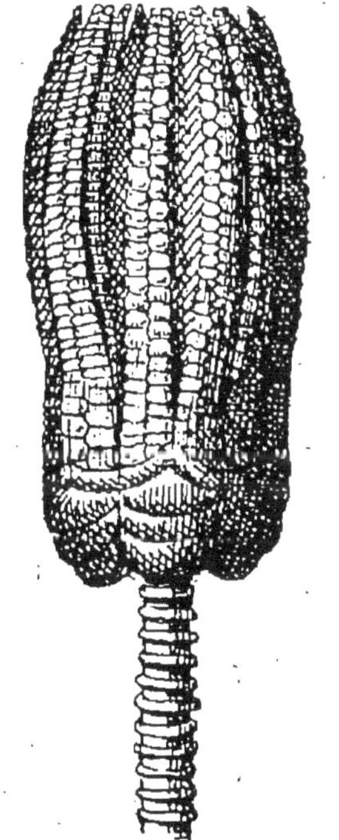

Fig. 67. — Encrine liliiforme.

3° Les *Encrines*. — Les Encrines sont des Echinodermes

voisins des Étoiles de mer, qui vivaient fixées sur les rochers à l'aide d'une longue tige calcaire formée de disques superposés ; leurs empreintes rappellent une fleur de lis, d'où le nom d'Encrine *liliiforme* donné à l'espèce qui caractérise le calcaire coquillier (fig. 67).

Les plantes du trias. — Un grand nombre de plantes du carbonifère ont définitivement disparu à la fin de l'époque primaire ; la végétation est beaucoup moins abondante pendant le trias, ce qui est un signe de changements climatériques importants.

Mais il faut signaler l'abondance relative des plantes du groupe des conifères, telles que les *Voltzia* (fig. 68), ce qui est un progrès, ces plantes étant d'une organisation plus élevée que les cryptogames.

Fɪɢ. 68.
Voltzia (conifère du trias).

2. — Le jurassique.

Caractères généraux. — Le jurassique doit son nom au rôle très important qu'il remplit dans la constitution des montagnes du Jura.

Il est entièrement formé par des roches sédimentaires, principalement par des *calcaires*, des *argiles* et des *marnes* dont les couleurs uniformes deviennent de plus en plus claires de la base au sommet de ce terrain : c'est ce qui a valu les noms de jurassique *noir* (partie inférieure), de jurassique *brun* (partie moyenne) et de jurassique *blanc* (partie supérieure).

Deux groupes d'animaux ont une prédominance très marquée parmi les nombreux êtres qui ont vécu à cette période ;

ce sont : 1° les *reptiles*, parmi les vertébrés ; 2° les *mollusques céphalopodes* (ammonites et bélemnites), parmi les invertébrés. Mais le jurassique mérite encore notre attention au point de vue paléontologique par l'apparition d'autres animaux, les oiseaux et les mammifères notamment.

Divisions du jurassique. — Si on ne considère dans le jurassique que les couches principales, on constate que ce terrain est une succession assez régulière d'argiles et de calcaires formant six étages principaux, savoir :

1° Le *lias*, étage le plus inférieur, formé surtout d'argiles foncées ou de calcaires argileux de même couleur. C'est dans le lias qu'on a retrouvé les restes du premier des mammifères connus, le *Microlestes antiquus ;* il renferme aussi des huîtres à crochet recourbé, qu'on désigne sous le nom de *gryphées ;*

2° L'*oolithe*, étage formé principalement par des calcaires ayant la structure oolithique, très développé dans le Jura et sur les côtes du Calvados. L'oolithe renferme de nombreux restes de reptiles marins ;

3° L'*oxfordien*, étage essentiellement argileux, très développé en Angleterre (environs d'Oxford) et en France sur la côte de la Manche, notamment à Dives ;

4° Le *corallien*, étage de calcaires formés en grande partie de débris de polypiers (coraux) ; ces calcaires renferment beaucoup d'autres fossiles, des oursins du genre Cidaris, par exemple. C'est à l'étage corallien qu'appartiennent les schistes de Solenhofen (Bavière), dans lesquels on a trouvé les empreintes du plus ancien oiseau, l'*Archéoptéryx ;*

5° Le *kimméridgien* ou *virgulien*, étage essentiellement argileux, formant la base des falaises du Havre, plus développé en Angleterre ; cet étage est caractérisé par la présence d'une petite huître, *ostrea virgula*, dont le crochet est recourbé à la façon d'une virgule (d'où le nom de virgulien).

6° Le *portlandien*, étage de calcaires marneux qui fournissent les ciments hydrauliques de Portland (Angleterre) ; il est développé aussi en France, dans la région du Barrois (Bar-le-Duc, Bar-sur-Aube), dans l'Yonne, et il porte aussi le nom d'étage du Barrois.

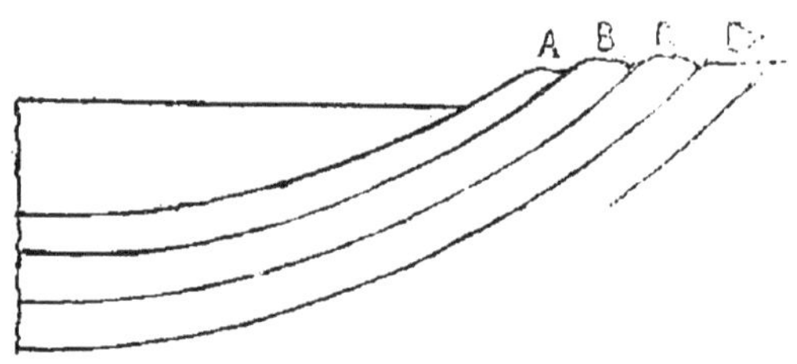

FIG. 69. — Figure théorique montrant le retrait des couches *A*, *B*, *C*.

Dans certaines régions, notamment en Angleterre, le jurassique se termine par des dépôts lacustres, ce qui montre bien qu'après le dépôt des calcaires marneux du Portlandien, le sol a été soumis à un mouvement d'exhaussement. D'ailleurs, le jurassique dans son ensemble est caractérisé par un mouvement de même nature, la mer de l'oolithe étant moins étendue que celle du lias et ainsi de suite : on en a la preuve dans la disposition même de divers étages de ce terrain qui sont en retrait les uns sur les autres, ainsi que le montre la figure 69.

Passons en revue les principaux animaux qui ont vécu pendant le jurassique.

Les Ammonites. — Les Ammonites sont des mollusques céphalopodes très proches parents des cératites du trias ; leur coquille est, comme celle de ces derniers animaux, divisée intérieurement en chambres par des cloisons comprenant des selles et des lobes ; mais les selles et les lobes sont finement découpés ; les découpures ont été comparées à celles du limbe des feuilles du persil : aussi dit-on que les cloisons des Ammonites sont *persillées* (fig. 70). La dernière loge de ces coquilles, beaucoup plus grande que toutes les autres, était probablement la seule habitée par l'animal, dont la forme est, du reste, encore très problématique. On trouve dans les mers actuelles un céphalopode appelé *spirule* pourvu d'une coquille *interne* enroulée de la même façon ; peut-être les ammonites étaient-elles analogues aux spirules, mais avec une coquille *externe*.

Le nombre des ammonites du jurassique est considérable ; elles se distinguent les unes des autres par les dimensions,

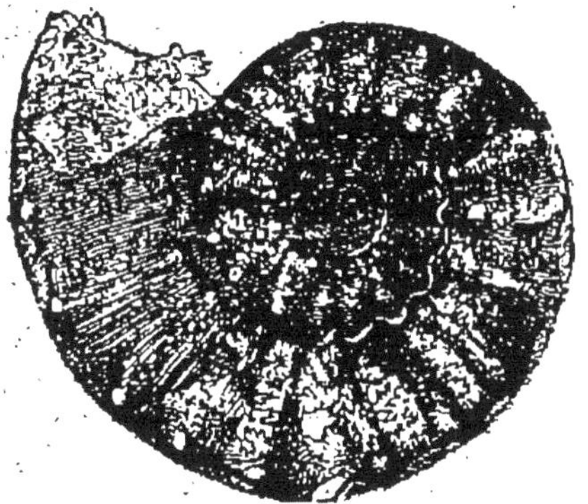

FIG. 70. — Coquille d'Ammonite (avec cloisons persillées).

FIG. 71. — Ammonite du lias.

la forme de l'ornementation extérieure de la coquille ; les espèces des ammonites varient d'un étage à l'autre, mais sont constantes dans le même étage (fig. 71).

Les Bélemnites. — Les Bélemnites sont des sortes de coquilles droites, coniques, ayant l'aspect d'un dard ou d'une flèche ; la partie opposée à la pointe est creusée en entonnoir ; dans cette partie creuse venait se loger une sorte de cornet à parois minces (fig. 72) que l'on retrouve très rarement, mais qui permet de comparer cet appareil à l'os de la seiche ou à la plume du calmar, céphalopodes actuels. On a aussi retrouvé les empreintes du contour de ces animaux et même le contenu d'une poche à encre, semblable à celui de la seiche.

Pour ces diverses raisons, on pense que les bélemnites

étaient des animaux voisins des calmars actuels (fig. 73),
vivant en troupes, car on a pu compter jusqu'à 900 de

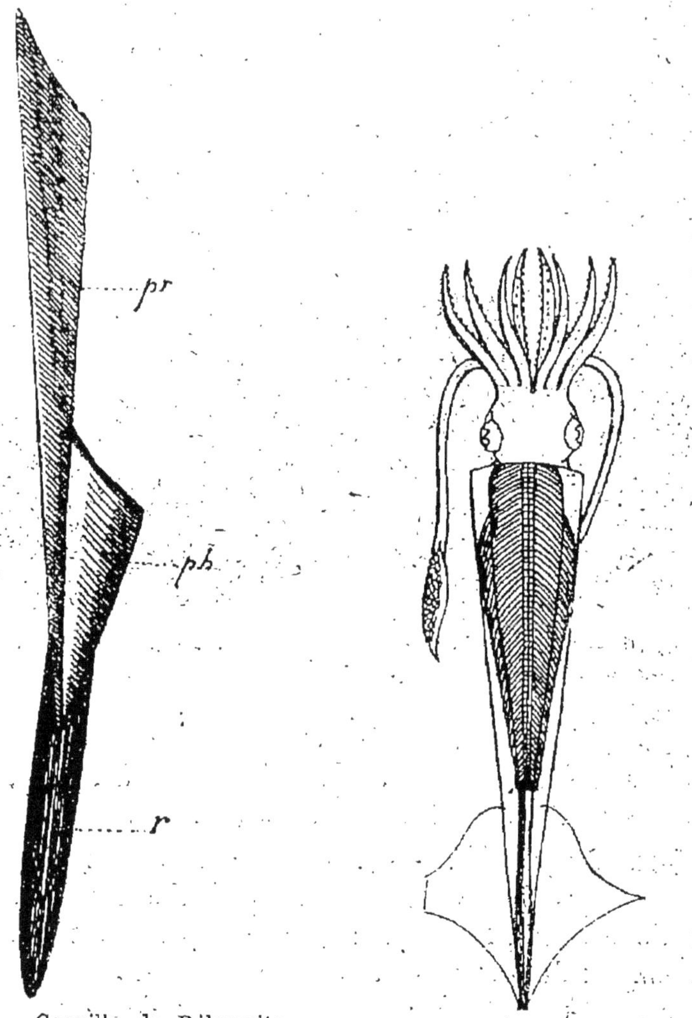

FIG. 72. — Coquille de Bélemnite
restaurée; *r*, rostre; *ph*, phrag-
mocone; *pr*, prostracon (ces deux
dernières parties manquent presque toujours).

FIG. 73. — Bélemnite restaurée (on
voit la coquille à l'intérieur de
l'animal).

leurs coquilles sur un espace de 50 centimètres carrés.

Les Reptiles. — Les Reptiles, qui occupent une place

très petite dans le monde des animaux actuels, étaient représentés pendant le jurassique par des formes de la plus
grande variété, renfermant chacune de nombreuses espèces
vivant les unes dans les mers (reptiles marins), les autres

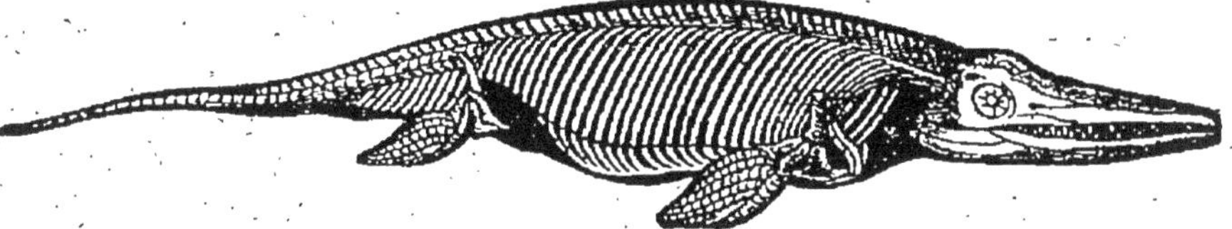

FIG. 74. — Ichtyosaure.

dans les airs (reptiles volants), les autres sur la terre ou
dans les marécages (reptiles terrestres).

I. Parmi les reptiles marins, nous citerons les *Ichtyosaures* et les *Plésiosaures.*

Les ichtyosaures, ou poissons lézards, avaient l'apparence
de poissons; une tête large, directement attachée au corps,
et quatre pattes ayant l'aspect de larges nageoires et servant
pour la nage (fig. 74); le nombre et la forme de leurs dents

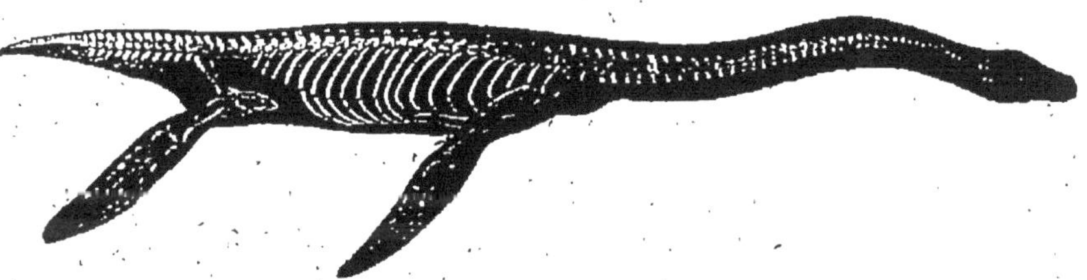

FIG. 75. — Plésiosaure.

font croire qu'ils étaient les fléaux des mers dans lesquelles
ils vivaient. Ces animaux avaient une longueur de $1^m 1/2$
à 2 mètres.

Les plésiosaures ressemblent davantage aux lézards : ils
avaient une petite tête, à laquelle faisait suite un cou d'une
longueur démesurée puisqu'il compte de 30 à 40 vertèbres;
le corps et la queue étaient relativement courts; les quatre
nageoires, très développées (fig. 75). On a comparé les plé-

siosaures à un serpent caché dans la carapace d'une tortue gigantesque ; son corps avait la grosseur du corps d'un quadrupède ordinaire.

D'autres reptiles nageurs, les *Téléosaures*, avaient jusqu'à 8 mètres de longueur ;

II. Parmi les reptiles volants, nous citerons les *Ptérodactyles*.

La tête de ces reptiles, relativement très grosse, était armée de dents fortes ; leur corps, relativement petit, puis-

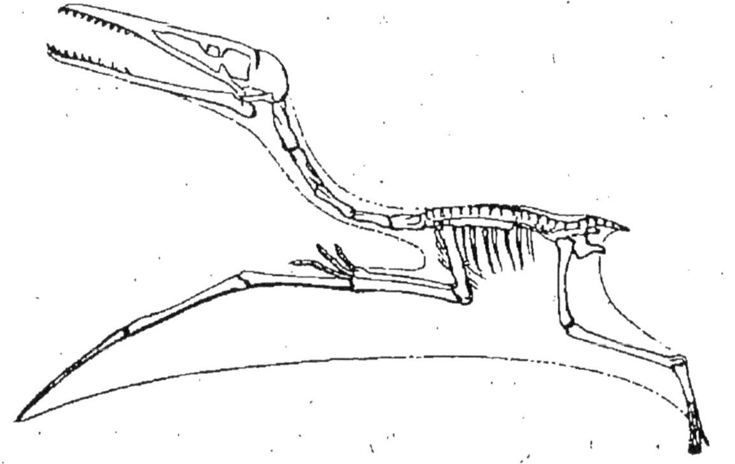

FIG. 76. — Ptérodactyle.

qu'il ne dépassait guère la taille d'un petit poulet, portait quatre membres reliés ensemble par une membrane comparable à celle des chauves-souris, tendue sur le doigt externe très allongé des membres antérieurs (fig. 76).

III. Parmi les reptiles terrestres, nous citerons l'*Iguanodon*, dont on voit un squelette entier au musée de Bruxelles.

Cet animal devait se tenir comme le kanguroo, c'est-à-dire sur sa queue très longue et ses membres postérieurs très forts ; les membres antérieurs sont relativement peu développés. L'iguanodon dressé sur sa queue aurait une hauteur d'environ 11 mètres : c'était donc un animal véritablement gigantesque.

Les oiseaux. — Dans les schistes de Solenhofen (Bavière), on a trouvé les restes d'un oiseau jurassique extrêmement intéressant.

Fig. 77. — Fragments d'Archæopteryx.

Cet oiseau, appelé *Archæopteryx* (fig. 77), ressemble tellement aux reptiles qu'il a été décrit comme un *lézard emplumé*. Son large bec était armé de dents ; ses membres antérieurs présentaient des doigts libres terminés par des griffes ; il avait, en outre, une longue queue composée d'une

vingtaine de vertèbres, garnies d'autant de paires de
plumes. Or dans les oiseaux actuels, on ne trouve pas
de dents; les doigts sont soudés entre eux et très réduits;
les vertèbres de la queue sont soudées de façon à former
un os appelé croupion.

On voit donc que l'archœopteryx privé de ses plumes aurait entièrement les caractères d'un reptile : c'est, en quelque
sorte, un animal intermédiaire entre les reptiles et les
oiseaux.

Les mammifères. — Les mammifères, dont on trouve
quelques dents dans le trias, sont assez abondants dans le
Jurassique; l'un d'eux, le *Microlestes antiquus*, vivait tout
à fait au début de cette période. On ne connaît de ces
mammifères que les mâchoires et les dents, mais cela a
suffi pour conclure qu'ils appartiennent au groupe des marsupiaux, mammifères inférieurs cantonnés actuellement en
Australie et dont les représentants les plus connus sont la
sarigue et le kanguroo.

<h3 style="text-align:center">3. — LE CRÉTACÉ.</h3>

Caractères généraux. — Le terrain crétacé doit son
nom au calcaire blanc, tendre et traçant qu'on appelle la
craie; mais cette roche, la *craie blanche*, appartient seulement à la partie supérieure du terrain; à la partie inférieure et à la partie moyenne, la craie, verte ou mélangée
de marnes, est accompagnée d'argiles et de sables.

Au point de vue stratigraphique, le crétacé présente le
caractère de n'être point formé par des assises de même nature dans le nord et dans le midi de la France : cela tient à
la séparation qui s'est faite pendant cette période entre le
bassin de Paris d'un côté et les bassins de l'Aquitaine et de
la Provence de l'autre côté; dans ces deux derniers bassins,
en effet, le crétacé est surtout représenté par des calcaires

jaunes, compacts, nullement traçants, et l'on va voir qu'il n'en est pas de même dans le bassin de Paris.

Au point de vue paléontologique, le crétacé est, dans son ensemble, la continuation du jurassique : les ammonites, les bélemnites, les oursins, les huîtres, parmi les invertébrés, sont représentés par des formes nouvelles ; de même, parmi les vertébrés, pour les reptiles qui sont en décroissance : les oiseaux perdent la plupart des caractères étranges de l'archœopteryx ; les mammifères sont encore des marsupiaux. Un progrès très marqué s'observe dans la flore, qui est riche en plantes angiospermes (monocotylédones et amentacées).

Par suite de la séparation qui s'est faite en France pendant le crétacé en trois bassins principaux, les conditions climatériques n'ont plus été les mêmes dans le nord et dans le midi et, de même que les sédiments de même âge sont différents, les animaux qui vivaient dans les mers sont aussi très dissemblables : les mollusques qui portent le nom de *rudistes*, par exemple, habitaient la mer de l'Aquitaine et de la Provence et non la mer qui couvrait le bassin de Paris au même moment.

Divisions du crétacé. — Le crétacé est divisé en six étages principaux, savoir :

1° Le *néocomien*, étage de calcaires jaunes surmontés de marnes et d'argiles, renfermant du minerai de fer (Vassy, Haute-Marne) ; les fossiles principaux de cet étage inférieur sont les oursins du groupe des spatangues, des huîtres à crochet recourbé, et, en Provence, des ammonites déroulées ;

2° Le *gault*, étage de sables verts recouverts d'une couche d'argile ; c'est dans les sables verts, compris entre deux couches d'argile — l'inférieure appartenant au néocomien — que s'accumulent les eaux alimentant les puits artésiens de Paris ;

3° Le *cénomanien*, étage de craie verte, glauconieuse,

c'est-à-dire renfermant des grains verts de *glauconie* ou silicate de fer hydraté ; il porte aussi le nom de *craie de Rouen* ; il forme, en effet, près de cette ville, la montagne de Sainte-Catherine ; mais il est surtout développé aux environs du Mans. On y trouve des ammonites, des scaphites, des huîtres, etc. ;

4° Le *turonien*, étage formé principalement d'une craie

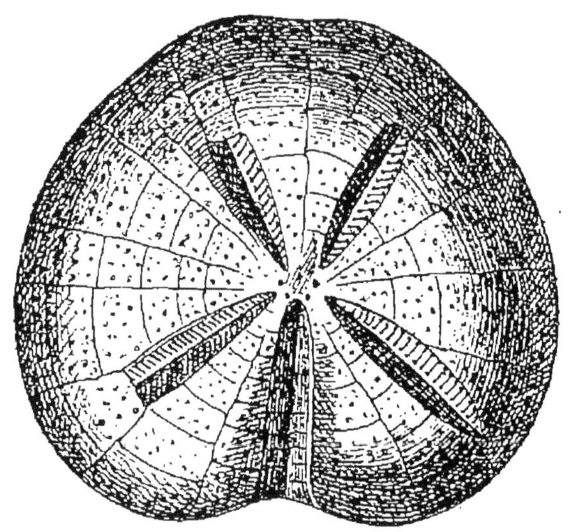

Fig. 78. — Micraster, vu par la face supérieure
bombée.

marneuse blanche, ou, comme en Touraine, d'un calcaire jaune, tendre, appelé *tuffeau*. C'est dans le tuffeau qu'on a trouvé la plus grande des ammonites, l'*Ammonites peramplus*, qui peut atteindre deux mètres de diamètre ;

5° Le *sénonien*, étage de la *craie blanche* (craie à écrire, blanc d'Espagne), très développé en Champagne, notamment aux environs de Sens, Reims, etc. ; on le trouve aussi à la partie supérieure des falaises de Dieppe et d'Étretat ; il affleure presque à Meudon, près de Paris. Il renferme de nombreux oursins tels que les micrasters (fig. 78) et des bélemnites échancrées appelées *bélemnitelles* ;

6° Le *danien*, représenté à Meudon par un calcaire pi-

solithique qui recouvre la craie blanche, et particulièrement
développé dans le Danemark. On a trouvé dans le danien
de Maestricht les restes du *Mosasaurus*, reptile qui avait de
10 à 15 mètres de longueur. Les ammonites s'éteignent dé-
finivement à ce niveau.

Parmi les nombreux fossiles qui appartiennent au crétacé, nous devons examiner spécialement : les ammonites et
les rudistes.

Les ammonites du crétacé. — Les ammonites, qui
vont disparaître entièrement vers la fin du crétacé, se
présentent sous des formes très va-
riées et acquièrent parfois une taille
considérable (A. peramplus de l'étage
turonien, par exemple).

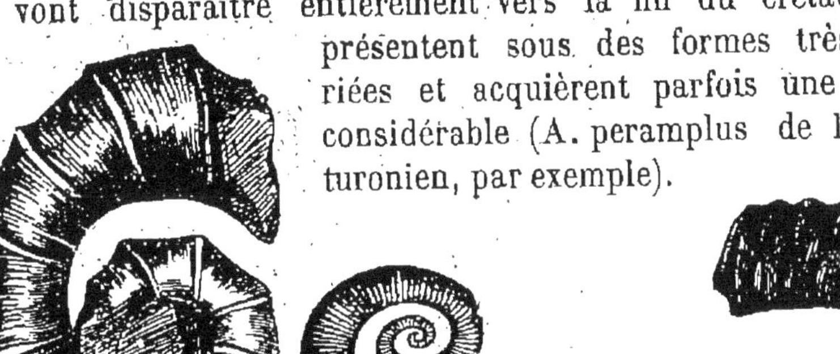

FIG. 79. — Criocère.   FIG. 80. — Ancylocère.

La plupart de ces animaux vivaient dans des coquilles
pareilles à celles que nous avons étudiées, c'est-à-dire enroulées en spirale, divisées intérieurement en chambres séparées par des cloisons persillées. Mais, à côté de ces ammonites, on trouve d'autres formes connues sous la
dénomination d'*Ammonites déroulées* et dont nous devons
donner quelques exemples.

Les *criocères* sont en quelque sorte des ammonites dans
lesquelles les divers tours de la coquille sont séparés les uns
des autres et non intimement accolés (fig. 79).

Les *ancylocères* sont des criocères chez lesquels la coquille déroulée se continue par une partie droite d'abord,
puis recourbée en crosse (fig. 80).

7.

Les *scaphites* ont une coquille peu enroulée d'un côté, qui se continue par une partie droite et se termine par une crosse (fig. 81).

Les *baculites* ont une coquille entièrement droite, ayant

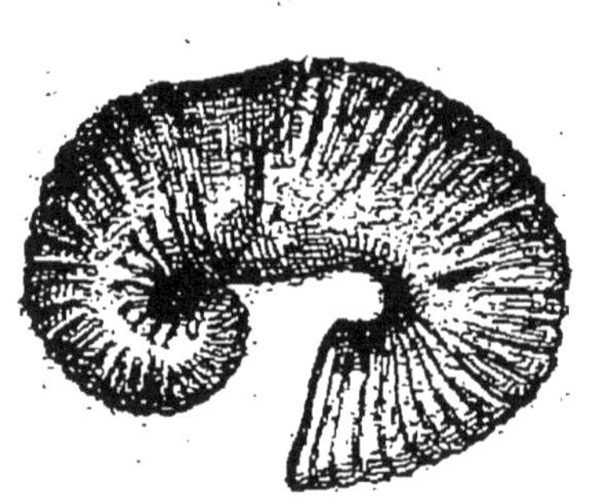

FIG. 81. — Scaphite.

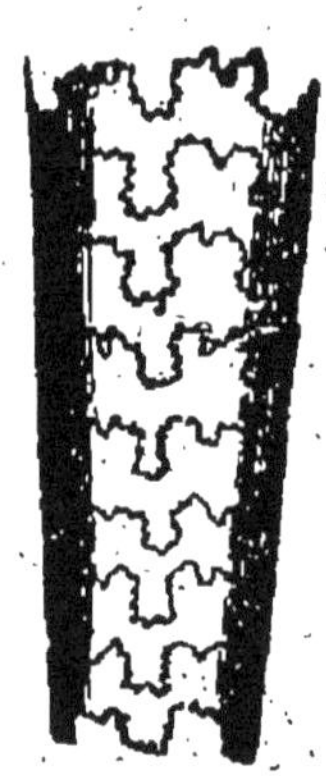

FIG. 82. — Baculite
(avec cloisons persillées).

par conséquent l'aspect d'un cornet, divisé intérieurement par des cloisons persillées (fig. 82).

Les *turrilites* sont enroulées à la façon des escargots (fig. 83), etc.

FIG. 83. — Turrilite.

Les rudistes. — Les rudistes forment un groupe spécial de mollusques à deux valves ; chez ces animaux, l'une des valves est très grande, en forme de cornet pointu ; l'autre, petite, s'applique à l'ouverture du cornet à la façon d'un couvercle (fig. 84).

Les principaux exemples de rudistes, qui, ainsi que nous l'avons dit, caractérisent le crétacé du midi de la France, sont les *radiolites* et les *hippurites*, très abondants aux environs d'Angoulême.

Autres exemples d'animaux. — Parmi les nombreux

restes d'animaux qui ont été trouvés dans les divers étages du crétacé, nous citerons :

1° Les *oursins* : Spatangues du néocomien ; Micrasters et Ananchytes de la craie ;

2° Les *mollusques*

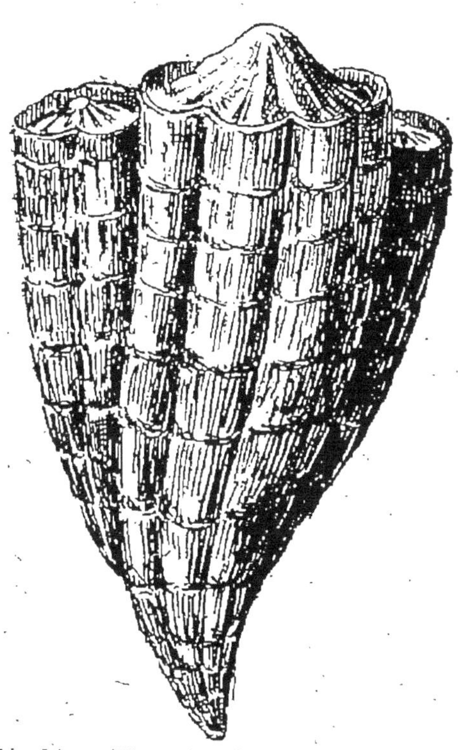

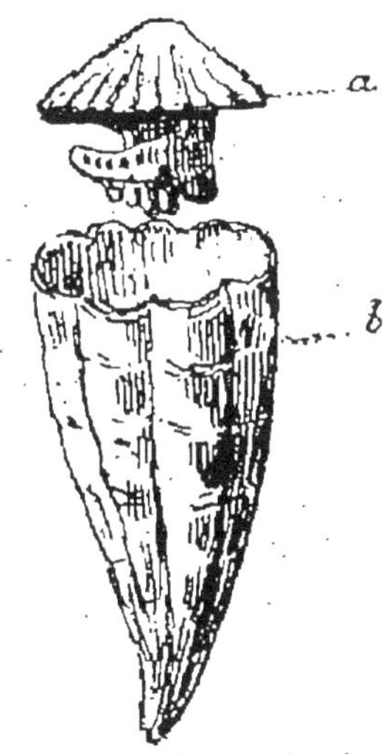

Fig. 84. — Hippurite; *b*, grande valve; *a*, valve operculaire soulevée.

bivalves : Huîtres (cénomanien), Inocérames (turonien)

Fig. 85. — Inocérame.

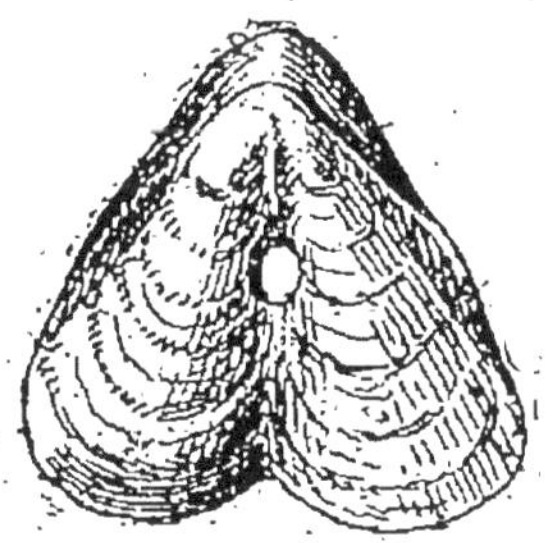

Fig. 86. — Térébratule perforée.

(fig. 85); les térébratules perforées (brachiopodes) du néocomien de la Provence (fig. 86);

3° Les *mollusques céphalopodes* appelés Bélemnitelles;
4° Les *reptiles* : Mosasurus (danien);

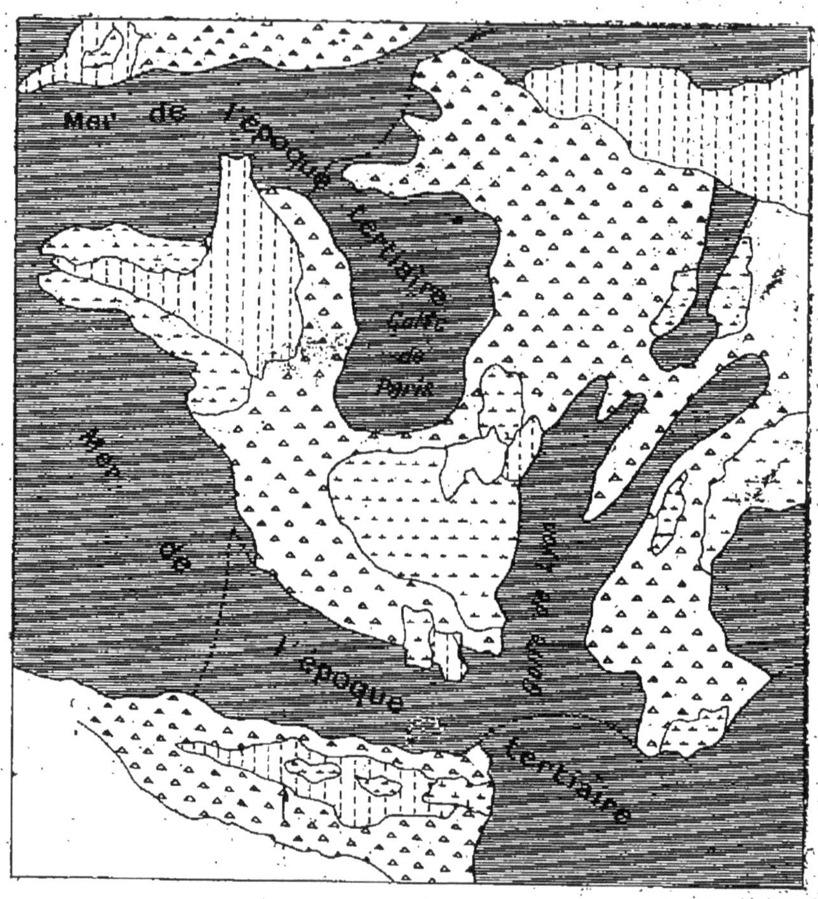

Carte n° 3. — Etat de la France à la fin de l'époque secondaire.

5° Les *oiseaux* : Hesperornis (oiseau ayant des dents), de
la craie d'Amérique;
6° Les *mammifères marsupiaux*.

Etat de la France à la fin de l'époque secondaire.
— Les terrains secondaires, notamment le jurassique et le
crétacé, sont très répandus en France.

Ils forment tout d'abord une ceinture, une large bande

tout autour du bassin de Paris; nous avons déjà constaté que les divers étages de ces terrains sont en retrait les uns sur les autres et nous savons, d'autre part, que ces mêmes étages sont disposés en cuvettes concentriques recouvertes par les formations de l'époque tertiaire.

Pendant l'époque secondaire, le bassin de Paris s'est trouvé nettement séparé du bassin de l'Aquitaine et du bassin du Rhône; ces trois bassins peuvent être considérés, à la fin de cette époque, comme formant trois golfes indépendants les uns des autres.

Autour du bassin de l'Aquitaine et autour du bassin du Rhône, on retrouve des bandes analogues de jurassique et de crétacé, qui s'appuient, comme dans le bassin de Paris, sur les dépôts de l'époque primaire ou bien sur les formations de l'époque primitive (carte n° 3).

QUESTIONNAIRE SUR LE CHAPITRE X

1. Exposez les caractères généraux de l'époque secondaire ; division en terrains.
2. Caractères du trias au point de vue stratigraphique.
3. Quels sont les principaux fossiles du trias ? Décrivez-les.
4. Les caractères généraux du jurassique.
5. Division de ce terrain en étages. — Mouvements du sol.
6. Les ammonites et les bélemnites; description.
7. Parlez des reptiles du jurassique.
8. Décrivez l'archœopteryx.
9. Que savez-vous des mammifères du jurassique ?
10. Les caractères généraux du crétacé.
11. Division de ce terrain en étages.
12. Décrivez quelques ammonites déroulées.
13. Qu'appelle-t-on rudistes ?
14. Citez quelques exemples d'animaux ayant vécu pendant le crétacé.
15. Décrivez l'état de la France à la fin de l'époque secondaire.

CHAPITRE XI

Époque tertiaire.

Caractères généraux stratigraphiques. — Les formations de l'époque tertiaire appartiennent, les unes à la série éruptive, les autres à la série sédimentaire.

Les phénomènes éruptifs se sont surtout manifestés en Auvergne ; le plateau central s'est ouvert en plusieurs points à cette époque et a livré passage aux *trachytes* et aux *basaltes* en si grande abondance que ces roches forment à elles seules des montagnes ayant jusqu'à 1.800 mètres de hauteur (Puy-de-Dôme, Mont-Dore, etc.). Nous avons vu ailleurs les caractères de ces roches éruptives récentes.

Les roches sédimentaires sont moins consistantes que celles des époques précédentes : on trouve, en effet, dans l'époque tertiaire, des *argiles* molles, plastiques, des *sables* parfois cimentés en *grès*, des *calcaires* tendres, faciles à découper, d'aspect terreux. Les *travertins* sont fréquents, ce qui est l'indice de nombreuses sources incrustantes. Les *lignites* abondent dans la partie inférieure de l'époque tertiaire.

Un caractère assez général des roches sédimentaires de cette époque est leur disposition : les couches qu'elles forment sont le plus souvent horizontales et elles comblent les golfes de l'époque secondaire. Dans les massifs montagneux cependant, quelques-unes d'entre elles sont disloquées, relevées par l'effet du dernier soulèvement des montagnes, et cela nous permettra précisément d'établir l'âge relatif de ce soulèvement pour les Pyrénées et pour les Alpes (voir p. 135).

Enfin, ces dépôts sédimentaires sont les uns *marins*, les autres d'*eau douce*. L'abondance des dépôts d'eau douce, leur intercalation entre des couches marines, prouvent que, pendant cette époque, les continents ont été soumis à de nombreux mouvements d'exhaussement et d'affaissement.

Caractères généraux paléontologiques. — D'une manière générale, les animaux et les végétaux de l'époque tertiaire se rapprochent beaucoup par leur organisation des animaux et des végétaux actuels; la ressemblance entre les uns et les autres est plus grande si l'on examine la faune et la flore de la fin de l'époque tertiaire, moins grande si l'on étudie la faune et la flore du début de cette époque en les comparant à la faune et à la flore de nos jours.

Les reptiles, si nombreux et si bizarres de l'époque secondaire, de même que les oiseaux étranges que nous avons signalés, de même aussi que les mammifères marsupiaux, sont remplacés à l'époque tertiaire par des reptiles et des oiseaux organisés comme ceux de nos jours et par des mammifères vrais, semblables à ceux qui vivent actuellement dans nos pays.

Les Ammonites et les Bélemnites ont définitivement disparu avec la fin de l'époque secondaire; elles sont remplacées dans les mers de l'époque tertiaire surtout par des mollusques bivalves, tels que les *huîtres*, et par des mollusques gastéropodes, tels que les *cérithes;* dans les lacs de cette même époque vivaient de nombreux gastéropodes, tels que les *lymnées*, etc.; sur la terre même vivaient des Hélix (limaçons), des Cyclostomes, etc.

Parmi les invertébrés tout à fait inférieurs (Foraminifères), nous devons signaler les *nummulites* et les *miliolites* qui peuplaient les mers de l'époque tertiaire.

En ne tenant compte que des animaux nettement caractéristiques, nous pouvons dire que l'époque tertiaire est le règne des mammifères vrais, parmi les vertébrés, des cérithes, parmi les mollusques, et des nummulites, parmi les protozoaires.

La flore tertiaire se rapproche aussi beaucoup dans son ensemble de la flore actuelle : on a en effet trouvé des empreintes de feuilles de lauriers, de camphriers, de vigne, d'érables, de chênes, d'ormes, de palmiers, de pins, de sapins, etc.

Division en terrains. — L'époque tertiaire est divisée en trois terrains, savoir :

1° Le tertiaire inférieur ou *éocène;* le mot éocène signifie « aurore des espèces récentes » ; cette désignation lui vient de ce qu'on trouve dans ses dépôts les premières espèces actuelles, en petit nombre du reste (3 à 4 pour 100);

2° Le tertiaire moyen ou *miocène;* le mot miocène signifie « moins d'espèces récentes » que dans le pliocène; le nombre des espèces actuelles est dans ce terrain de 20 pour 100 environ;

3° Le tertiaire supérieur ou *pliocène;* le mot pliocène signifie « plus d'espèces récentes » que dans le miocène; on compte, en effet, dans ce terrain, environ 50 pour 100 d'espèces actuelles.

Examinons successivement ces trois terrains.

1. — L'ÉOCÈNE.

Principales divisions. — L'éocène comprend trois étages : l'éocène inférieur, l'éocène moyen et l'éocène supérieur, bien développés dans le bassin de Paris.

1. Dans l'éocène inférieur, on distingue quelques formations importantes, parmi lesquelles nous signalerons, en allant des plus anciennes aux plus récentes :

1° Les *sables de Bracheux,* formation essentiellement marine, caractérisée par une huître spéciale appelée *Ostrea bellovacina;*

2° L'*argile plastique*, formation lacustre, indice d'un mouvement d'exhaussement du sol après le dépôt des sables de Bracheux. L'argile plastique est exploitée aux environs de Paris pour la fabrication des poteries et des tuiles ; on y a trouvé les restes de mammifères (Coryphodon) et d'oiseaux (Gastornis). Une formation contemporaine porte le nom de *lignites du Soissonnais :* elle a une origine analogue, c'est-à-dire lacustre ;

3° Après le dépôt de l'argile plastique, un mouvement d'affaissement du sol a permis à la mer d'envahir une partie du bassin de Paris ; cette mer a formé les *sables du Soissonnais* qui renferment une espèce de nummulite (*Nummulites planulata*), caractéristique de ce niveau.

2. Les principales formations de l'éocène moyen sont, en allant de l'éocène inférieur vers l'éocène supérieur :

1° Le *calcaire grossier*, formation essentiellement marine à la base, car elle renferme des nummulites d'une nouvelle espèce (*Nummulites lævigata*), ayant à peu près le diamètre d'une pièce de 1 franc ; moins nettement marine à la partie supérieure, car elle renferme des cérithes qui devaient vivre dans des eaux saumâtres. Le calcaire grossier est exploité aux environs de Paris comme pierre de construction. Ses fossiles caractéristiques sont : Nummulites lævigata et Cerithium giganteum (ayant jusqu'à 50 centimètres de longueur) ; on y a trouvé aussi des restes de mammifères (*Lophiodon*) ;

2° L'émersion du sol à la fin du calcaire grossier a été suivie d'un affaissement pendant lequel une nouvelle mer a déposé les *sables de Beauchamp* qui renferment de nouvelles espèces de cérithes ;

3° Les *marnes calcaires de Saint-Ouen* superposées aux sables de Beauchamp sont une formation lacustre, car elle renferme des *lymnées* et des *planorbes*, gastéropodes d'eau douce.

L'éocène moyen se termine ainsi par un mouvement d'exhaussement du sol.

3. L'éocène supérieur correspond tout entier à une période d'exhaussement du sol, ayant déjà commencé à se manifester à la fin de l'éocène moyen : c'est l'*étage du gypse* développé à Paris même (Montmartre) et dans ses environs immédiats (Argenteuil, Montmorency, Romainville, etc.). Il est probable que le gypse s'est déposé dans des lagunes, à la suite de l'évaporation des eaux salées, laissées par les mers dans certaines dépressions.

L'étage du gypse est très intéressant au point de vue paléontologique, car on y a trouvé de nombreux ossements de mammifères, notamment de *Palæothériums*, d'*Anoplothériums* et de *Xiphodons*, dont il sera question plus loin.

Terrain nummulitique. — L'éocène est entièrement représenté dans les bassins de l'Aquitaine et du Rhône par des *calcaires marins* absolument pétris de nummulites, d'où le nom de terrain nummulitique qui lui est donné. Ces calcaires se sont déposés dans une mer beaucoup plus vaste que la Méditerranée actuelle, car on les retrouve aussi en Espagne, en Egypte, en Perse, dans l'Extrême-Orient, dans les Carpathes, dans les Balkans, etc.

Dans les Alpes et les Pyrénées, le terrain mummulitique a été soulevé, exhaussé jusqu'à une hauteur de 3.000 mètres, ce qui montre bien que le soulèvement de ces chaînes de montagnes est postérieur au calcaire marin qui forme ce terrain.

Les mammifères de l'éocène. — Nous avons déjà vu que les animaux caractéristiques de l'époque tertiaire sont : les mammifères, les cérithes et les nummulites. Etudions ces trois groupes d'animaux dans cet ordre, en ce qui concerne l'éocène.

Les mammifères actuels comprennent : les marsupiaux,

cantonnés dans l'Australie et les mammifères vrais ou monodelphes habitant les autres contrées du globe.

Les monodelphes se divisent en deux groupes principaux :
les onguiculés, dont les doigts sont terminés par des ongles
ou des griffes (ex. : chien) et les ongulés dont les doigts sont
protégés par des sabots (ex. : cheval).

Ce sont les ongulés qui donnent à l'éocène son cachet
spécial. Parmi eux, nous citerons : les *palœotheriums*, ongulés à doigts impairs (trois doigts); les *anoplothériums*,

FIG. 87. — Palœothérium restauré.

ongulés à doigts pairs (quatre doigts) et les *xiphodons*, à
doigts pairs également (deux doigts). Ils ont tous été trouvés
dans le gypse parisien et reconstitués, pour la première
fois, par le célèbre naturaliste Cuvier.

1° Les *palœothériums*. — On connaît diverses espèces de
palœothériums; les plus grandes espèces avaient à peu près
la taille du cheval; les plus petites avaient environ la taille
d'un lièvre. Mais tous les palœothériums possédaient des
caractères identiques (fig. 87) : leurs jambes massives se
terminaient chacune par trois doigts; celui du milieu était
plus long et plus gros que les deux latéraux; leur nez se

prolongeait vraisemblablement par une petite trompe, car les os nasaux sont très développés. Pour ces raisons, on compare les palœothériums aux tapirs actuels qui vivent dans l'Amérique du sud.

Les coryphodons et les lophiodons avaient des caractères analogues.

2° Les *anoplothériums*. — On connaît aussi diverses espèces d'anoplothériums ; les plus grandes espèces avaient la

FIG. 88. — Anoplotherium restauré.

taille d'un âne. Tous possédaient quatre doigts à chacun de leurs membres, les deux doigts du milieu étaient un peu plus forts que les deux latéraux ; le caractère principal de ces animaux est qu'ils avaient une longue queue, pouvant atteindre une longueur de 1 mètre chez les grandes espèces (fig. 88). On pense que les anoplothériums vivaient dans l'eau à la façon des hippopotames, et qu'ils se servaient de leur queue comme d'un gouvernail.

3° Les *xiphodons*. — Les anoplothériums se rapprochent beaucoup des ruminants actuels; les xiphodons (fig. 89) étaient probablement des ruminants, car ils rappellent les gazelles par leur taille et par leur pied fourchu ; mais c'étaient des ruminants sans cornes.

Les Cérithes. — Parmi les gastéropodes ayant vécu pendant l'éocène, nous avons signalé plus haut les lymnées, les planorbes, les hélix, etc., qui servent à caractériser les formations d'eau douce. Les roches formées dans les mers renferment de nombreux gastéropodes marins, au premier rang desquels se placent les cérithes à cause de leur nombre,

Fig. 89. — Xiphodon restauré.

de leur variété et de leur constance aux mêmes niveaux. La coquille des cérithes a une forme allongée (fig. 90); elle est terminée en pointe aiguë d'un côté et du côté opposé se voit une ouverture large et échancrée par laquelle l'animal s'étalait au dehors. La coquille est, du reste, enroulée en hélice, et elle présente des ornements variables d'une espèce à l'autre, des tubercules, des pointes, des granulations, etc.

En général, les cérithes sont de petite taille (de 1 à 5 centimètres, en moyenne); cependant, on trouve dans le cal-

caire grossier un cérithe de grande taille (Cerithium giganteum) ayant 50 centimètres de longueur.

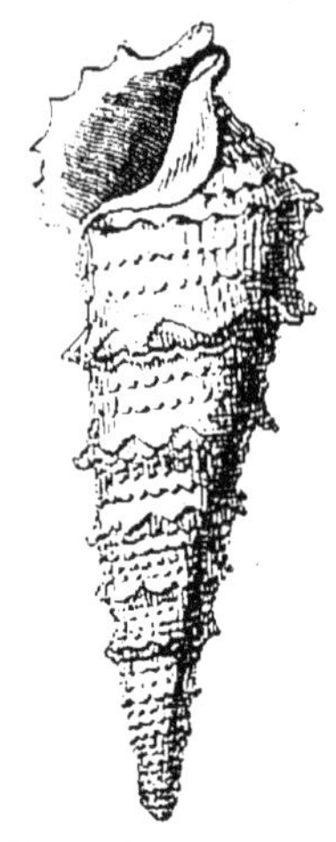

Fig. 90.— Coquille de Cérithe.

Les cérithes vivaient à une faible profondeur, dans les estuaires ou non loin des
côtes, même dans les eaux saumâtres : leur
présence indique, par conséquent, des dépôts littoraux et non de mers profondes.

Les Nummulites. — Dans les mers
actuelles vivent de nombreuses formes de
foraminifères, animaux de la plus grande
simplicité, car ils sont constitués par une
simple masse de protoplasma présentant
des filaments microscopiques qui servent
à retenir les particules alimentaires. Dans
les mers tertiaires, de l'éocène principalement, vivaient aussi de nombreuses formes
de foraminifères, parmi lesquelles les plus
caractéristiques sont les nummulites.

Les nummulites ont à peu près la forme d'une pièce de
monnaie ; leur carapace plate et enroulée en spirale a, dans
les plus petites espèces, les dimensions d'une lentille, et,

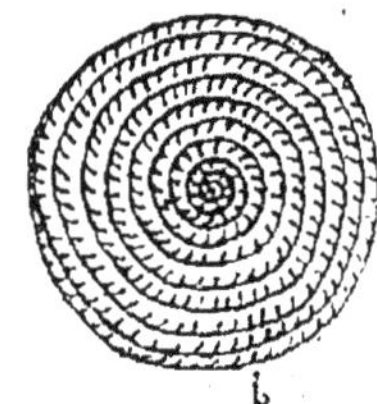

Fig. 91.— Nummulites ; *a*, coquille entière;
b, coquille brisée par le milieu pour
montrer les logettes.

dans les plus grandes,
les dimensions d'une
pièce de 2 francs. Si
l'on brise une carapace
en deux suivant son
diamètre, on voit qu'elle
est divisée intérieure-
ment en une multitude
de loges disposées en une
spirale régulière (fig. 91) ; chacune des loges renfermait probablement une portion de la masse protoplasmique qui
constitue le corps de ces êtres.

Les *miliolites* appartiennent au même groupe : ainsi que

l'indique leur nom, ils ont, à peu près, la grosseur et la forme d'un grain de mil.

2. LE MIOCÈNE.

Principales divisions. — Le miocène est, comme l'éocène, subdivisé en trois étages, savoir : le miocène inférieur ou oligocène ; le miocène moyen et le miocène supérieur. L'étage inférieur seul est représenté dans le bassin de Paris.

1. Le miocène inférieur ou oligocène comprend :

1° Le *calcaire de Brie*, à la base, avec des meulières. C'est une formation d'eau douce, car on y trouve des lymnées et des planorbes, et il semble par conséquent que le mouvement d'affaissement du sol de la fin de l'éocène se soit continué au début du miocène; en réalité, il y a eu entre la formation du gypse et la formation du calcaire de Brie, un mouvement d'affaissement de peu de durée pendant lequel se sont formées des *marnes nettement marines ;*

2° Les *sables de Fontainebleau*, formés après le calcaire de Brie, sont le témoignage d'un affaissement du sol ; en effet, ils renferment des espèces marines, telles que des huîtres et des cérithes;

3° Le *calcaire de Beauce*, avec des meulières, formé après les sables de Fontainebleau, est d'origine lacustre, ce qui indique un nouvel exhaussement du sol.

Le calcaire de Beauce est représenté dans une partie du bassin de l'Aquitaine par les *phosphorites du Quercy* (phosphate de chaux), exploités pour l'agriculture et dans le bassin de la Provence par le *gypse d'Aix*.

Le mammifère caractéristique du miocène inférieur est l'*Anthracothérium*, qui devait se rapprocher sensiblement du porc actuel.

2. Le miocène moyen est à peine représenté dans le

bassin de Paris, ce qui prouve une émersion définitive de cette partie de la France ; dans la région de l'Orléanais cependant, se sont formés après les calcaires de Beauce les *sables de l'Orléanais*, qui semblent avoir été déposés par un large cours d'eau : ces sables renferment des ossements

FIG. 92. — Mastodonte restauré.

de mammifères, notamment de Mastodontes, de Dinothériums et de Rhinocéros.

A cette formation fluviatile correspondent les *faluns de la Touraine* et de l'Aquitaine, dépôts calcaires marins constitués presque entièrement de coquilles brisées. Aux faluns de la Touraine correspond, d'autre part, dans les Alpes, la *mollasse*, calcaires et grès sableux, mous quand on les extrait des carrières, mais durcissant ensuite à l'air.

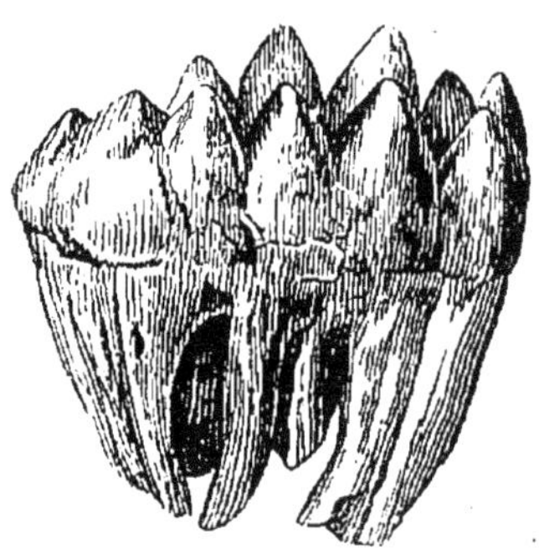

FIG. 93. — Dent molaire de Mastodonte.

La *mollasse* est relevée dans les Alpes, ce qui montre que le dernier soulèvement de ces montagnes est postérieur au miocène moyen.

3. Le miocène supérieur n'est représenté en France que dans la vallée du Rhône; il est formé de marnes d'origine saumâtre. Tous les dépôts du miocène supérieur (Mt Léberon de Vaucluse; Pikermi, en Grèce) renferment de nombreux ossements de mammifères notamment d'*hipparions*.

Les mammifères du miocène. — Les mammifères caractéristiques du miocène sont : les Mastodontes, les Dinothériums et les Hipparions.

1° Les *mastodontes* étaient de grands animaux ayant l'aspect de nos éléphants. Ils possédaient quatre défenses (fig. 92), deux à la mâchoire inférieure, deux à la mâchoire supérieure, les premières légèrement recourbées vers le haut. La couronne de leurs molaires était mamelonnée (fig. 93), d'où leur nom ;

Fig. 94. — Dinotherium restauré.

2° Les *dinothériums* étaient encore plus grands que les Mastodontes, car leur tête seule avait 2 mètres de longueur, et leur corps devait dépasser une longueur de 6 mètres : ce sont probablement les plus grands mammifères terrestres qui aient jamais existé. Ils se distinguent surtout à ce qu'ils portaient à leur mâchoire inférieure deux énormes défenses recourbées vers le bas et en arrière (fig. 94).

3° Les *hipparions* Tandis que les deux animaux précédents semblent être les précurseurs des éléphants, les hipparions sont, sans nul doute, les ancêtres des chevaux. Chez les chevaux, les jambes se terminent par un seul doigt, recouvert d'un sabot, et chez les hipparions, les jambes se terminaient par trois doigts, également recouverts de sabots ; le doigt du milieu, plus long et plus fort, touchait seul le sol ; les deux doigts latéraux étaient petits, grêles, atrophiés, ne touchaient pas à terre et ne servaient pas dans la marche.

Ces animaux étaient accompagnés d'un grand nombre d'autres mammifères, tels que les tapirs, les rhinocéros, beaucoup de ruminants et de singes.

Les dinothériums disparaissent à la fin du miocène ; les mastodontes quittent nos pays pour disparaître un peu plus tard, les singes quittent l'Europe ; mais de *nouveaux mammifères vont apparaître* et remplacer ceux-là pendant le pliocène.

3. — Le pliocène.

Caractères généraux. — Le pliocène est peu représenté en France ; on le trouve seulement en quelques points, notamment dans la vallée du Rhône, à Saint-Priest, près de Chartres, aux environs de Valognes, ce qui prouve que la France avait, à ce moment, à peu près acquis sa configuration actuelle.

En Italie, le pliocène, bien développé (à Rome, par exemple) comprend des marnes bleues, marines, disposées sur les versants des Apennins et appelées, pour cette raison, *marnes subapennines*. Ces marnes renferment des huîtres, des cérithes, des pectens, etc.

En Angleterre et en Belgique, le pliocène est formé par des calcaires très coquilliers, connus sous les noms de *crag anglais, crag d'Anvers*.

Les mammifères du pliocène. — On a trouvé dans les graviers de Saint-Priest de nombreux ossements d'éléphants (Elephas meridionalis) ; ces animaux, de taille gigantesque, sont précisément caractéristiques du pliocène.

Ils étaient accompagnés de chevaux, qui remplacent les hipparions disparus, d'hippopotames, de bœufs, de cerfs, de rhinocéros, etc, c'est-à-dire par des animaux semblables à ceux de nos jours.

L'époque tertiaire a vu le dernier soulèvement de nos principales chaînes de montagnes, des Pyrénées et des Alpes, par exemple ; on a pu déterminer l'âge relatif de ce soulèvement à l'aide des considérations suivantes.

Age relatif des Pyrénées. — Nous avons appris déjà que les *calcaires nummulitiques* sont soulevés dans les Pyrénées ; il en est de même d'une roche spéciale à cette région, le *poudingue de Palassou*, contemporain du gypse parisien : dès lors, les Pyrénées n'ont pu être soulevées qu'après la formation de ces deux roches, c'est-à-dire à la fin de l'éocène. Comme, d'autre part, les formations postérieures au poudingue de Palassou sont disposées horizontalement dans les plaines voisines, les Pyrénées étaient déjà soulevées : par conséquent, le dernier soulèvement des Pyrénées s'est produit à la fin de l'éocène, ou, en d'autres termes les Pyrénées ont acquis leur relief définitif à la fin de l'éocène.

Age relatif des Alpes. — Dans les Alpes, non seulement le *calcaire nummulitique* de l'éocène, mais encore la *mollasse* du miocène moyen ont été soulevés et disloqués, tandis que les formations postérieures ont conservé leur horizontalité primitive : nous devons en conclure que les Alpes ont acquis leur relief définitif vers la fin du miocène. Le dernier soulèvement de ces montagnes est par conséquent plus récent que le dernier soulèvement des Pyrénées.

État de la France à la fin de l'époque tertiaire. — C'est pendant l'époque tertiaire que la France a acquis à peu près sa configuration actuelle : les mers qui occupaient jusque-là les bassins de Paris, de l'Aquitaine et de la

Provence se sont définitivement retirées jusqu'aux limites que nous leur voyons dans nos cartes géologiques. La Méditerranée a été la dernière à reculer jusqu'à ses limites actuelles, car pendant le pliocène, elle remontait vers le milieu de la vallée du Rhône jusqu'aux environs de Lyon.

QUESTIONNAIRE SUR LE CHAPITRE XI

1. Exposez les principaux caractères de l'époque tertiaire aux points de vue stratigraphique et paléontologique.
2. Division de l'époque tertiaire en terrains.
3. Quelles sont les principales formations de l'éocène dans le bassin de Paris ?
4. Qu'est-ce que le terrain nummulitique ?
5. Décrivez les principaux mammifères de l'éocène.
6. Les cérithes.
7. Les nummulites.
8. Quelles sont les principales formations du miocène ?
9. Décrivez les mammifères du miocène.
10. Quels sont les caractères du pliocène ?
11. Quels sont les mammifères caractéristiques du pliocène ?
12. Comment a-t-on déterminé l'âge relatif des Pyrénées et des Alpes ?
13. Quel était l'état de la France à la fin de l'époque tertiaire ?

CHAPITRE XII

Époque quaternaire.

Caractères généraux. — L'époque quaternaire a des caractères d'une grande netteté.

Les dépôts de cette époque se composent d'amas irréguliers de *galets* roulés, entremêlés de petits lits de *cailloux*, de *sables* et de *limons* : ce sont, en un mot, des *alluvions* déposées par les eaux courantes. Ils constituent les parties les plus superficielles de l'écorce terrestre.

Les glaciers ont pris, dès le début de l'époque quaternaire, une extension considérable attestée principalement par les blocs erratiques dont nous avons parlé (fig. 95). Les glaciers des Alpes couvraient toute la Suisse et s'étendaient en France jusqu'à l'emplacement actuel de la ville de Lyon. Ceux des Pyrénées, très peu étendus aujourd'hui, descendaient sur les versants français jusque dans la plaine de Lourdes, etc. Les Vosges et le plateau central, qui n'ont plus de neiges persistantes, étaient également recouverts par les glaciers quaternaires.

La grande abondance des glaces, à cette époque, indique un grand changement dans la température ; ainsi que nous le verrons un peu plus loin, quelques ani-

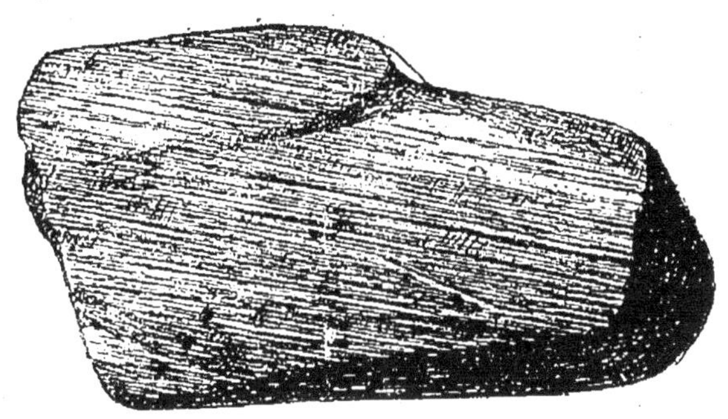

FIG. 95. — Bloc strié pendant la période glaciaire.

maux ont lutté contre le froid en se couvrant d'une épaisse fourrure ; d'autres ont définitivement disparu de nos pays.

La fusion des glaciers quaternaires a eu pour résultat la formation d'immenses cours d'eau qui, en creusant les vallées actuelles, ont déterminé les dépôts dont nous avons parlé. Le creusement des vallées (Seine, Garonne, etc.) date en effet de cette époque.

Animaux de l'époque quaternaire. — A côté des animaux qui vivent actuellement autour de nous (bœuf, cheval, chien, âne, etc.), on trouve pendant l'époque quaternaire des animaux qui ont disparu définitivement et des animaux qui ont émigré dans d'autres pays.

Parmi ceux qui ont disparu, signalons des *rhinocéros*, des *ours*, des *hyènes*, des *cerfs* gigantesques ayant des cornes de plus de trois mètres de longueur, des *éléphants*[1] à défenses recourbées vers le haut, couverts de poils longs de 20 centimètres, formant en particulier une crinière qui descendait jusqu'aux genoux (fig. 96). Tous ces animaux sont différents de ceux qui portent le même nom dans notre monde actuel. Parmi ceux qui ont émigré, citons le *renne* qui a quitté nos pays pour les pays froids du nord de l'Europe; les *hippopotames*, qui, au contraire, se sont réfugiés dans des pays plus chauds, vers le sud.

FIG. 96. — Le Mammouth (Elephas primigenius).

Les végétaux de l'époque quaternaire. — Ce sont à peu près les mêmes qui vivent actuellement dans nos pays; quelques-uns cependant, comme le *laurier des Canaries*, ne croissent plus spontanément dans nos pays, ce qui indique que pendant une partie de cette époque la température de la France était un peu plus élevée que la température de notre époque.

Apparition de l'homme. — Le caractère qui domine tous les autres est l'apparition de l'homme, dont l'existence est prouvée à partir du commencement de l'époque quaternaire par des débris de squelettes ou par des armes dont l'homme primitif se servait pour se défendre contre ses ennemis (tableau n° 2).

1 L'Elephas primigenius ou Mammouth.

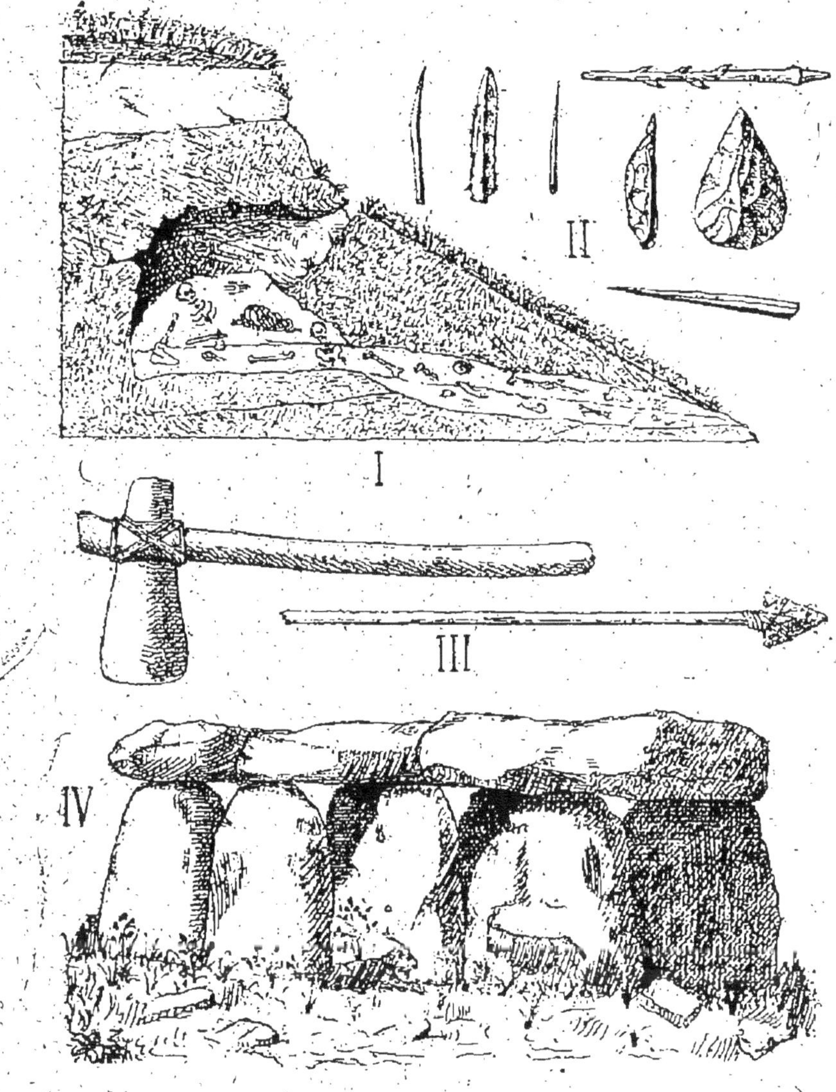

TABLEAU Nᵒ 2

Habitations et armes de l'homme primitif.

I. — Grotte avec débris d'ossements.
II. — Exemples d'armes et objets de l'homme primitif.
III. — Hache polie et lance.
IV. — Dolmen.

Ces armes ont un grand intérêt parce qu'elles montrent les progrès de l'intelligence de l'homme, Au début il se servait uniquement de fragments de silex grossièrement taillés, ayant une pointe aiguë et des arêtes tranchantes; un peu plus tard, il apprit à enchâsser ces silex dans un manche en os, en corne de cerf ou en bois, de façon à former des haches, des marteaux tranchants.

C'est l'âge de la *pierre taillée*.

A un âge plus récent, l'âge de la *pierre polie*, ces armes sont plus travaillées, plus fines : ce sont encore des haches, des marteaux emmanchés, mais polis, de façon à rendre les pointes plus aiguës et les arêtes plus tranchantes; ce sont aussi des couteaux, des flèches, des scies, des harpons en bois de renne; on trouve même quelques poteries grossières, etc. En même temps, l'homme s'exerce à reproduire par le dessin la physionomie des animaux qui l'entouraient, et il n'est pas rare de trouver sur les manches de ses instruments des dessins de rennes, d'éléphants, de chevaux, etc.

Jusqu'à ce moment les hommes semblent avoir habité de préférence dans les cavernes qu'ils disputaient aux *ours* et autres animaux féroces. Dans ces cavernes on trouve, en plus de leurs ossements et de leurs armes, des morceaux de bois carbonisés et des cendres, ce qui prouve bien que nos ancêtres avaient su de bonne heure faire du feu. On y trouve également des os nombreux ayant appartenu aux animaux dont ces hommes avaient fait leur nourriture (tableau n° 2).

Mais plus tard l'homme quitte les cavernes pour bâtir au milieu des lacs, sur pilotis, des maisons en bois dont on retrouve encore les restes ensevelis dans les limons. Il apprend à se servir du *bronze* (*âge du bronze*) avec lequel il se fabrique des instruments et des outils bien plus parfaits que les outils et les instruments de silex; il devient agriculteur et il apprend à domestiquer quelques animaux; il sait aussi tisser de grossières étoffes.

Enfin il découvre les usages du *fer* (*âge du fer*); c'est un progrès considérable qui permet à l'homme de prendre définitivement une prédominance marquée sur tous les êtres qui l'entourent en asservissant les uns et en repoussant les autres vers les pays non habités.

A partir de l'âge de fer, l'histoire de l'homme est éclairée, non plus par les débris de son squelette, de ses armes et de ses outils, mais par la tradition, par l'écriture et par les monuments. La tâche de géologue est terminée, celle de l'historien commence.

QUESTIONNAIRE SUR LE CHAPITRE XII

1. Quels sont les caractères de l'époque quaternaire?
2. Citez les principaux mammifères de cette époque.
3. Faites l'histoire de l'homme primitif.

FIN DE LA GEOLOGIE

BOTANIQUE

NOTIONS PRÉLIMINAIRES

Les principaux organes des plantes supérieures. — La Botanique ayant pour objet l'étude des plantes, examinons d'abord une plante bien commune, le *Bouton-d'or* ou *Renoncule*, afin d'établir le plan qu'il convient d'adopter dans cette partie de notre ouvrage (fig. 1).

Si l'on déterre complètement et avec soin la renoncule, on trouve, à la base, des organes allongés appelés *racines* ; les racines sont normalement situées dans le sol. Au-dessus des racines se voient des organes qui se dressent dans l'air : ce sont les *tiges* et les *branches* dont l'ensemble forme la tige, de même que l'ensemble des racines forme la racine. Sur la tige sont portés de nombreux organes verts, aplatis : ce sont les *feuilles*.

Ces trois organes — racine,

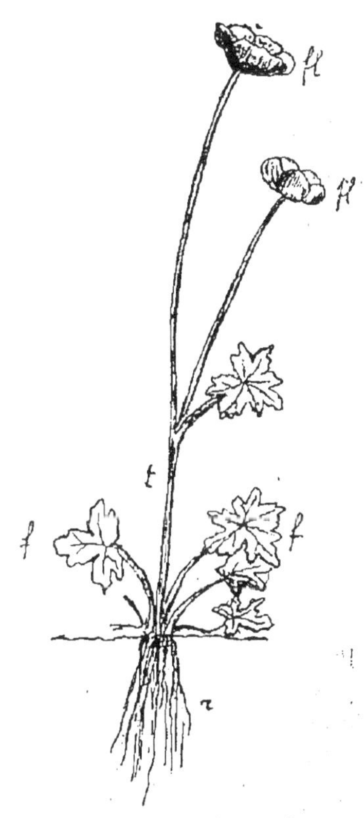

Fig. 1. — Renoncule : *phanérogame* à racine *r*, tige *t*, feuilles *f* et fleurs *fl*.

tige et feuille — permettent à la plante de vivre et de se développer ; il n'en existe pas d'autres au commencement du printemps.

Mais un peu plus tard, on voit apparaître à l'extrémité de certaines branches de nouveaux organes que tout le monde connaît sous le nom de *fleurs;* pendant l'été, les fleurs disparaissent et à leur place se trouvent des *fruits;* les fruits renferment des *graines* qui passent l'hiver sur le sol et qui, au printemps suivant, germent de façon à donner une nouvelle renoncule semblable à celle qui nous a servi d'exemple.

Les fleurs doivent donc être considérées comme constituant les organes de reproduction de la renoncule.

Comme le fruit et la graine ne sont autre chose que le développement de certaines parties de la fleur, nous pouvons dire que la renoncule possède quatre organes principaux, savoir : la racine, la tige, la feuille et la fleur.

Chacun de ces organes doit être étudié à un double point de vue : 1° au point de vue de sa *forme* et des parties qui le composent; 2° au point de vue des *fonctions* qu'il remplit.

La classification des plantes. — Mais une plante quelconque n'est pas complètement connue lorsque ses organes ont été étudiés au point de vue de leur forme et de leur fonction; considérons, par exemple, trois plantes bien communes : la *Renoncule,* le *Liseron* et le *Lis.* Chacune d'elles présente les mêmes organes ; elles se ressemblent pourtant si peu que personne ne saurait les confondre, pas plus qu'on ne saurait confondre, en zoologie, un rat, une taupe et une chauve-souris, par exemple.

Si nous comparons au lis, la *Tulipe* et la *Jacinthe,* nous serons plus embarrassés parce que ces plantes se ressemblent beaucoup, de même qu'on serait embarrassé pour préciser les différences qui existent entre un rat et une souris.

Cela revient à dire que lorsque nous aurons étudié la

forme et les fonctions des organes, en général, il nous faudra encore *classer* les plantes, c'est-à-dire réunir dans un même groupe celles qui se ressemblent le plus et dans des groupes distincts celles qui présentent des caractères tranchés.

Division des végétaux en quatre embranchements.

— Pour le moment, il nous suffit de savoir à ce

FIG. 2. — Fougère *crypto-game* à racine *r*, tige *t* et feuilles *f*.

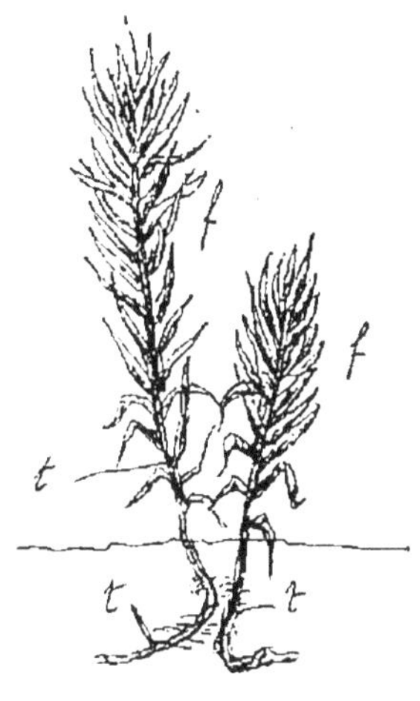

FIG. 3. — Mousse : *crypto-game*, tige *t* et feuilles *f*.

sujet que la présence ou l'absence des quatre principaux organes indiqués pour la renoncule permettent de diviser le règne végétal en quatre embranchements.

Un premier embranchement comprend toutes les plantes qui ont des fleurs : exemples, la *renoncule*, le *lis*, le *rosier*, etc. C'est l'embranchement des Phanérogames.

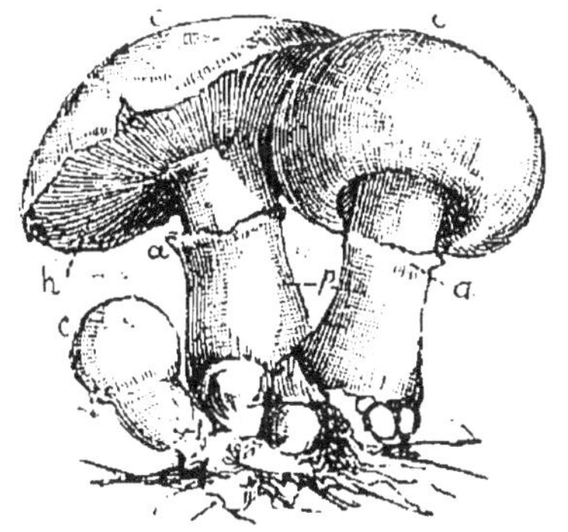

FIG. 4. — Champignon : *cryptogame* sans racine, ni tige, ni feuille.

Les plantes dépourvues de fleurs sont des Cryptogames : exemples, *fougères, mousses, champignons.* Ce grand groupe comprend trois embranchements. En effet, si l'on compare les fougères et les mousses, on voit que les fougères sont pourvues de racine, de tige et de feuilles (fig. 2), tandis que les mousses sont réduites à la tige et aux feuilles (fig. 3). De même, en comparant les mousses et les champignons, on voit que ces derniers n'ont réellement ni tige, ni feuilles ; ils n'ont pas non plus de racine (fig. 4).

Les *fougères* appartiennent à l'embranchement des *Cryptogames à racine;* les *mousses,* à l'embranchement des *Cryptogames sans racine,* et les *Champignons,* à l'embranchement des *Cryptogames sans racine, ni tige, ni feuilles.*

Plan de leçons de botanique. — Les premières leçons de botanique sont relatives à l'étude sommaire des organes des plantes appartenant à l'embranchement des Phanérogames ; dans les leçons suivantes sont passés en revue quelques groupes de Phanérogames et de Cryptogames.

PREMIÈRE PARTIE

ÉTUDE SOMMAIRE DE LA PLANTE

CHAPITRE PREMIER

La racine.

Forme et parties de la racine. — La racine se développe presque toujours dans le sol; elle se dirige constamment vers le centre de la terre.

Quand elle est jeune, elle a la forme d'un cylindre terminé en bas par une pointe conique; on y observe, en allant de bas en haut (fig. 5) : 1° la *coiffe*; 2° la *région pilifère*.

Un peu plus tard apparaissent, au-dessus de la région pilifère, des bourgeons qui, en grandissant, prennent l'aspect de nouvelles racines; ce sont les *racines secondaires*, lesquelles se couvrent de *racines tertiaires* et ainsi de suite.

Etudions ces diverses parties.

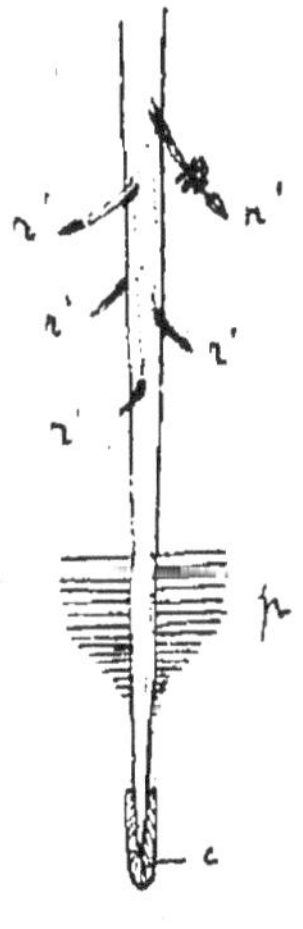

La coiffe. — La coiffe est un organe en forme de doigt de gant qui s'applique à l'extrémité de la racine; elle n'a que quelques millimètres de longueur.

Elle protège la partie de la racine qu'elle recouvre contre les frottements des grains durs du sol. Cette partie recouverte s'appelle le *somme végétatif;* son

Fig. 5. — Figure théorique d'une jeune racine : *c,* coiffe; *p,* région pilifère; *r'* racines secondaires.

existence est indispensable à la vie de la racine, car c'est grâce au sommet végétatif que la racine se forme, puis s'accroît en longueur.

La région pilifère. — A une très petite distance au-dessus de la coiffe on voit une région recouverte de petits prolongements appelés *poils absorbants* ou poils radicaux : c'est la région pilifère (qui porte des poils).

Les poils absorbants sont de différentes grandeurs : les plus petits se trouvent au voisinage de la coiffe et les plus longs au-dessus, du côté de la tige. Cela tient à ce qu'ils ne sont pas de même âge : les plus longs sont les plus vieux, les plus petits sont les plus jeunes.

Si l'on observe pendant quelque temps la région pilifère, on voit que les poils les plus longs se dessèchent tour à tour et tombent, et qu'en revanche de nouveaux poils apparaissent du côté de la coiffe, côté qui s'allonge sans cesse. Les poils intermédiaires grandissent pour disparaître un peu plus tard et ainsi de suite, de telle sorte que la région pilifère a toujours le même aspect et se trouve toujours placée à la même distance de la coiffe (fig. 6).

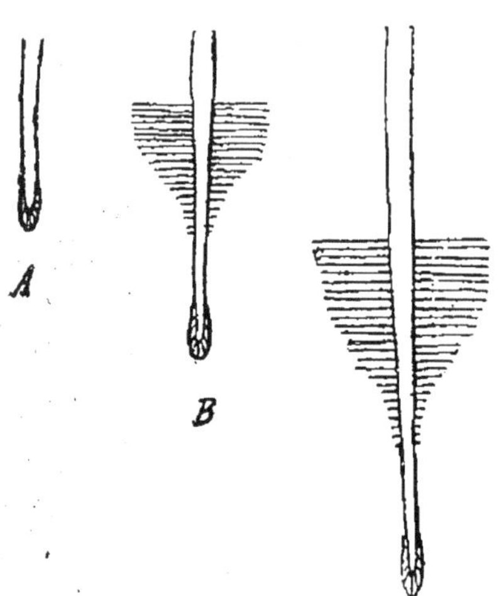

Fig. 6. — Racine à trois états successifs : *A*, avec coiffe; *B*, avec coiffe et région pilifère; *C*, racine avec région pilifère et partie dénudée de poils absorbants.

Racine principale, racines secondaires. — Dans la région située entre les poils absorbants et la tige, apparaissent de bonne heure des bourgeons qui, en grandissant, deviennent de nouvelles racines, avec coiffe et région pilifère: ce sont les *racines secondaires*, qui se dirigent obliquement par rapport à la première racine, dite *racine principale.*

Les racines secondaires apparaissent avec une certaine régularité, les unes au-dessus des autres, de façon à constituer deux, trois ou quatre rangées longitudinales : ainsi dans le *radis*, on trouve deux rangées de racines secondaires. Les premières se forment au voisinage de la tige; pendant qu'elles grandissent, d'autres apparaissent et ainsi de suite, de sorte que les plus longues sont situées au-dessus des plus petites.

Racines pivotantes, racines fibreuses. — Si la ra-

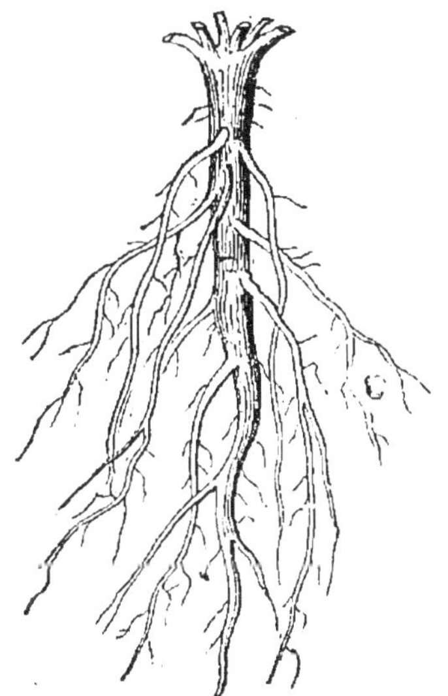

FIG. 7. — Racine pivotante
de *Mauve*.

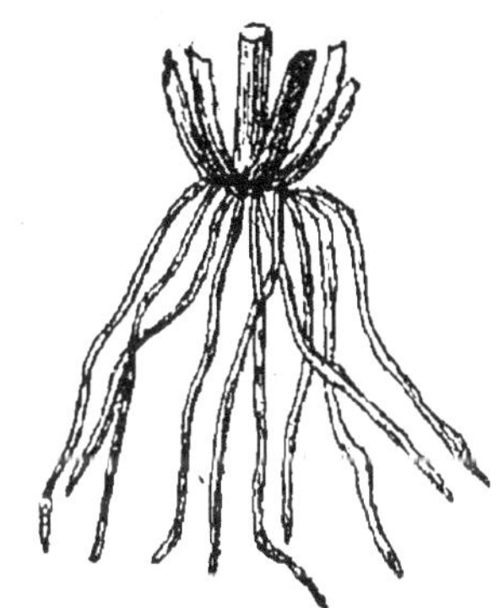

FIG. 8. — Racine fasciculée
ou fibreuse.

cine principale continue à grandir, elle forme comme un pivot portant des branches de grandeurs différentes, les racines secondaires (fig. 7) : on a ainsi une racine *pivotante* (mauve, carotte, betterave, etc.).

Quelquefois, la racine principale cesse bientôt de s'allonger ; les racines secondaires qu'elle a formées s'allongent beaucoup au contraire (fig. 8) et restent à une faible épaisseur dans le sol : c'est une racine *fibreuse* (blé, avoine, etc.).

Il est important en agriculture de connaître la forme des racines des plantes cultivées, parce que les racines pivotantes épuisent le sol assez profondément, tandis que les racines fibreuses ne l'épuisent qu'au voisinage de la surface. C'est pour cela que, sur un même terrain, on sème d'abord de la luzerne, par exemple, et l'année suivante, du blé.

Racines normales, racines adventives. — La racine principale et les radicelles (racines secondaires, tertiaires, etc.) forment par leur ensemble ce qu'on appelle communément une racine ; chacune d'elles mérite réellement ce nom. Les racines sont *normales* lorsqu'elles se développent sur une racine : c'est le cas des racines secondaires, tertiaires, etc.

On désigne sous le nom de racines *adventives* des racines qui se forment non sur une racine, mais sur la tige ou sur les feuilles. Les feuilles ne donnent que très rarement naissance à des racines adventives (bégonia) ; les tiges, au contraire, en forment souvent : c'est le cas du lierre, par exemple, qui s'accroche aux arbres, aux murs, aux rochers, à l'aide de nombreuses racines développées sur sa tige grimpante (fig. 9).

Fig. 9. — Racines *adventives* formées sur la tige du lierre.

La formation de racines adventives explique certaines opérations agricoles, telles que le bouturage et le marcottage, dont il sera question plus loin.

Fonctions de la racine. — Au point de vue des fonctions qu'elle remplit, la racine peut se définir ainsi presque toujours : c'est l'organe qui fixe la plante au sol, dans lequel elle puise l'eau et les principes solubles. Cette dernière fonction s'appelle l'*absorption*.

L'eau et les principes solubles absorbés sont portés par la racine jusqu'à la tige et de là jusqu'aux feuilles.

En outre, les racines respirent comme respirent les autres organes des végétaux et les animaux, c'est-à-dire en prenant à l'air de l'oxygène et en lui rendant de l'acide carbonique; elles utilisent, pour leur respiration, l'air réparti entre les particules solides du sol. Cette fonction sera étudiée spécialement à propos des feuilles ; nous n'insisterons ici que sur l'absorption.

Absorption. — L'absorption consiste dans ce fait que l'eau et les corps qu'elle tient en dissolution passent du sol dans les racines pour monter ensuite dans la tige et dans les feuilles. On démontre, par l'expérience, que cette fonction est remplie uniquement par les *poils absorbants*, et non, comme on l'a cru autrefois, par la *coiffe*.

L'absorption est facilitée par le pouvoir remarquable qu'ont les poils absorbants de *dissoudre* les particules solides du sol : si, par exemple, on fait croître une racine de haricot au contact d'une plaque de marbre bien polie, on constate, au bout de quelques jours, que les radicelles ont tracé sur le marbre de petits sillons, ce qui montre bien que le marbre a été dissous aux points de contact.

Comme l'absorption ne peut se faire sans eau, on voit nettement l'utilité de l'arrosage des plantes et du maintien d'une certaine humidité dans le sol. L'arrosage des plantes nous paraîtra encore plus utile lorsque nous aurons constaté que les feuilles envoient dans l'air de la vapeur d'eau qui ne peut être remplacée dans les plantes que par l'eau absorbée dans le sol par la racine.

1. Quelles sont les parties qui forment une racine ?
2. Qu'est-ce que la coiffe?
3. Décrivez la région pilifère. Comment se renouvellent les poils absorbants ?
4. Dans quel ordre se forment les racines secondaires ?
5. Quelle différence y a-t-il entre les racines pivotantes et les racines fibreuses ?
6. Qu'appelle-t-on racines normales, racines adventives?
7. Quelles sont les fonctions de la racine?
8. En quoi consiste l'absorption? Où se fait-elle? Qu'est-ce ce qui facilite l'absorption des particules solides du sol?

CHAPITRE II

La tige.

Forme et parties de la tige. — La tige se développe généralement dans l'air, au-dessus du sol; le plus souvent, elle est dirigée verticalement, de bas en haut, à l'inverse de la racine. Son caractère propre est de porter les feuilles. Sa forme est celle d'un cylindre terminé en haut en cône obtus. La ligne de séparation de la tige et de la racine s'appelle le *collet*.

On observe dans la tige jeune, en allant de haut en bas (fig. 10): 1° le *bourgeon terminal ;* 2° les *feuilles ;* 3° les *bourgeons axillaires.*

Bourgeon terminal. — Le bourgeon terminal est constitué

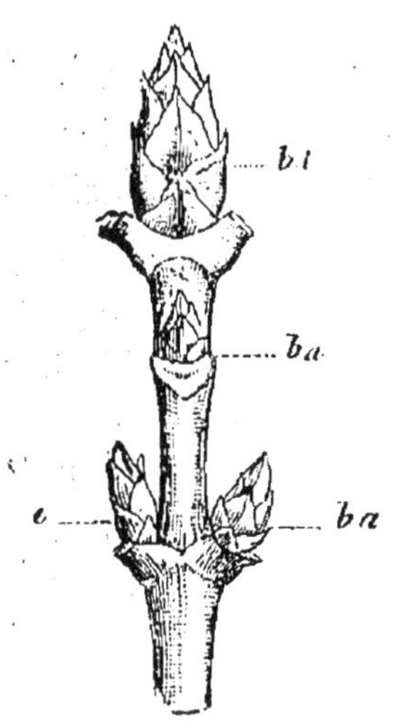

Fig. 10. — Sommet d'une tige: *bt*, bourgeon terminal; *ba*, bourgeons axillaires à l'aisselle des feuilles coupées.

par un ensemble de petites feuilles serrées les unes
contre les autres et recourbées de façon à recouvrir, à ca-
cher l'extrémité de la tige, c'est-à-dire le *sommet végétatif*

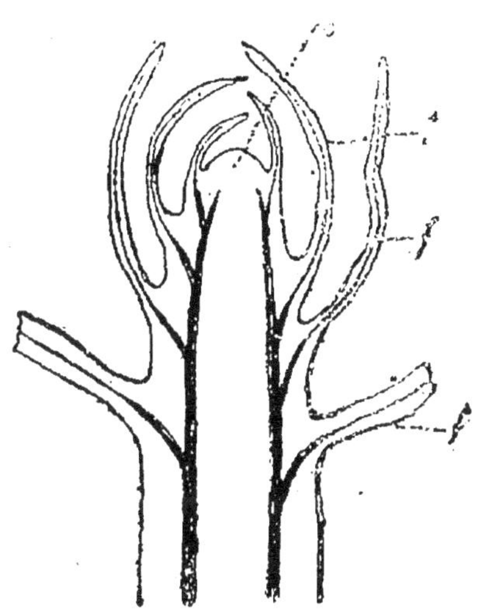

de cet organe (fig. 11). Ce sommet végétatif est indispensable
à la tige, car c'est de lui qu'elle
vient, et c'est lui qui permet
son accroissement en lon-
gueur.

Le rôle de la coiffe est
donc rempli dans la tige par
cet ensemble de petites feuilles, dont les plus grandes
et les plus âgées sont en dehors, tandis que les plus
petites et les plus jeunes
sont en dedans, recouvertes
par les premières.

Fig. 11. — Coupe longitudinale de l'extrémité d'une tige : *s*, sommet végétatif; *f*, feuilles.

Nœuds et entre-nœuds.

— Ainsi que nous l'avons dit, le caractère propre de la tige
est de porter les feuilles.

On appelle *nœud* le cercle de la tige sur lequel s'attachent
une ou plusieurs feuilles, et *entre-nœud* l'intervalle qui sépare deux nœuds consécutifs.

Les entre-nœuds diminuent de grandeur en allant du
collet vers le bourgeon terminal et, par conséquent, les nœuds
sont de plus en plus rapprochés dans la même direction.

Dans le bourgeon terminal, on ne peut pas tout d'abord
distinguer des nœuds et des entre-nœuds, mais, en l'obser-
vant quelque temps, on voit les feuilles externes se séparer
du bourgeon pour prendre une position horizontale; en
même temps l'entre-nœud qui sépare deux de ces feuilles
grandit. De nouvelles feuilles se séparent un peu plus tard du
bourgeon et ainsi de suite. La tige continue à s'allonger par
ce procédé.

Le bourgeon terminal conserve cependant toujours un même nombre de feuilles parce que, à mesure que les feuilles les plus âgées s'en séparent, il s'en forme d'autres à l'extrémité de la tige, c'est-à-dire à l'intérieur des plus jeunes.

Bourgeons axillaires. — On désigne sous le nom d'aisselle de la feuille l'*angle aigu* formé par cet organe et par la tige.

Au sommet de cet angle on trouve une petite protubérance, qui est un bourgeon exactement constitué comme le bourgeon terminal : les bourgeons, ainsi placés à l'aisselle des feuilles, s'appellent des *bourgeons axillaires*.

Ramification des tiges. — Ce sont ces bourgeons axillaires qui donnent naissance aux branches. Chacun d'eux s'accroît séparément comme le bourgeon terminal et développe ainsi peu à peu une série de nœuds et d'entre-nœuds terminés par un bourgeon devenu terminal.

Il se forme ainsi une tige nouvelle appelée *branche*, qui porte des feuilles, à l'aisselle desquelles se développent des bourgeons axillaires destinés à fournir de nouvelles tiges ou *rameaux* et ainsi de suite.

La formation de branches et de rameaux porte le nom de *ramification* de la tige.

Une tige, ramifiée comme nous venons de l'expliquer, présente :

1° Une tige *principale ;*

2° Des tiges *secondaires* (branches et rameaux), de plus en plus petites de la base vers le sommet.

Aspect des tiges développées. — Les tiges ont des aspects ou des *ports* variés qui sont dus en grande partie aux rapports de grandeur de la tige principale et des tiges secondaires.

Si la tige principale reste de beaucoup plus forte, elle n'a guère de branches dans le bas : c'est un *tronc* (chêne, platane).

Si la tige principale ne dépasse pas les tiges secondaires et les rameaux, l'ensemble se nomme un *buisson*.

Il est des plantes qui ont une tige presque toujours simple, non ramifiée (fig. 12); cette tige porte le nom de *stipe* (palmier).

Quelquefois, les tiges restent frêles, et pour se soutenir

FIG. 12. — Stipe du Cocotier (à gauche).

FIG. 13. — Tige volubile du Houblon.

dans l'air, elles s'accrochent à des supports par des *racines-crampons* (lierre) ou s'enroulent autour des objets voisins (fig. 13); dans ce dernier cas, elles sont dites *volubiles* (liseron).

La vigne s'accroche par des *vrilles* qui sont des rameaux sans feuilles (fig. 14).

Tiges modifiées. — Les tiges peuvent se modifier de

façon à prendre des formes très différentes de celles des tiges normales.

Citons les principales formes de tiges modifiées :

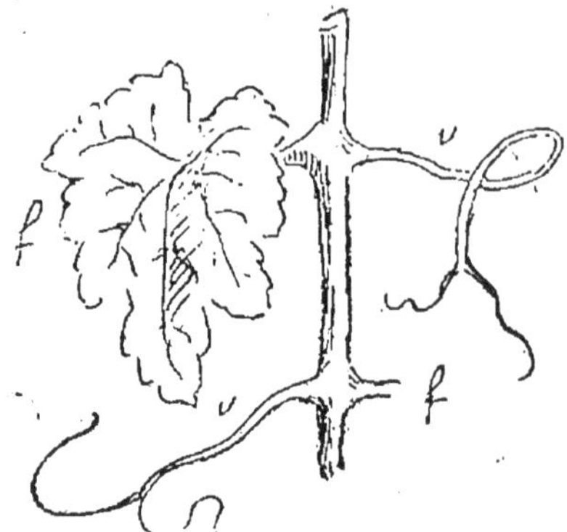

Fig. 14. — Vrilles de la Vigne : *f*, feuilles; *v*, branches transformées en vrilles.

Certaines plantes, comme l'asperge, l'iris, etc., ont leurs tiges cachées sous le sol. Ces tiges *souterraines* prennent l'apparence de racines et pour ce fait, elles sont désignées sous le nom de *rhizomes* (fig. 15).

Sur ces rhizomes on trouve pendant quelque temps des feuilles petites et blanches, appelées *écailles*, à l'aisselle desquelles on voit des bourgeons axillaires qui se développent en branches aériennes. De telle sorte que ce que l'on prend pour une asperge complète, par exemple, n'est qu'une branche ramifiée venant d'un bourgeon souterrain. Quelle que soit l'apparence des rhizomes, la présence des écailles ou des cicatrices qu'elles ont laissées après leur chute, et des bourgeons, ne permet pas de les confondre avec des racines.

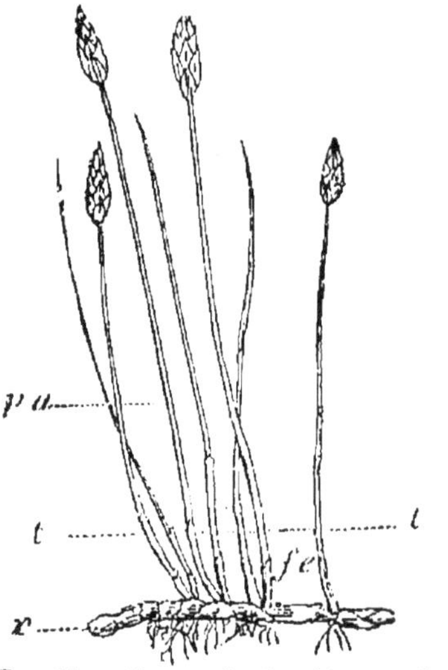

Les rhizomes ont l'avantage de vivre longtemps, alors que les tiges aériennes ne durent souvent que pendant un été.

Fig. 15. — Exemple de rhizome du Carex : *r*, rhizome; *tt*, niveau de sol; *pa*, branches aériennes.

Les *tubercules* de la pomme de terre et d'un certain nombre d'autres plantes ne sont que des branches souterraines renflées (fig. 16). Les *yeux* de la pomme de terre indiquent la place des bourgeons axillaires, qui peuvent se développer en autant de branches aériennes.

Les *bulbes* du lis, de la jacinthe, sont des tiges très raccourcies entourées de feuilles blanches et épaisses, les *écailles* (fig. 17). Ces tiges portent à leur partie inférieure un grand nombre de racines adventives. Les bulbes ressemblent,

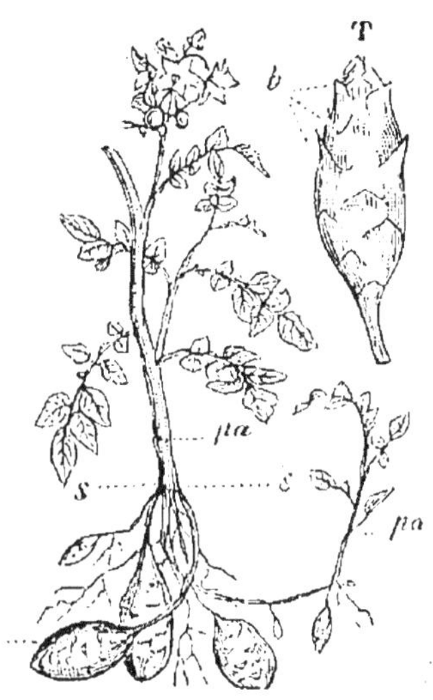

Fig. 16. — Tubercules de la Pomme de terre ; *t*, tubercules; *ss*, niveau du sol, *pa*, branches aériennes. A droite, le tubercules *T* avec les bourgeons *b*, cachés par les écailles.

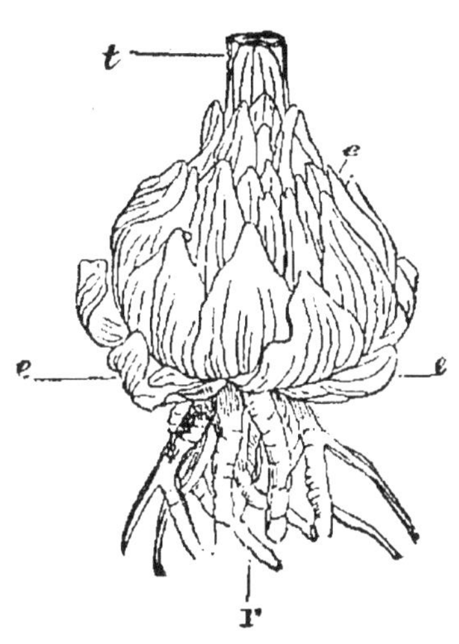

Fig. 17. — Bulbe du Lis : *r*, racines; *ee*, écailles; *t*, tige coupée.

par conséquent à des bourgeons : ils présentent parfois à l'aisselle de leurs écailles (jacinthe), des bourgeons plus petits ou *caïeux* qu'on peut détacher pour les faire germer à part.

Tiges herbacées, tiges ligneuses. — Si nous comparons les tiges au point de vue de leur durée, nous voyons qu'on peut les grouper en deux catégories :

Les unes sont vertes, peu résistantes et meurent chaque année à l'automne après s'être desséchées : ce sont les tiges *herbacées* (renoncule, haricot).

Les autres, pareilles aux premières pendant leur première

année, persistent pendant l'hiver, s'accroissent en longueur et en épaisseur pendant la seconde année, deviennent brunes et résistantes et peuvent vivre pendant lontemps. Ce sont les tiges *ligneuses* (arbres, arbustes).

Composition des tiges ligneuses. — Si l'on coupe en travers une tige ligneuse, on y distingue généralement trois parties qui sont, en allant de dehors en dedans, l'*écorce*, le *bois* et la *moelle* (fig. 18).

La moelle est très développée dans certains cas (sureau), très faible dans d'autres (chêne). Entre le bois et l'écorce se trouve un cercle ou *zone génératrice* qui produit l'épaississement de la tige en formant de nouvelles couches de bois vers l'intérieur et de nouvelles couches d'écorce vers l'extérieur. De la moelle à l'écorce, on voit des lignes blanches appelées *rayons médullaires*.

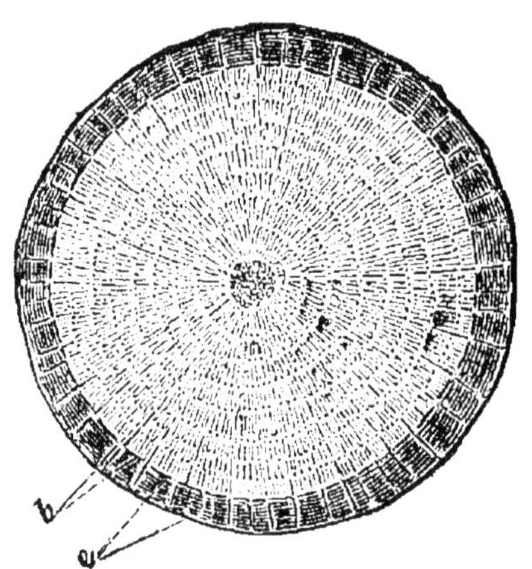

Fig. 18. — Coupe transversale d'une tige de chêne de 8 ans : *e*, écorce; *b*, bois.

En outre, le bois est divisé par des cercles alternativement clairs et sombres ; en comptant les uns et les autres, on trouve l'âge de la tige, parce qu'une couche claire et une couche sombre représentent le bois formé pendant une année, au printemps et à l'automne.

On appelle *cœur du bois*, le bois le plus vieux avoisinant la moelle, et *aubier* le bois le plus jeune avoisinant la zone génératrice.

Fonctions de la tige. — La tige s'élève verticalement dans l'air à l'inverse de la racine.

Elle respire comme la racine et comme les feuilles, et

elle laisse dégager dans l'air de la vapeur d'eau comme ces derniers organes.

Sa principale fonction est de porter les feuilles à la lumière et à l'air; nous verrons, à propos des feuilles, que c'est là une question de vitalité pour les plantes vertes.

En outre, elle conduit aux feuilles le liquide absorbé dans le sol par les racines, et aux racines le liquide qui revient des feuilles.

QUESTIONNAIRE SUR LE CHAPITRE II

1. Quelles sont les parties d'une tige jeune?
2. Comment est constitué le bourgeon terminal?
3. Qu'appelle-t-on nœud et entre-nœud? Y a-t-il des nœuds et des entre-nœuds dans le bourgeon terminal?
4. Qu'est-ce que les bourgeons axilliaires?
5. Comment se ramifient les tiges?
6. Indiquez la forme des tiges adultes de quelques plantes connues?
7. Qu'appelle-t-on rhizomes? Montrez que les rhizomes sont des tiges et non des racines?
8. Les tubercules sont-ils des tiges ou des racines?
9. Comment faut-il considérer les bulbes?
10. Quelles différences y a-t-il entre les tiges herbacées et les tiges ligneuses?
11. Montrez la composition interne des tiges ligneuses?
12. Que savez-vous des fonctions de la tige?

CHAPITRE III

La feuille.

Parties de la feuille. — La feuille est un organe aplati, généralement vert, formé par la tige et porté sur elle.

Le plus souvent elle présente deux parties (fig. 19) :

1° Le *pétiole*, porté par la tige ;

2° Le *limbe*, porté par le pétiole.

Le pétiole est quelquefois élargi à la base, en forme de *gaine* (fig. 20), ce qui fait trois parties, la gaine, le pétiole et le limbe. Le limbe seul est *essentiel*, car le pétiole et la gaine peuvent manquer (Tabac).

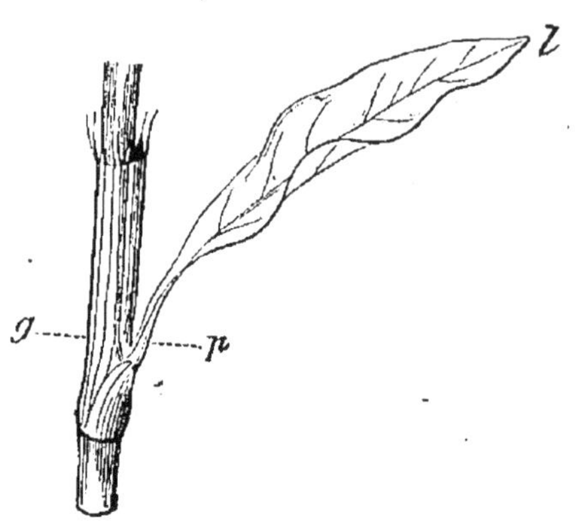

FIG. 19. — Feuille avec limbe *l* et pétiole *p*.

FIG. 20. — Feuille avec limbe *l*, pétiole *p* et gaine *g*.

Comme d'un autre côté le pétiole et la gaine n'ont guère d'autre rôle que de rattacher le limbe à la tige, nous n'étudierons que cette dernière partie de la feuille.

Limbe et nervation. — Le limbe est aplati ; il présente une *face supérieure*, tournée vers le ciel, et une *face inférieure*, tournée vers la terre.

En examinant le limbe par la face inférieure surtout, on voit nettement qu'il est parcouru par des côtes saillantes : ce sont les *nervures*.

FIG. 21.—Feuille uninerve du sapin

Si l'on prend des feuilles de plantes différentes, on ne tarde pas à remarquer que les nervures sont disposées de diverses façons dans le limbe. L'étude de la disposition des nervures s'appelle la *nervation*.

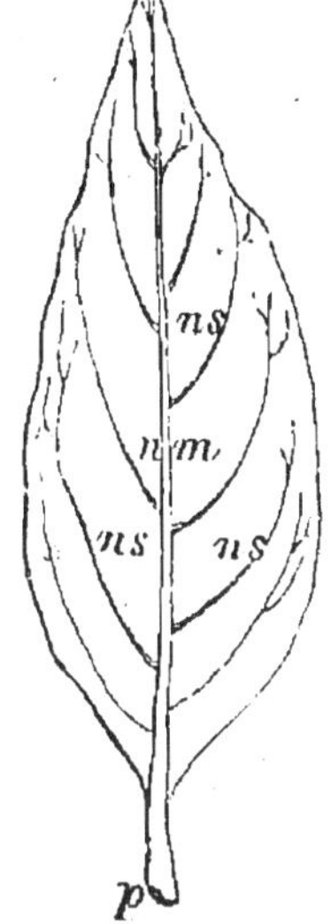

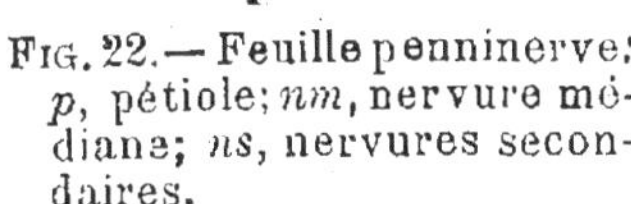

FIG. 22.— Feuille penninerve: *p*, pétiole; *nm*, nervure médiane; *ns*, nervures secondaires.

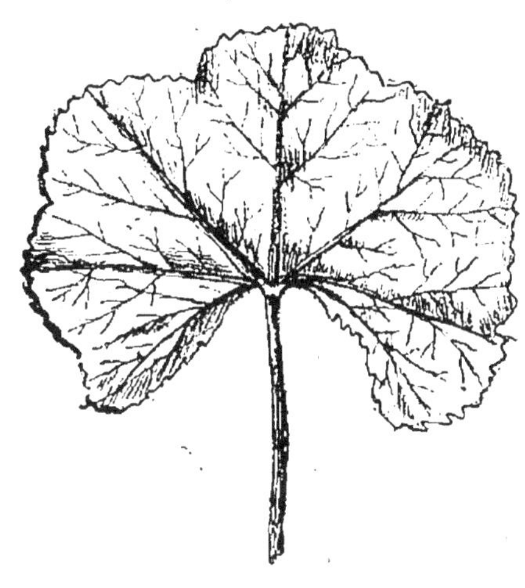

FIG. 23. — Feuille palminerve de la Mauve.

Il y a des feuilles qui n'ont qu'une seule nervure (fig. 21): elles sont dites uninerves (Pin, Sapin).

Ailleurs, on distingue, vers le milieu du limbe, une nervure *médiane* ou *principale* portant, à droite et à gauche, des nervures plus petites ou nervures *secondaires* (fig. 22). Cela rappelle une plume d'oiseau avec ses barbes, et la feuille est dite, pour cela, *penninerve* (Hêtre, Fusain).

Les nervures secondaires se divisent, à leur tour, en nervures *tertiaires* et ainsi de suite, de telle sorte que l'ensemble des divisions des nervures forme comme une fine dentelle.

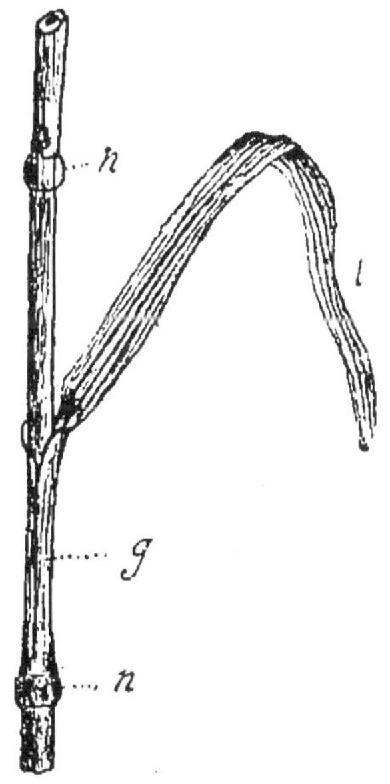

FIG. 24. — Feuille parallélinerve : *l*, limbe, *g*, gaine; *n*, nœud.

Ailleurs encore, il y a une nervure médiane à côté de laquelle s'en trouvent d'autres, à droite et à gauche, qui viennent comme elle du pétiole et qui divergent, à peu près comme les doigts écartés d'une main (fig. 23) : la feuille dans ce cas, est dite *palminerve* (Mauve, Lierre, Érable).

Enfin, on trouve des limbes dans lesquels toutes les nervures sont parallèles les unes aux autres (fig. 24) : la feuille alors est *parallélinerve* (Blé).

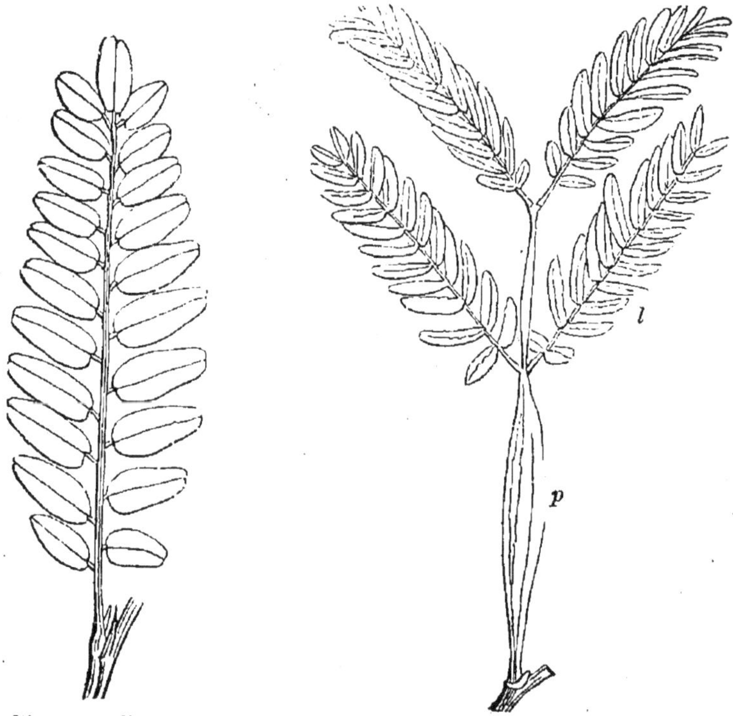

FIG. 25. — Feuille composée pennée de Robinier (vulgairement Acacia.)

FIG. 26. — Feuille composée bipennée d'Acacia.

Feuilles composées. — Jusqu'ici nous avons supposé que les feuilles sont *simples,* c'est-à-dire que le pétiole venu de la tige ne porte qu'un seul limbe.

Il arrive souvent que ce pétiole, primitivement unique,

se divise en d'autres pétioles qui portent chacun un limbe :
dans ce cas la feuille est *composée*.

Prenons quelques exemples
de feuilles composées.

Supposons qu'un pétiole porte à droite et à gauche des pétioles plus petits disposés comme
les nervures secondaires d'un
limbe penninerve, chaque pétiole se terminant par un limbe,
nous aurons une feuille *composée pennée* (Rosier, Robinier).
Dans une feuille composée pennée, on distingue un pétiole
principal et des pétioles *secondaires* (fig. 25); les petites
feuilles sont appelées *folioles*.

Si les pétioles secondaires se
comportent, à leur tour, comme le pétiole principal d'une
feuille composée pennée, le nombre des
folioles sera naturellement plus considérable, et leur ensemble (fig. 26) formera
une feuille *composée bipennée* (Acacia, Mimosa).

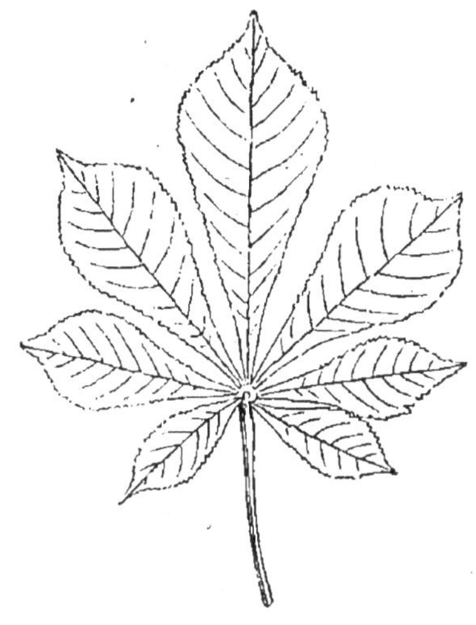

Fig. 27. — Feuille composée palmée du Marronnier.

On peut remarquer qu'une
feuille composée pennée ou bipennée, ressemble à une petite branche : c'est pourtant une feuille,
car on ne trouve jamais de bourgeon à l'aisselle des folioles.

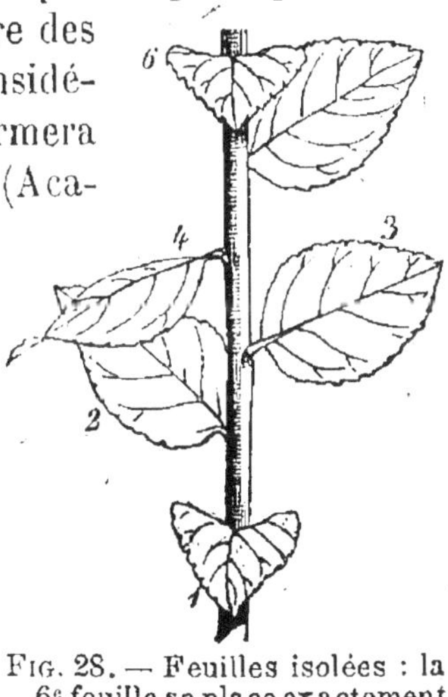

Si nous supposons maintenant
que le pétiole se divise suivant le
mode *palmé* du limbe d'une feuille
simple et que chaque pétiole porte
une foliole (fig. 27), nous aurons une feuille *composée
palmée* (Marronnier, Trèfle).

Fig. 28. — Feuilles isolées : la
6e feuille se place exactement
au-dessus de la 1re.

Arrangement des feuilles sur la tige. — Les feuilles simples ou composées ne sont pas disposées sur la tige d'une façon quelconque ; au contraire leur arrangement se fait très régulièrement. Mais il est inutile d'entrer ici dans le détail des recherches qui ont été faites à ce sujet.

Il importe seulement de savoir que deux cas généraux peuvent se présenter : ou bien on ne trouve qu'*une* feuille à un même nœud (fig. 28) ou bien on en trouve plus d'*une*.

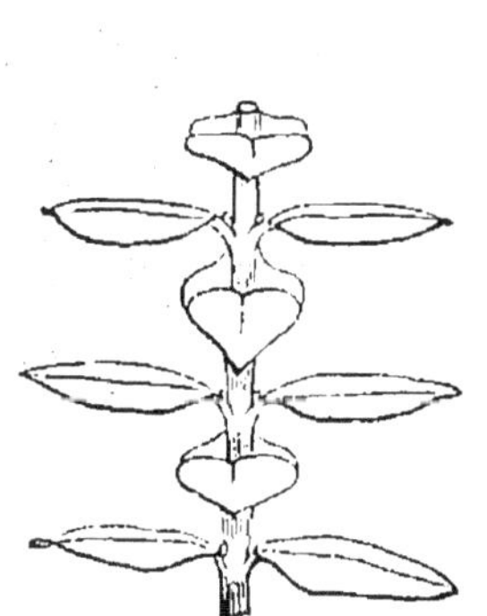

FIG. 29. — Feuilles opposées
(2 à chaque nœud).

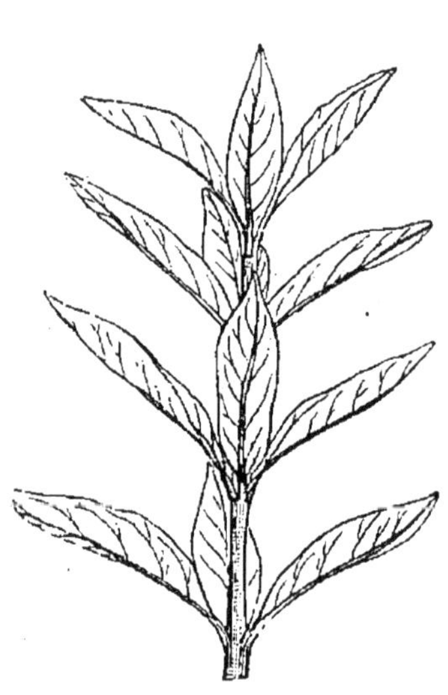

FIG. 30. — Feuilles verticillées
(3 à chaque nœud.)

Dans le premier cas les feuilles sont *isolées* et la disposition la plus simple est celle qui présente alternativement une feuille à droite et une feuille à gauche (feuilles *distiques* de l'Orme). Dans le second cas, les feuilles sont *verticillées*, et les feuilles d'un même nœud forment un *verticille ;* la disposition verticillée la plus simple est celle où chaque verticille est formé de *deux* feuilles (feuilles *opposées* du Houblon) (fig. 29) ou bien de trois feuilles (Laurier-rose) (fig. 30).

Chlorophylle. — On appelle chlorophylle (vert des

feuilles) une substance qui colore les feuilles en vert. Cette substance se trouve, non dans les nervures, mais dans la partie du limbe qui sépare les unes des autres les diverses branches des nervures, c'est-à-dire dans le *parenchyme*.

Nous verrons plus loin que la chlorophylle est d'une importance de premier ordre pour les plantes.

Elle manque cependant quelquefois.

Lorsque, par exemple, les plantes se développent à l'obscurité, dans une cave ou sous le sol, elles ont leurs feuilles jaunâtres et non vertes ; dans ce cas, les plantes sont dites *étiolées*.

Mais dans certaines plantes exposées à la lumière, la chlorophylle manque toujours : c'est le cas des plantes parasites (Cuscute).

Fonctions remplies par les feuilles. — Les feuilles échangent constamment des gaz avec le milieu qui les entoure, avec l'air pour les plantes aériennes, avec l'eau pour les plantes aquatiques.

La fonction la plus importante remplie par les feuilles vertes porte le nom d'*assimilation du carbone;* par cette fonction, les feuilles décomposent l'acide carbonique du milieu extérieur, retiennent le carbone et dégagent l'oxygène.

Une seconde fonction — qui est commune aux feuilles vertes ou non et à tous les organes des plantes et des animaux — est la *respiration;* elle se manifeste par l'absorption de l'oxygène et le dégagement d'acide carbonique.

Une autre fonction, indépendante de la couleur des feuilles comme la précédente, s'appelle la *transpiration;* elle est caractérisée par le dégagement de la vapeur d'eau dans l'air. Les plantes entièrement submergées ne transpirent pas.

Donnons quelques détails sur ces fonctions.

Assimilation du carbone. — Remplissons une petite cloche en verre d'eau mélangée d'un peu d'eau de Seltz pour avoir une certaine quantité d'acide carbonique : renversons cette cloche sur un bassin à moitié rempli d'eau (cuve à eau), mais faisons cette opération de telle façon que la cloche reste entièrement pleine d'eau, quoique son extrémité fermée soit placée en haut. Puis, en relevant légèrement la cloche, introduisons-y une feuille *verte* ou une petite plante portant des feuilles *vertes*, et enfin exposons cet appareil à la *lumière* ordinaire du jour.

Tout aussitôt on voit des bulles de gaz se dégager des feuilles et se rassembler en haut de la cloche en repoussant l'eau de la cloche dans la cuve à eau.

Quel est ce gaz? Soulevons lentement la cloche et, quand elle est près de l'eau, approchons-en une allumette de bois qui vient d'être éteinte. L'allumette se rallume immédiatement : le gaz dégagé des feuilles est l'*oxygène*.

Analysons l'eau de la cloche et nous constatons que l'acide carbonique que nous y avons introduit a disparu entièrement ou presque entièrement. En effet, les feuilles *vertes*, sous l'influence de la *lumière*, l'ont absorbé et décomposé en *oxygène* et en *carbone*. L'oxygène s'est dégagé en bulles, mais le carbone est resté dans les feuilles. Il fait désormais partie de la plante : il est donc *assimilé* et la fonction que nous venons d'étudier mérite bien le nom d'*assimilation de carbone*.

Elle porte aussi le nom de *fonction chlorophyllienne* ou de la chlorophylle.

On peut dire, en effet, que c'est la chlorophylle qui, sous l'influence de la lumière, a la propriété remarquable de décomposer l'acide carbonique en oxygène qui se dégage et en carbone qui est assimilé; car, si l'on remplace les feuilles vertes par les feuilles *étiolées* du cœur d'une salade, l'allumette ne se rallume pas, et elle ne se rallume pas non plus si l'on place des feuilles vertes à l'obscurité.

Dans les conditions normales de la vie des plantes, c'est l'acide carbonique de l'*air* qui est décomposé, à la lumière et par les feuilles vertes, en oxygène dégagé et en carbone assimilé ; pour les plantes submergées, c'est l'acide carbonique dissous dans l'eau qui sert à cette fonction.

Dans les deux cas, le carbone qui a été pris à l'acide carbonique sous forme de gaz sert à constituer les parties solides des végétaux, et on le retrouve dans le *charbon* qui n'est qu'une des formes du carbone.

Respiration. — Tout le monde sait qu'il est toujours imprudent et quelquefois dangereux de laisser pendant la nuit des plantes vertes ou non dans les chambres habitées. C'est que les plantes prennent dans l'air, pour leur respiration, l'*oxygène* indispensable à la respiration de l'homme et dégagent de l'*acide carbonique* que l'homme fournit aussi et qui lui est préjudiciable. En d'autres termes, les organes des plantes respirent comme les animaux et comme l'homme lui-même.

Les *feuilles vertes* respirent-elles aussi pendant le jour, c'est-à-dire à la lumière ? Certainement. Mais leur respiration est en quelque sorte masquée parce que l'acide carbonique dégagé par cette fonction est repris par elles à cause du fonctionnement de la chlorophylle à la lumière.

On peut cependant mettre en évidence cette sortie de l'acide carbonique produit par la respiration en plaçant une plante verte sous une cloche de verre, à la lumière, et, à côté de la plante, une petite soucoupe contenant de l'*eau de chaux*. On ne tarde pas à voir l'eau de chaux se *troubler*, ce qui est le signe certain d'un dégagement d'acide carbonique.

La tige, la racine, la fleur, en un mot tous les organes des plantes, respirent de la même façon. En répétant sur les racines l'expérience précédente, l'eau de chaux se trouble aussi ; on emploie pour cela des racines assez grosses, comme des racines de carotte ou de betterave.

Il semble que les racines doivent respirer difficilement, à cause de leur vie souterraine ; mais on a démontré qu'il existe de l'air entre les particules du sol et que c'est l'air du sol qu'elles utilisent pour leur respiration. Lorsque cet air est épuisé, les racines *étouffent* dans le sol, si on ne le remue de façon à lui donner une nouvelle provision d'air : c'est ce qui explique un certain nombre d'opérations agricoles.

Fig. 31. — Expérience montrant la transpiration.

Transpiration. — Si l'on place une plante sur le plateau d'une balance (fig. 31) et que l'on établisse l'équilibre avec l'autre plateau à l'aide de poids marqués, cet équilibre est rompu au bout de quelque temps, comme si la plante était devenue plus légère. En recouvrant la plante d'une cloche en verre, l'équilibre persiste, mais des gouttelettes d'eau ruissellent sur les parois de la cloche (fig. 32).

Fig. 32. — Une plante placée sous une cloche de verre perd de la vapeur d'eau qui se condense en gouttelettes sur les parois de la cloche.

On met ainsi en évidence la *transpiration* des plantes, qui consiste dans le dégagement de la *vapeur d'eau* dans l'air.

L'eau perdue par la transpiration doit être compensée dans la plante par l'eau absorbée par les racines : c'est pour cela qu'on *arrose* les plantes surtout l'été, au moment où la transpiration est très active et le sol plus ou moins desséché.

Stomates. — Ces diverses fonctions sont de la plus haute importance pour le développement des plantes. Les

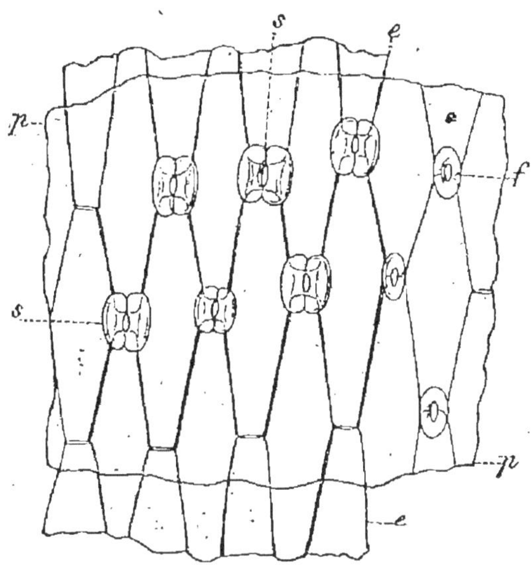

Fig. 33. — Les stomats *ss*, d'une feuille d'Iris (vus au microscope).

échanges gazeux entre les feuilles et l'air sont favorisés par la présence, sur la feuille, de petites ouvertures, les *stomates* (fig. 33), qu'on a comparés, avec quelque justesse, aux pores de la peau.

Les stomates ne peuvent être vus qu'à l'aide du microscope, car ils sont tellement petits qu'on a pu en compter plus de 700 dans un millimètre carré de surface ; leur nombre est cependant en général beaucoup moindre.

On voit souvent laver à l'eau les feuilles des plantes des appartements et des jardins ; ce lavage a pour effet d'enlever les poussières qui ferment les stomates et de donner, par suite, aux échanges gazeux qui se font par ces ouvertures, toute l'intensité nécessaire.

Dans la grande culture, c'est la pluie qui se charge de cette opération.

QUESTIONNAIRE SUR LE CHAPITRE III

1. Quelles sont les parties composantes d'une feuille ?
2. Exposez les principaux cas de nervation du limbe.
3. Qu'appelle-t-on feuilles simples, feuilles composées?
4. Comment sont faites les feuilles composées, pennées et palmées?
5. Que savez-vous de l'arrangement des feuilles sur la tige?
6. Qu'est-ce que la chlorophylle ? Où se trouve-t-elle?
7. Quelles sont les trois principales fonctions remplies par les feuilles?
8. Comment faut-il disposer l'expérience consistant à montrer l'assimilation du carbone?
9. Dans quelles conditions se fait l'assimilation du carbone?
10. Montrez que les plantes respirent.
11. Les feuilles vertes respirent-elles le jour ?
12. Les autres organes des plantes respirent-ils? Exemples.
13. Comment démontre-t-on que les plantes aériennes transpirent? En quoi consiste cette fonction ?
14. Qu'appelle-t-on stomates?

CHAPITRE IV

La fleur.

Parties composant une fleur complète. — La fleur est généralement portée sur une petite tige appelée *pédoncule floral*.

Elle est formée tout entière par des *feuilles modifiées* que nous considérons comme étant disposées en *verticilles* placés les uns au-dessus des autres, mais aussi rapprochés que possible. Il faut cependant remarquer que quelquefois,

les feuilles modifiées qui constituent la fleur, *ne sont pas
disposées en verticilles*, mais en spirales très serrées.

Quand une fleur est *complète*, on trouve qu'elle est formée par *quatre* verticilles de feuilles modifiées, qui sont, en allant de bas en haut ou du dehors en dedans (fig. 34) :

1° Le *calice*, formé de feuilles modifiées, *vertes*, appelées sépales ;

2° La *corolle*, formée de feuilles modifiées, *colorées*, appelées pétales ;

3° L'*androcée*, formée de feuilles modifiées appelées *étamines*;

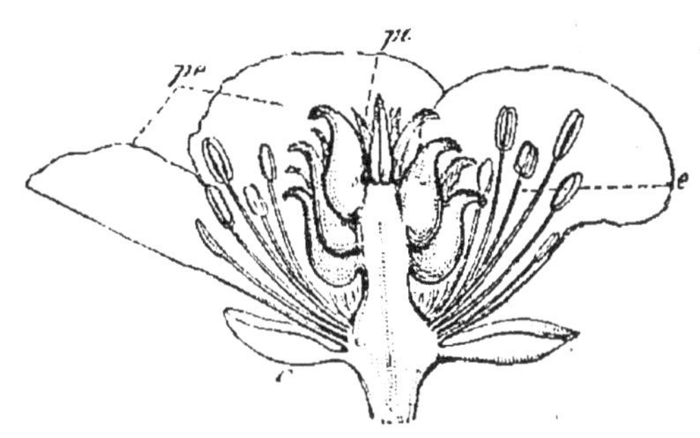

Fig. 34. — Fleur de Renoncule coupée en long : *c*, calice, *pe*, pétales; *e*, étamines; *pi*, pistil.

4° Le *pistil*, formé de feuilles modifiées appelées *carpelles* ;

Par conséquent, les *sépales* sont les feuilles modifiées vertes qui, par leur ensemble, constituent le *calice* et ainsi de suite.

Étudions ces différentes parties les unes après les autres.

Le calice. — Si nous examinons une fleur de *Renoncule* ou *Bouton d'or*, nous trouvons à la base cinq lames vertes disposées en verticille : c'est le calice et chaque lame est un sépale.

Les feuilles qui forment le calice sont réduites à leur limbe, mais elles sont restées vertes. Leur modification n'est pas bien profonde.

Les calices des fleurs ne sont pas tous semblables à ceux de la Renoncule, mais ils changent d'aspect comme les corolles, et ce que nous observerons dans les pétales se rapportera également aux sépales.

La corolle. — La même fleur de renoncule peut nous servir pour un premier examen de la corolle.

La corolle, dans cette fleur, est formée de cinq pétales, *colorés* en jaune vif et réduits au limbe. Ces pétales sont donc des feuilles *un peu plus* modifiées que les sépales.

Chaque pétale se trouve placé, *non au-dessus d'un sé-pale* mais dans l'*intervalle* de deux sépales ; pour cette raison, on dit que les pétales alternent avec les sépales.

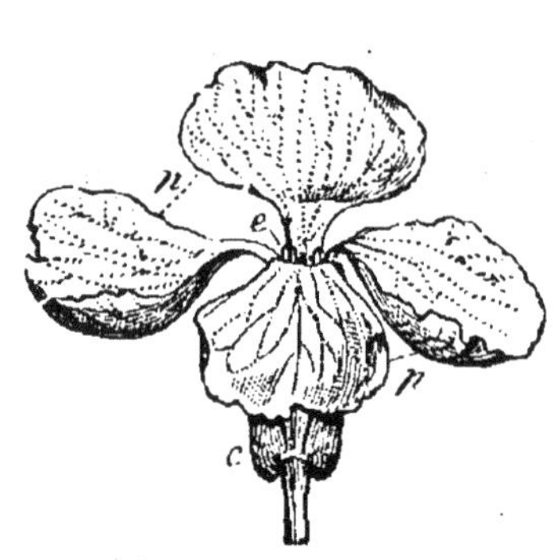

Fig. 35. — Fleur régulière à pétales séparés, *pp*, de la Giroflée.

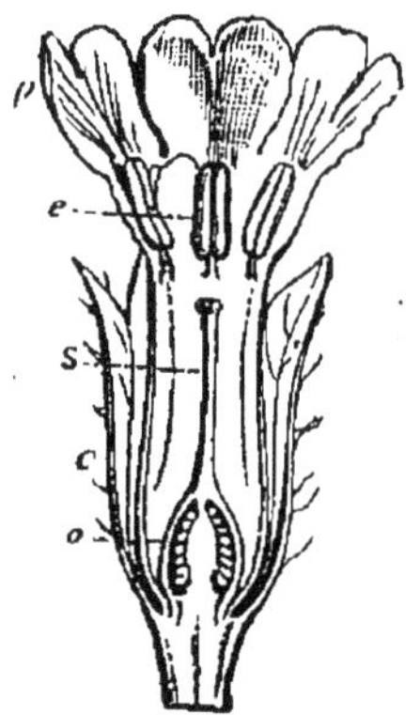

Fig. 36. — Fleur régulière à pétales soudés de la Primevère : *e*, étamine soudée aux pétales ; *s*, style ; *o*, ovaire ; *c*, calice à sépales soudés.

En tirant avec les doigts un pétale de renoncule ou de la giroflée (fig. 35), on l'arrache, mais les quatre autres restent à leur place ; les pétales sont *séparés* ou libres.

Ils ont tous, dans cette fleur, la même forme et la même taille : la corolle est *régulière*. Si nous examinons la corolle de la fleur des primevères (fig. 36), nous voyons qu'on ne peut pas enlever un pétale sans *déchirer* les autres ; les pétales sont *soudés* par leurs bords, mais la corolle est cependant régulière. Le *liseron*, qui est si commun dans les champs, a aussi une corolle régulière à pétales soudés.

En séparant les uns des autres les cinq pétales qui forment la corolle de la fleur du *pois*, on voit qu'ils sont de dimensions différentes ; la corolle est, dans ce cas, *irrégulière* (fig. 37), mais les pétales sont séparés.

Enfin, si on prend une fleur de *lamier*, on voit que la corolle est *irrégulière* et que les pétales sont soudés (fig. 38).

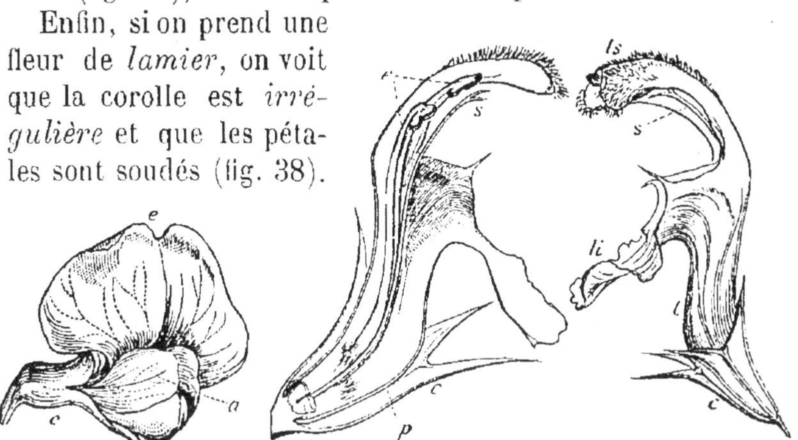

FIG. 37. — Fleur irrégulière à pétales séparés du Pois.

FIG. 38. — Fleur irrégulière à pétales soudés du Lamier blanc : à droite, fleur entière ; à gauche, la même coupée en long; *t*, tube formé par la corolle.

En résumé, il faut distinguer quatre formes de corolles :

1° Les corolles régulières, à pétales séparés (Renoncule);

2° Les corolles régulières, à pétales soudés (Primevère, Campanule) ;

3° Les corolles irrégulières, à pétales séparés (Haricot, Pois);

4° Les corolles irrégulières à pétales soudés (Sauge, Lamier blanc).

On peut distinguer aussi quatre formes de calices : les calices réguliers à pétales séparés, etc., etc.

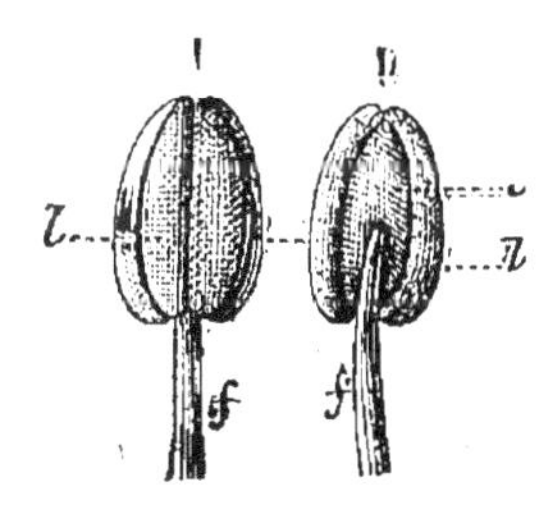

FIG. 39. — Etamine de l'Amandier : à gauche, une étamine vue par-devant; à droite, la même vue par derrière; *f*, filet; *l*, anthère.

L'androcée. — Pour l'étude de l'androcée, la fleur du Bouton d'or peut encore nous servir, car elle présente un grand nombre d'étamines (fig. 34).

Dans une quelconque de ces étamines, on distingue une sorte de petite tige portant, à son extrémité supérieure, un renflement (fig. 39) : la petite tige est le *filet*, le renflement se nomme l'*anthère*.

Il est facile de remarquer que les étamines sont des feuilles *bien plus* modifiées que les sépales et les pétales.

L'anthère est la partie la plus importante de l'étamine.

C'est un sac allongé divisé en deux loges par une cloison dirigée dans le sens de la longueur. Ces deux loges sont remplies d'une poussière fine, le *pollen*, constituée par un grand nombre de grains microscopiques, *les grains de pollen*, dont nous connaîtrons

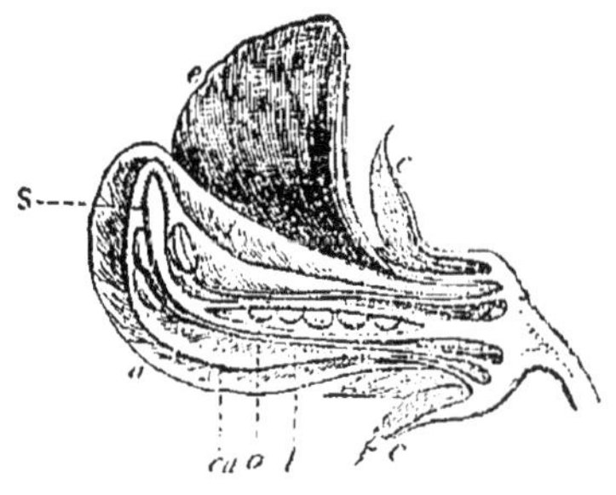

Fig. 40. —Fleur du Pois coupée en long (étamines soudées par leurs filets).

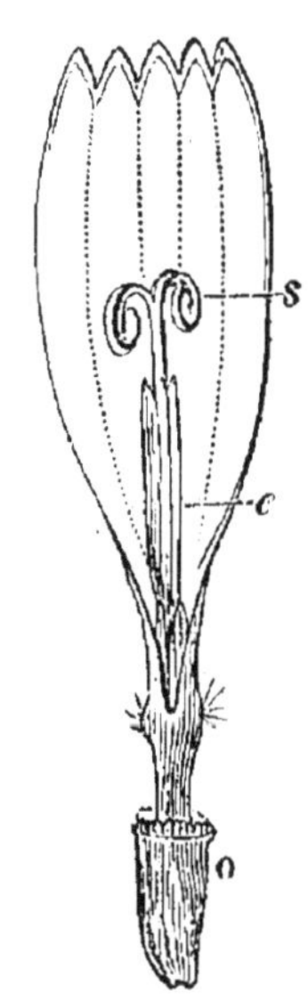

Fig. 41. — Fleur isolée de la Marguerite (étamines soudées par les anthères).

la fonction un peu plus tard. Les grains de pollen sortent de l'anthère par la déchirure des loges qui les renferment tant qu'ils ne sont pas mûrs.

Dans la renoncule, les étamines sont *séparées* les unes des autres, mais dans d'autres fleurs elles sont *soudées*, soit par leurs filets, soit par leurs anthères (fig. 40 et 41).

Le pistil. — Si dans une fleur de renoncule, nous arrachons tour à tour les sépales, les pétales et les étamines, nous trouverons encore, au centre, un grand nombre de petits organes : ce sont les *carpelles*, dont l'ensemble constitue le pistil.

Examinant à part un carpelle (fig. 42 et 43), nous voyons qu'il est formé d'un sac clos surmonté d'un petit prolongement terminé lui-même par un léger renflement gluant.

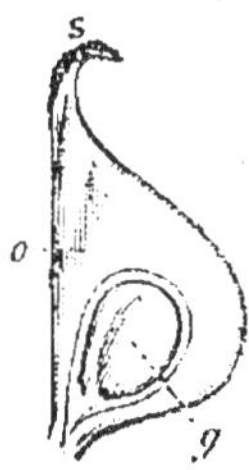

Fig. 42. — Carpelle isolé du pistil de la Renoncule.

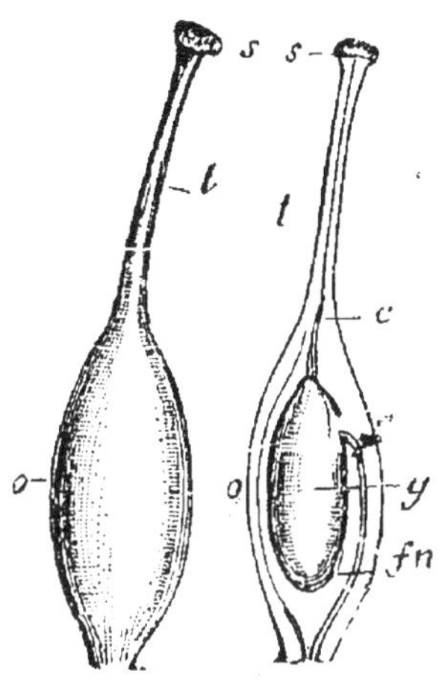

Fig. 43. — Pistil du Cerisier, entier à gauche, coupé en long à droite : *s*, stigmate; *t*, style; *o*, ovaire; *g*, ovule.

Ces trois parties du carpelle sont : 1° l'*ovaire*; 2° le *style*; 3° le *stigmate*.

Dans l'intérieur de l'ovaire se trouve une petite masse ovale appelée *ovule*.

Nous pouvons dire déjà que l'ovaire deviendra le *fruit* et l'ovule la *graine*.

Mais les carpelles ne sont pas toujours *séparés* comme dans la fleur de la renoncule. Si nous coupons en travers l'ovaire de la jacinthe, nous voyons qu'il est

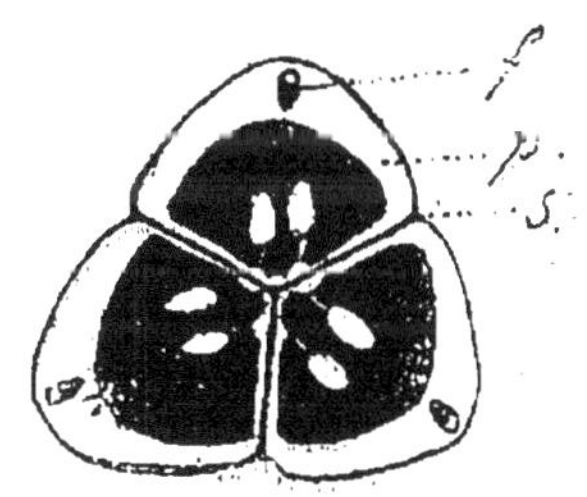

Fig. 44. — Coupe transversale d'un ovaire à trois loges (Jacinthe).

divisé en *trois* loges par trois cloisons longitudinales qui se réunissent au centre (fig. 44).

Chaque loge correspond à un carpelle et les carpelles sont *soudés ;* de plus, chaque carpelle renferme un *grand nombre d'ovules.*

La soudure des carpelles peut se faire autrement.

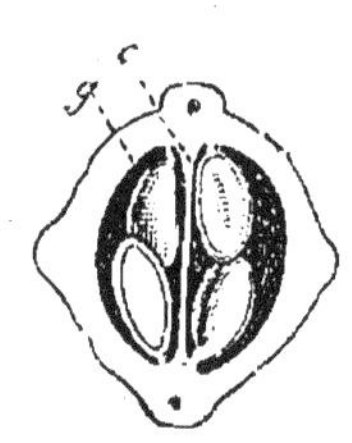

Fig. 45. — Coupe transversale d'un ovaire à une loge, divisé en deux par une fausse cloison : *g,* ovules; *c,* fausse cloison.

Supposons deux ovaires largement ouverts et non fermés comme dans les deux exemples précédents ; s'ils se *soudent* l'un à l'autre par leurs bords, nous aurons un ovaire à une seule loge, mais formé de deux carpelles soudés. C'est ce qui est réalisé dans la fleur de la *giroflée ;* il faut pourtant remarquer qu'ici une cloison se forme un peu plus tard, qui sépare la loge unique en deux loges (fig. 45).

En résumé, nous avons considéré trois sortes d'ovaires :

1° Les ovaires à une loge formés par un seul carpelle fermé (Renoncule);

2° Les ovaires à une loge formés par deux carpelles ouverts mais soudés (Giroflée) ;

3° Les ovaires à plusieurs loges formés par plusieurs carpelles fermés et soudés (Jacinthe).

Au point de vue de la position de l'ovaire sur le pédoncule floral par rapport aux autres parties de la fleur, il faut distinguer deux cas :

1° L'ovaire est placé *plus haut* que ces parties, comme dans les exemples que nous venons de citer : il est *supérieur* ou *supère ;*

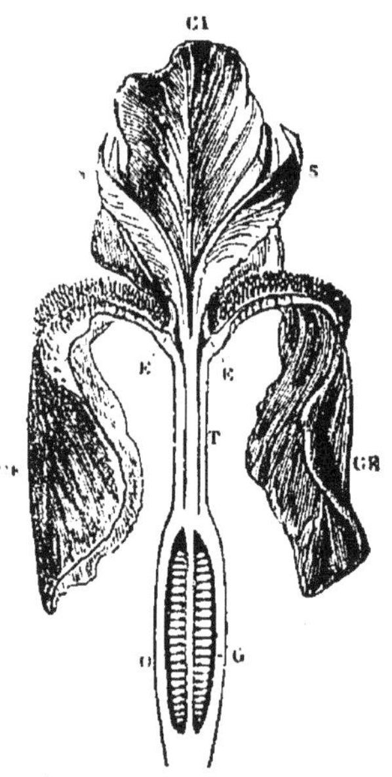

Fig. 46. — Coupe longitudinale d'une fleur à ovaire infère (Iris) : *oo,* ovaire placé au-dessous des autres parties.

2° L'ovaire est placé *plus bas* que ces parties (fig. 46) :
il est *inférieur* ou *infère* (Iris, Courge).

Remarque. — Nous aurons à examiner plus loin :

1° Des fleurs plus simples dans le pin et le sapin ;

2° Des fleurs en apparence plus compliquées, dans la
marguerite.

Diagramme. — Il est souvent utile d'avoir un dessin
dans lequel on puisse remarquer immédiatement le *nombre* et la *disposition* des différentes parties de la
fleur que nous avons passées en revue.
Ce dessin s'appelle un *diagramme :*
il est obtenu en supposant les quatre
verticilles d'une fleur complète placés
sur un même plan, les uns en dedans
des autres (fig. 47).

Fig. 47. — Diagramme :
c, sépales ; *p,* pétales ; *e,*
étamines ; *o,* ovaires.

Pour obtenir un diagramme, on
trace sur une feuille de papier quatre
circonférences concentriques : la plus grande représente
le *calice,* la plus petite et la plus interne, le *pistil ;* les
deux autres la *corolle* et l'*androcée.*

Puis on marque sur ces circonférences le nombre des
sépales, des pétales, etc., en tenant compte des particularités que nous avons signalées.

Fonctions du calice et de la corolle. — Le calice et
la corolle sont souvent désignés sous le nom d'*enveloppes*
de la fleur : ces deux parties ont, en effet, pour principale
fonction de protéger l'androcée et le pistil dans le bouton.

La corolle a encore un rôle remarquable : elle attire les
insectes par sa coloration vive et par la taille souvent grande
de ses pétales.

Fonctions de l'androcée. — L'androcée a pour fonction
de produire le pollen, qui, lorsqu'il est sorti des anthères,

est porté sur les *stigmates* soit par le vent, soit par les insectes qui vont butiner sur les fleurs.

Fonctions du pistil. — Le rôle du pistil est de produire les *graines* et les *fruits :* les ovaires deviennent les fruits ; les ovules deviennent les graines.

Le contact d'un grain de pollen et de l'ovule s'appelle la *fécondation* des plantes : c'est à partir du moment où ce contact s'est opéré que l'ovule commence à se transformer pour devenir une graine ; l'ovaire se modifie à mesure pour devenir un fruit.

QUESTIONNAIRE SUR LE CHAPITRE IV

1. Quelles sont les parties qui composent une fleur complète ?
2. Comment est constitué le calice de la renoncule ?
3. Comment est constituée la corolle de la renoncule ?
4. Définissez une corolle régulière à pétales séparés ou à pétales soudés. Exemples.
5. Définissez une corolle irrégulière à pétales séparés ou soudés. Exemples.
6. Comment est constituée une étamine ?

7. Qu'est-ce que le pollen ?
8. Quelles sont les parties qui composent les carpelles ? Que renferme l'ovaire ?
9. Quelles sont les particularités que présente l'ovaire au point de vue du nombre des loges ?
10. Qu'est-ce qu'un diagramme ? Établissez le diagramme des fleurs que vous connaissez.
11. Quelles sont les fonctions des diverses parties de la fleur ?

CHAPITRE V

Inflorescence, fruit, graine, développement des plantes.

Divers modes généraux d'inflorescence. — On désigne sous le nom d'*inflorescence* les diverses dispositions

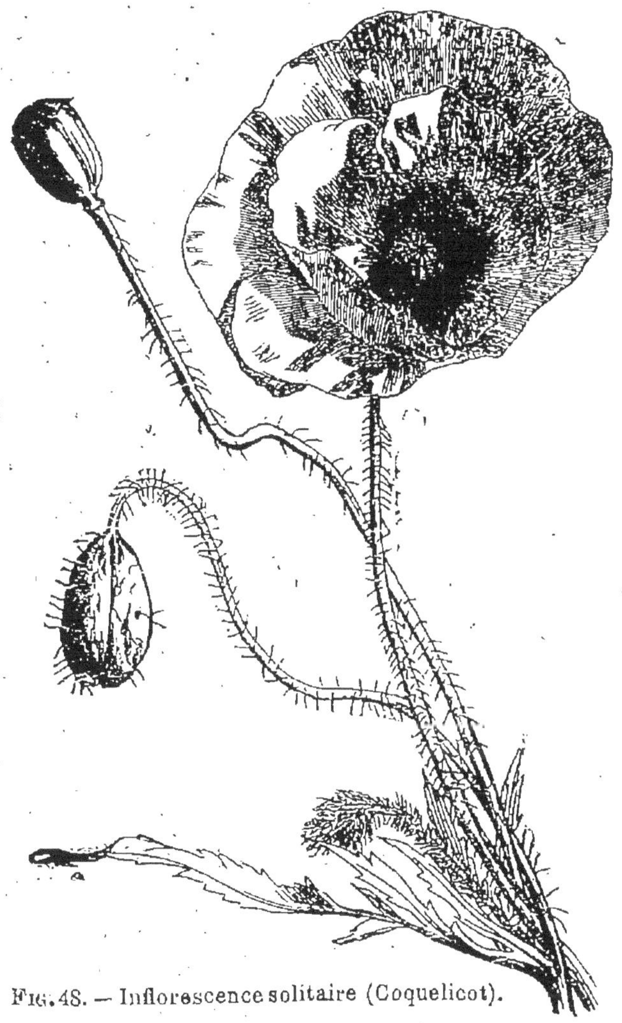

FIG. 48. — Inflorescence solitaire (Coquelicot).

des fleurs les unes par rapport aux autres et par rapport au rameau sur lequel elles sont portées. D'après cette définition, on doit distinguer deux modes généraux d'inflores-

cence : 1° une *seule fleur* se développe à l'extrémité de la
tige ou à l'extrémité des pédoncules floraux, et les diverses
fleurs sont alors portées à l'aisselle de feuilles non modifiées
(fig. 48); l'inflorescence est dite *solitaire* (*coquelicot, tulipe,
violette*); 2° plusieurs fleurs se développent sur des rameaux à l'aisselle de feuilles très modifiées qui portent le
nom de *bractées;* l'inflorescence est dite *groupée.*

Le mot *inflorescence* s'applique
aussi à cet ensemble de fleurs qui ne
sont pas séparées les unes des autres
par des feuilles non modifiées.

Fig. 49. — Grappe simple:
f, bractée; *a'*, pédoncule
principal; *a''*, pédoncules secondaires.

Fig. 50. — Grappe composée : les
pédoncules secondaires *a''* sont
des grappes simples.

En adoptant cette dernière définition, il y a lieu de distinguer deux modes principaux d'inflorescence : 1° le pédoncule principal ne se termine pas par une fleur ; les fleurs
sont portées sur des pédoncules secondaires ou tertiaires :
l'inflorescence est dite *indéfinie;* 2° le pédoncule principal
est terminé par une fleur et l'inflorescence est dite *définie.*

Examinons les principaux exemples d'inflorescences indéfinies et définies.

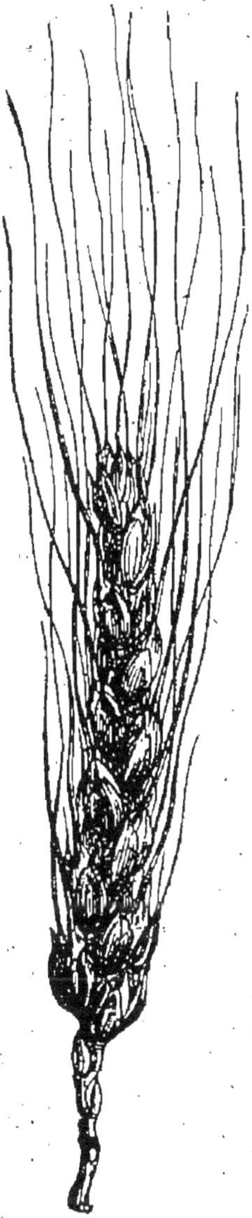

Inflorescences indéfinies. — 1° *Les grappes.* — Dans une grappe *simple*, on distingue un pédoncule *principal* non terminé par une fleur et continuant à s'allonger, et des pédoncules *secondaires*, de plus en plus petits de la base au sommet (fig. 49), portant chacun une fleur (*groseillier, giroflée*).

Dans une grappe *composée*, chaque pédoncule *secondaire* (fig. 50) se comporte comme le pédoncule principal d'une grappe simple (*vigne*).

2° Les *épis.* — Dans un épi *simple*, les pédoncules secondaires sont tellement courts que les fleurs semblent directement portées sur le pédoncule principal (*verveine*); dans un épi *composé*, un *groupe de fleurs* semblent directement portées sur le pédoncule principal (fig. 51), à l'aisselle des bractées (*blé*).

FIG. 51. — Épi de Blé.

FIG. 52. — Corymbe simple: *a'*, pédoncule principal; *b*, bractées; *a''*, pédoncules secondaires.

3° Les *corymbes.* — Le corymbe *simple* (fig. 52) est une grappe simple dont tous les pédoncules secondaires

11

portent les fleurs jusqu'à la même hauteur (*cerisier*); dans le corymbe composé, les pédoncules secondaires se comportent comme le pédoncule principal d'un corymbe simple (*alisier des bois*).

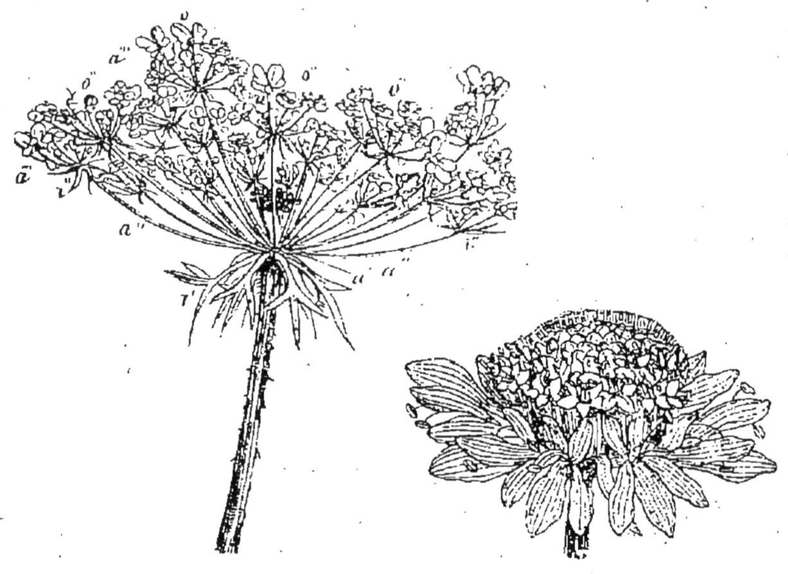

FIG. 53. — Ombelle composée de Carotte.

FIG. 54. — Capitule.

4° Les *ombelles*. — Dans l'ombelle *simple*, les pédoncules secondaires sont tous insérés sur le sommet du pédoncule principal, presque au même niveau (*ail*); dans l'ombelle *composée*, chaque pédoncule secondaire se termine lui-même par une ombelle (*carotte*).

5° Le *capitule*. — Dans le capitule, le pédoncule principal élargi au sommet porte des fleurs sans pédoncule (fig. 54), par conséquent les unes à côté des autres (*marguerite*).

Dans l'ombelle, comme dans le capitule, les bractées très serrées à la base de l'inflorescence forment comme une sorte de collerette appelée *involucre*.

Inflorescences définies ou cymes. — Dans les cymes, le pédoncule principal se termine par une fleur, au-dessous de laquelle naissent un ou deux pédoncules secondaires terminés aussi chacun par une fleur (fig. 55) ; au-dessous de ceux-ci naissent un ou deux nouveaux pédoncules terminés par une fleur et ainsi de suite (*bégonia, céraiste*).

Le fruit. — Le fruit, ainsi qu'il a été dit, n'est autre chose que l'ovaire agrandi et plus ou moins transformé; il renferme les graines, comme l'ovaire renferme les ovules.

La paroi du fruit s'appelle le *péricarpe* ; la consistance et l'aspect du péricarpe permettent de diviser les fruits : 1° en fruits *charnus;* 2° en fruits *secs*.

1° *Fruits charnus*. — Les principaux exemples de fruits charnus sont le *drupe* (cerise) et la *baie* (*raisin*). — Dans un drupe (fig. 56), on trouve, au centre, une graine venant d'un ovule et autour d'elle un noyau sec et dur entouré d'une partie molle, sucrée et charnue, elle-même protégée par une mince pellicule : la pellicule, la partie charnue et le noyau viennent de l'ovaire. — Dans une baie (fig. 57),

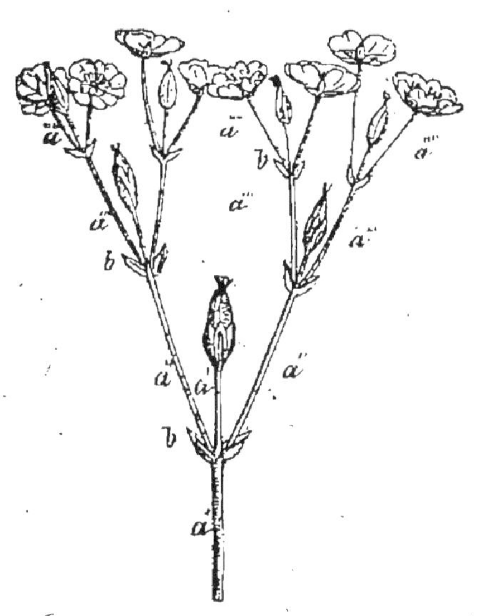

Fig. 55. — Cyme bipare : *a'*, pédoncule principal; *a"*, *a'"*, de 2° et 3° ordres.

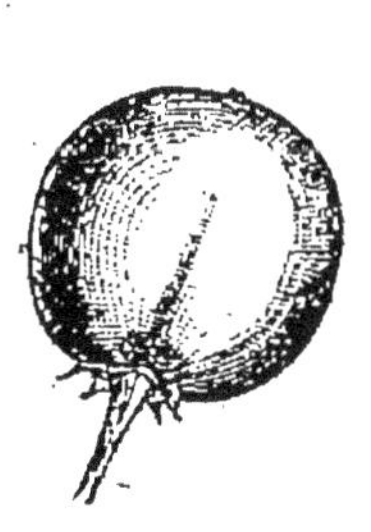
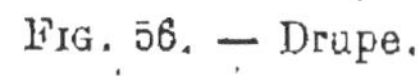

Fig. 56. — Drupe.

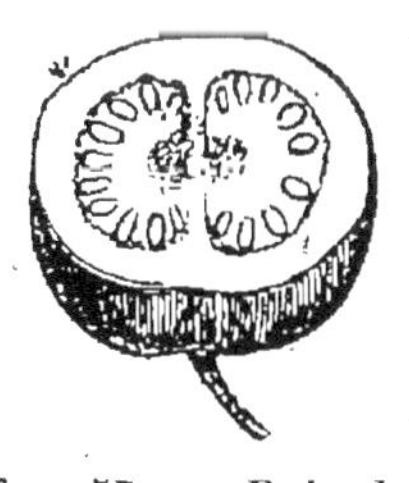

Fig. 57. — Baie de Pomme de terre, coupée en travers pour montrer les graines.

l'ovaire est tout entier transformé en une matière charnue entourée d'une mince pellicule ; il n'y a pas de noyau ; les grains durs ou *pépins* que l'on rencontre dans la baie ne sont autre chose que les graines ;

2° *Fruits secs.* — Dans les fruits secs, le péricarpe

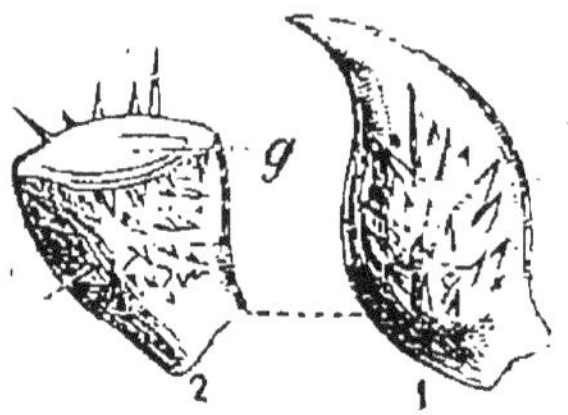

Fig. 58. — Akène, coupé en travers à gauche pour montrer l'unique graine *g*.

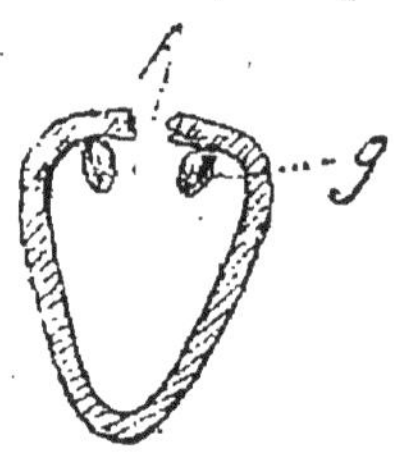

Fig. 59. — Coupe transversale d'un follicule, montrant la fente *f* et les deux séries de graines *g*.

d'abord vert et mou se dessèche peu à peu et perd toute propriété nutritive.

Parmi les fruits secs, nous signalons : l'*akène*, le *follicule*, la *gousse*, la *silique* et la *capsule*.

L'akène renferme une seule graine (fig. 58) ; il ne s'ouvre jamais (*fruits de la renoncule, du sarrasin, du blé*). Les autres groupes de fruits secs s'ouvrent quand ils sont

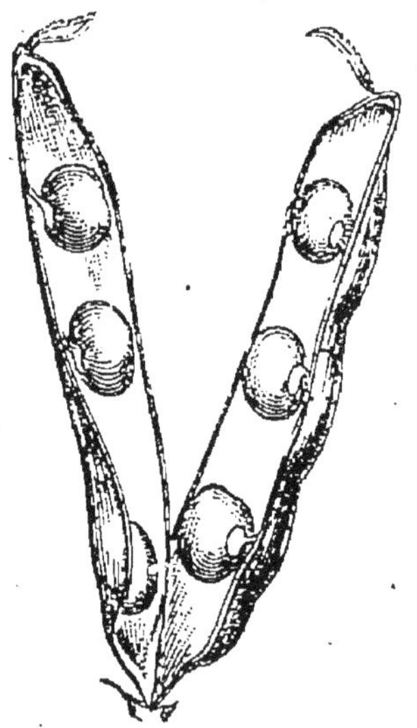

Fig. 60. — Gousse séparée en deux valves.

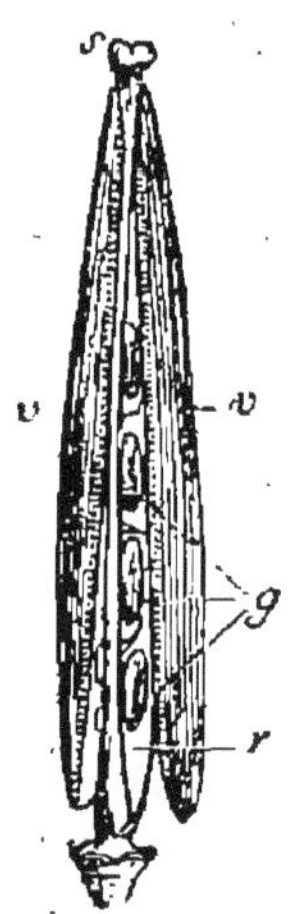

Fig. 61. — Silique séparée en deux valves *v*, avec cloison *r*, portant les graines *g*.

mûrs pour laisser tomber les graines qu'ils renferment.

Le fruit s'ouvre par une seule fente (fig. 59), disposée longitudinalement : c'est un *follicule (pivoine)*.

Il se sépare par deux fentes longitudinales en deux valves (fig. 60) : c'est une *gousse* (*haricot, pois*).

Il se sépare par quatre fentes longitudinales en deux valves qui laissent entre elles une sorte de cadre portant les graines (fig. 61) : c'est une *silique* (*giroflée*).

Il est divisé intérieurement en plusieurs loges et s'ouvre de façons diverses (fig. 62 et 63), par des valves, par de petits

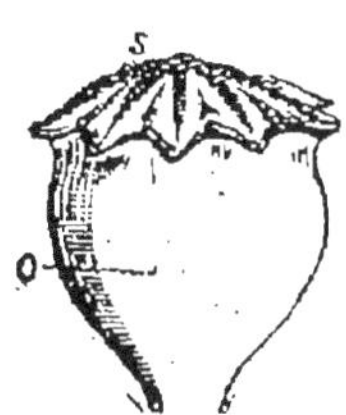

FIG. 62.
Capsule du Coquelicot.

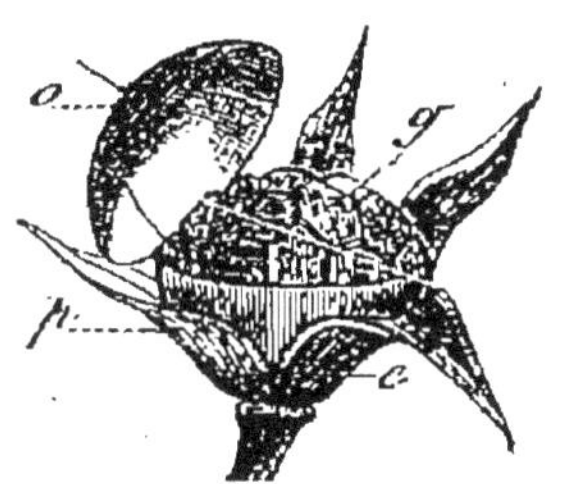

FIG. 63. — Capsule du mouron rouge s'ouvrant en tabatière.

trous, par un couvercle, etc. : c'est une *capsule* (*pavot, mouron des champs*).

La graine. — La graine résulte de l'accroissement et de la transformation de l'ovule après la fécondation.

Dans toute graine, on distingue deux parties : 1° les *enveloppes* ou *téguments ;* 2° l'*amande*, dont la constitution est assez variable, ainsi qu'on va le voir.

Si nous examinons une graine de *ricin*, nous constatons que vers le milieu de l'amande se trouve un petit corps allongé, entouré de tous côtés par une sorte de sac rempli de substances nutritives (fig. 64).

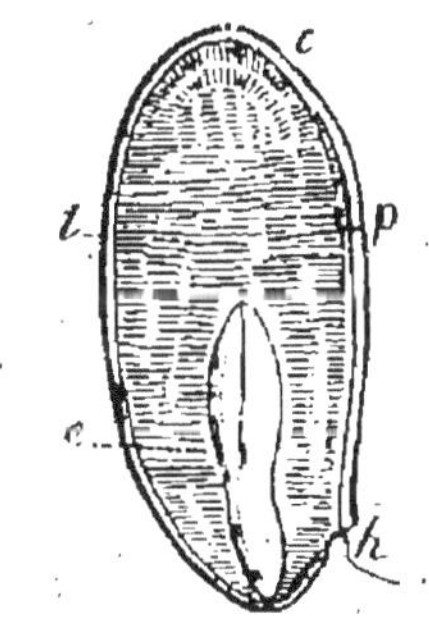

FIG. 64. — Coupe en long d'une graine à albumen: *t*, enveloppe; *p*, albumen; *e*, embryon.

Ce sac porte le nom d'*albumen ;* le petit corps allongé est l'*embryon*. L'embryon n'est pas autre chose qu'une toute petite plante : en effet, il est constitué par une petite racine ou *radicule*, par une petite tige ou *tigelle*, faisant suite à la radicule, par deux petites feuilles incolores, ou *cotylédons*, fixées à l'extrémité de la tigelle et par une sorte de petit bourgeon terminal ou *gemmule*, caché entre les cotylédons.

Si nous examinons une graine de *haricot* après avoir enlevé les enveloppes, nous constatons qu'il n'y a pas d'albumen : les deux cotylédons de l'embryon sont, en revanche, gonflés de telle façon qu'ils remplissent toute la cavité de la graine, à l'exception de la petite place occupée par la radicule, la tigelle et la gemmule (fig. 65) ; en d'autres termes, les cotylédons sont, dans la graine du haricot, remplis des substances nutritives que l'on trouve dans l'albumen des graines de ricin.

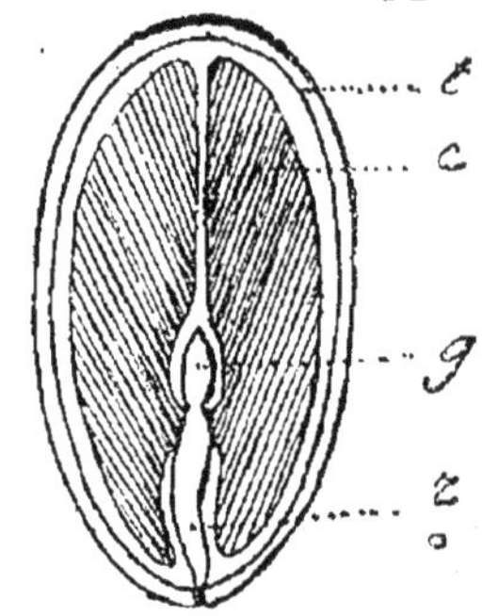

Fig. 65. — Coupe en long d'une graine sans albumen : *t*, enveloppe; *c*, cotylédon; *g*, *r*, tige et racine de l'embryon.

Nous distinguons, par conséquent, deux sortes de graines : les graines à albumen et les graines sans albumen. Ces dernières se reconnaissent facilement à ce qu'on peut les diviser en deux moitiés semblables, correspondant chacune à un cotylédon renflé.

A un autre point de vue, nous pouvons aussi distinguer deux sortes de graines : les graines à deux cotylédons ou *dicotylédones* (*haricot, ricin*) et les graines à un seul cotylédon ou *monocotylédones* (*blé, riz, maïs*). On verra plus loin le parti qu'on a tiré de cette dernière distinction pour la classification du plus grand nombre des phanérogames.

La germination. — Les graines mûres, détachées de la plante qui les a produites, peuvent être conservées pendant des mois et même pendant des années dans le même état apparent ; elles vivent cependant et l'on peut aisément vérifier, par exemple en les plaçant dans un vase clos rempli d'air, qu'elles absorbent de l'oxygène et dégagent de l'acide carbonique, c'est-à-dire qu'elles *respirent*.

Mais la respiration est très peu active : les graines sont à l'état de *vie ralentie*.

La germination, qui a pour résultat le développement de plantes nouvelles par les graines, est le passage de l'état de vie ralentie à l'état de *vie active*.

Pour qu'elle s'effectue, il faut que les graines soient bonnes, c'est-à-dire bien conformées dans leurs diverses parties ; il faut aussi qu'elles ne soient pas trop vieilles, parce qu'avec le temps la vie ralentie épuise surtout les réserves nutritives destinées au développement de l'embryon et contenues, soit dans l'albumen, soit dans les cotylédons.

Il faut, enfin donner aux graines pour leur germination, de l'eau, de l'air et une certaine chaleur. Elles ne peuvent pas germer dans un milieu absolument sec, car précisément on les conserve en les plaçant à l'abri de l'humidité ; dans un milieu privé d'air, les graines meurent par asphyxie et chacun sait, d'autre part, que les graines germent surtout dans les champs au commencement du printemps et non pendant les froids de l'hiver.

Lorsque ces diverses conditions sont réalisées dans le milieu où les graines sont placées, la germination commence : les graines gonflent tout d'abord en absorbant de l'eau ; ce gonflement détermine la déchirure des enveloppes (fig. 66). Puis l'on voit la radicule s'allonger dans la direction qu'occupera la racine, se couvrir de poils absorbants, de radicules un peu plus tard, en un mot,

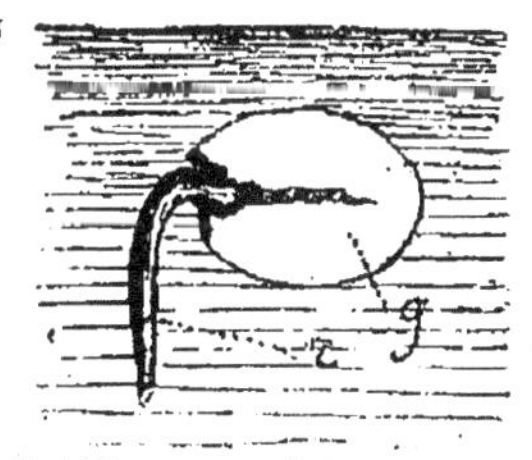

Fig. 66. — Début de la germination : *ss*, niveau du sol; *r*, racine; *g*, reste de la graine.

prendre entièrement la forme que nous connaissons aux racines. La tigelle s'allonge à son tour, soulève les cotylédons au-dessus de la terre (fig. 67) où les graines sont placées (*haricot*) ou bien les laisse enfouis dans le sol (fig. 68). Les petites feuilles qui font partie de la gemmule grandissent rapidement, s'étalent et forment bientôt de la chlorophylle. A partir du moment où la chlorophylle apparaît dans les feuilles,

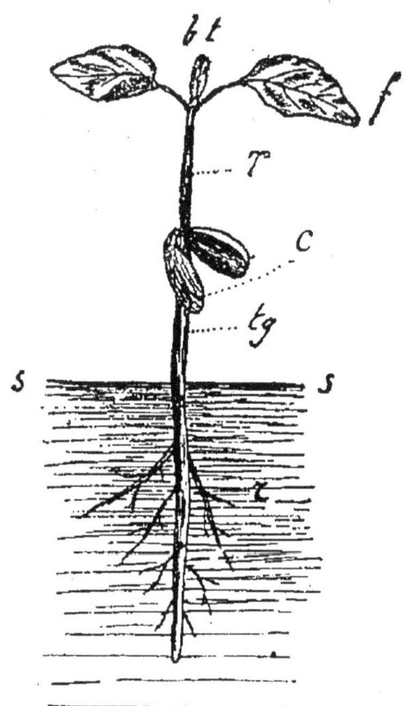

Fig. 67. — Fin de la germination : *bt*, bourgeon terminal; *f*, feuilles; *T*, *tg*, tige; *c*, cotylédons soulevés au-dessus du sol; *r*, racines.

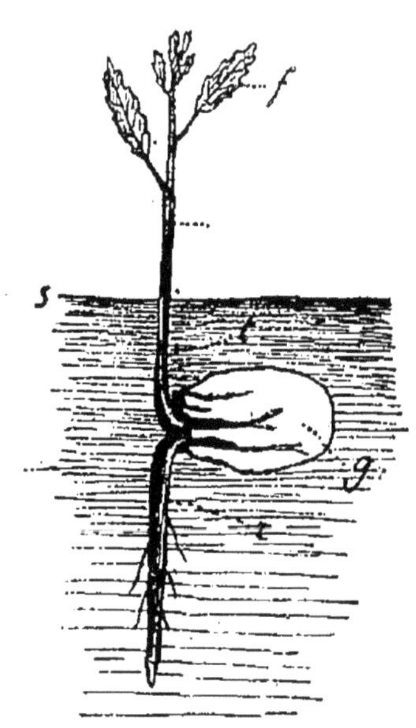

Fig. 68. — Fin de la germination lorsque les cotylédons restent sous le sol.

la germination est terminée, car la plante se suffira à elle-même en puisant dans le sol de l'eau et des principes minéraux dissous, et en assimilant le carbone de l'acide carbonique du milieu où elle est placée.

Il ressort nettement de cette série de faits observés pendant la germination que les nouvelles plantes proviennent tout simplement de l'accroissement de l'embryon renfermé dans les graines. L'embryon doit se nourrir pour s'accroître, pour développer ses diverses parties : il se nourrit, en effet, à l'aide des substances nutritives renfermées dans l'albumen ou dans les cotylédons, et ces substances, pour être utilisées, sont à mesure *digérées* par des principes qui se développent dans les graines pendant la germination ; ces principes ont été comparés aux principes actifs trouvés dans les sucs de l'appareil digestif de l'homme et des animaux.

Développement ultérieur de la plante. — L'accroissement de la plante nouvelle se continue par la nutrition jusqu'à son développement total. Mais toutes les plantes ne se comportent pas de la même façon à ce point de vue.

Quelques-unes, comme le blé, le haricot, etc., forment dans une seule saison tous leurs organes, les fleurs, les fruits et les graines, et meurent lorsque les graines sont arrivées à maturité : ce sont des plantes *annuelles*.

D'autres demandent deux ans pour parcourir toutes les phases de leur développement.

Pendant l'année de la germination, ces plantes ne produisent pas de fleurs ; leurs parties aériennes se dessèchent et meurent à l'automne, mais leurs parties souterraines, comme les rhizomes et les bulbes, passent l'hiver sous le sol à l'état de vie ralentie. Au printemps suivant, la tige et les feuilles se développent de nouveau en absorbant les substances nutritives accumulées l'année précédente dans les organes souterrains ; puis les fleurs apparaissent et, après elles, les fruits et les graines. Lorsque les graines sont mûres, les plantes se dessèchent et meurent: ce sont des plantes *bisannuelles*, car elles demandent deux ans pour leur développement total (*betterave, carotte*).

Le développement total de quelques plantes demande plusieurs années (*plantes pluriannuelles*).

Un très grand nombre de végétaux survivent à la formation des fleurs, des fruits et des graines : ce sont des plantes *vivaces*. Si les plantes vivaces sont *herbacées*, elles se conservent pendant l'hiver, à l'aide d'organes souterrains, tels que les rhizomes (*iris*), les tubercules (*pomme de terre*), les bulbes (*lis*) ; si elles sont ligneuses, elles se conservent d'une année à l'autre par les tiges pourvues ou non de feuilles.

Multiplication des plantes. — Les plantes à fleurs se *reproduisent* par les graines, ainsi que nous l'avons vu dans les pages précédentes ; elles peuvent aussi se *multiplier* par des procédés divers que la culture utilise dans un grand nombre de cas.

Tout le monde sait, par exemple, que l'on multiplie la pomme de terre à l'aide des tubercules qui renferment tout ce qui est nécessaire à la formation des plantes nouvelles, savoir : des bourgeons ou *yeux* et des *aliments* (fécule, principalement) pour l'accroissement des bourgeons. — Les plantes qui ont des bulbes se multiplient de la même façon ; ex.: lis, tulipe, etc.

Il y a d'autres procédés pour la multiplication des végétaux, notamment le *bouturage*, le *marcottage* et le *greffage*, dont nous devons expliquer le mécanisme général.

Bouturage. — Si l'on coupe sur une plante — la vigne, par exemple — une branche ou un rameau portant quelques feuilles, cette partie, enfoncée dans la terre humide, se développe comme une plante entière, parce que des racines adventives se forment sur elle dans le sol ; ces racines puisent dans la terre l'eau et certains aliments, ce qui permet aux bourgeons de se développer. La branche détachée s'appelle une *bouture* et l'opération un *bouturage* (fig. 69).

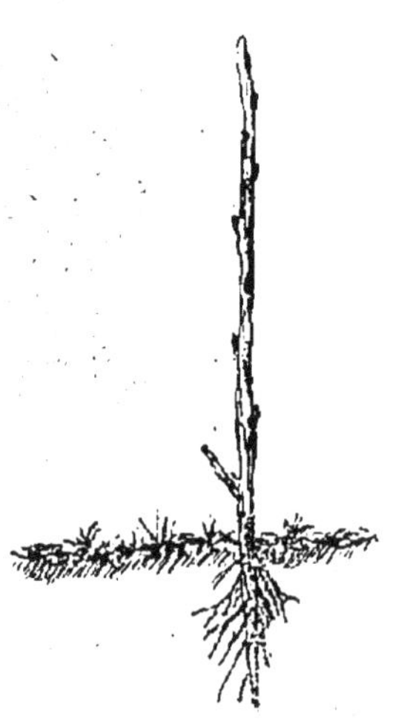

FIG. 69.
Exemple de bouturage.

Marcottage. — On peut laisser quelque temps la branche en relation avec la plante mère en entourant de terre humide la partie enfoncée sous le sol; des racines adventives se forment dans cette partie; on supprime, par une section, les relations entre la plante mère et la branche qui, désormais pourvue de racines, se développe comme une plante normale (fig. 70). — La branche s'appelle une *marcotte* et l'opération un *marcottage*.

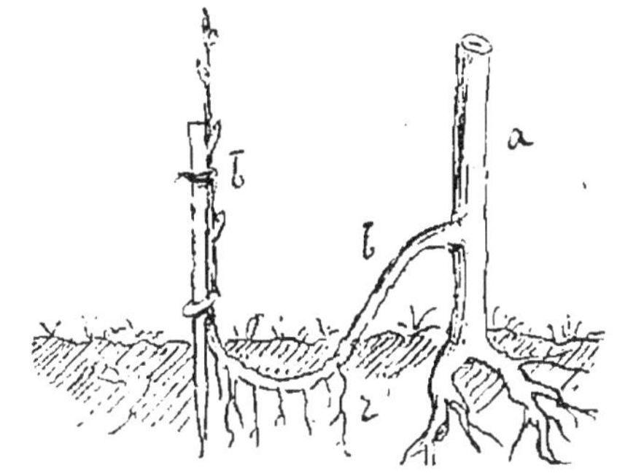

FIG. 70. — Exemple de marcottage.

Greffage. — Le greffage est surtout utilisé pour la multiplication de certains arbres fruitiers dont les fruits possèdent les qualités qui les font rechercher dans la consommation. Cette opération comprend deux parties : 1° on coupe la tige du *sujet* ou plante qui doit porter les greffes, et on y fait une fente longitudinale à travers l'écorce jusqu'à la couche génératrice ; 2° on coupe un rameau ou *greffe* sur la plante que l'on veut multiplier et, après avoir taillé ce rameau en *biseau* ou en sifflet, on l'introduit dans la fente pratiquée sur la tige du sujet de telle façon que les couches génératrices se touchent exactement dans le sujet et dans la greffe. Il suffit alors d'envelopper les blessures d'un enduit protecteur et de lier sans serrer ; au bout de peu de temps, si l'opération a été bien faite, la greffe pousse, se développe à l'aide des aliments fournis par le sujet et les fruits qu'elle donnera plus tard auront exactement les qualités du greffon.

QUESTIONNAIRE SUR LE CHAPITRE V

1. Expliquez les différences qui existent entre les inflorescences définies et les inflorescences indéfinies.
2. Citez les principaux exemples d'inflorescences indéfinies, simples et composées.
3. Comment sont disposées les fleurs dans les cymes ?
4. Quels sont les principaux exemples de fruits charnus ?
5. Quels sont les principaux exemples de fruits secs ?
6. Quelles sont les parties constituantes d'une graine ?
7. Qu'est-ce que l'embryon ?
8. En quoi diffèrent les graines à albumen et les graines sans albumen ?
9. Les graines mûres vivent-elles ?
10. Que faut-il pour que les graines germent ?
11. Décrivez la germination d'un graine. Comment l'embryon se nourrit-il ?
12. Quelles différences y a-t-il entre les plantes annuelles, bisannuelles et vivaces ?
13. Expliquez les divers modes de multiplication des plantes ?

DEUXIÈME PARTIE

Étude détaillée de quelques espèces végétales.

Divisions principales de l'embranchement des phanérogames. — Les phanérogames, ou plantes à fleurs, se divisent en deux groupes. Un premier groupe renferme les plantes très nombreuses dont les ovules sont renfermés dans un ovaire clos, et les graines, par conséquent, dans un fruit : c'est le groupe des *angiospermes*. Un deuxième groupe, beaucoup moins considérable que le précédent, renferme les plantes dont les ovules ne sont pas renfermés dans un ovaire clos : c'est le groupe des *gymnospermes*.

On peut prendre, comme exemple d'angiosperme, le haricot, et comme exemple de gymnosperme le pin ou le sapin.

Les angiospermes se subdivisent en *dicotylédones* et en *monocotylédones* : l'embryon des dicotylédones possède *deux* cotylédons et l'embryon des monocotylédones possède un seul cotylédon. Comme il n'est pas toujours facile de trouver et de compter les cotylédons dans les graines, nous dirons que les monocotylédones (*lis*, *blé*, etc.), se reconnaissent presque à coup sûr aux caractères suivants : 1° les feuilles sont dépourvues de pétiole et réduites au limbe et à la gaine ; 2° les nervures du limbe sont parallèles ; 3° les enveloppes de la fleur sont colorées de la même façon ; il n'y a donc pas de distinction à faire entre un calice vert et une corolle colorée, et l'on donne le nom de *périanthe* à ces enveloppes ; 4° le nombre des pièces du périanthe, des étamines et des carpelles est presque toujours de 3 ou de 6.

Chez les dicotylédones, les nervures des feuilles sont ramifiées dans tous les sens, selon le mode penné ou palmé et les diverses parties de la fleur sont, le plus souvent, disposées par 4 ou par 5.

Divisions principales des dicotylédones. — Les dicotylédones se subdivisent en trois groupes principaux suivant que les pétales sont *séparés, soudés* ou *absents :* ces trois groupes portent le nom de *dicotylédones à pétales séparés ; dicotylédones à pétales soudés ; dicotylédones sans pétales.*

Les deux premiers groupes renferment un grand nombre de familles dont nous allons étudier d'abord les principaux types ; le troisième groupe renferme un petit nombre de familles qui sont représentées surtout par les arbres à feuillage caduc de nos forêts.

Tableau général des grandes divisions. — En résumant les notions que nous venons d'exposer, et en complétant ce tableau par la division du règne végétal en embranchements, nous arrivons à former le tableau général suivant qui nous servira de guide dans cette partie de la botanique :

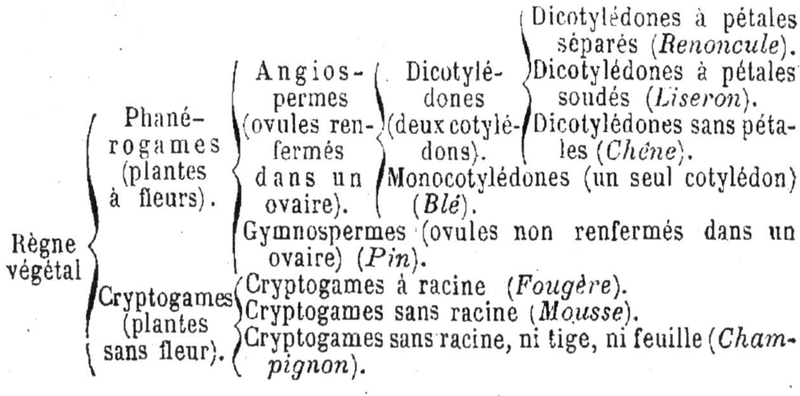

CHAPITRE VI

Dicotylédones à pétales séparés.

1. — RENONCULACÉES.

La renoncule. — Les renoncules sont des plantes très communes qui croissent sur les bords des fossés, dans les champs et que tout le monde connait à cause de leurs fleurs d'un jaune d'or qui leur a valu le nom de *bouton-d'or;* les renoncules donnent leur nom à un groupe assez grand qui s'appelle la famille des Renonculacées.

Dans la fleur des renoncules, on trouve (II, tableau n° 1) :

Un calice, formé de cinq sépales verdâtres, séparés les uns des autres ;

Une corolle régulière, jaune, formée de cinq pétales séparés ; .

Un grand nombre d'étamines, insérées au-dessus de la corolle, sur un prolongement ou *réceptacle* du pédoncule floral (fig. 34) ; les anthères sont tournées en dehors ;

Un grand nombre de carpelles, isolés les uns des autres, portés au-dessus des étamines et formant le pistil par leur réunion ; dans chaque carpelle, on voit un stigmate et un style en forme de bec très court, et un ovaire renfermant un seul ovule.

Chaque carpelle devient un akène (fig. 58) ; le fruit des renoncules est, par conséquent, formé par de nombreux akènes (III, tabl. n° 1).

Autres exemples de renonculacées. — Parmi les renonculacées les plus communes, nous citerons :

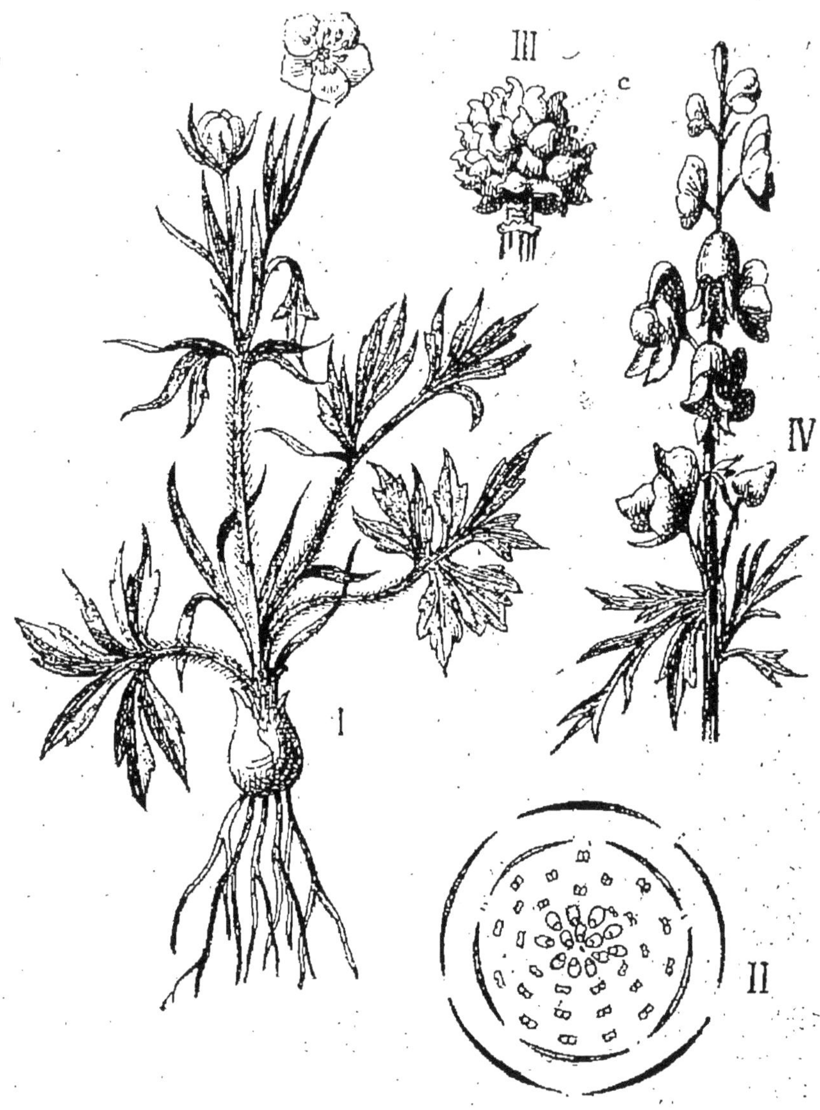

TABLEAU N° 1

Les Renonculacées

I. Renoncule bulbeuse. — II. Diagramme de renoncule. — III. Fruit de renoncule formé d'un groupe d'akènes *c*. — IV. Feuilles et fleurs d'aconit.

Les *anémones*, plantes dépourvues de corolle, et dont le calice est coloré ;

Les *clématites*, plantes ligneuses, également dépourvues de corolle, dont les branches sarmenteuses sont souvent employées pour la fabrication des paniers ;

Les *hellébores*, à carpelles peu nombreux, renfermant chacun plusieurs ovules et se transformant en *follicules ;*

Les *aconit*, à fleurs irrégulières, ayant la forme d'un casque (IV, tabl. n° 1) ;

Les *pied-d'alouette*, dont les fleurs également irrégulières portent chacune une sorte d'éperon dépendant du calice ;

Les *pivoines*, à fleurs régulières, dont les pétales sont colorés vivement ; le fruit des pivoines est une *capsule*.

Propriétés, usages des renonculacées. — Toutes les renonculacées sont dangereuses : il ne faut jamais porter à la bouche leurs fleurs ou leurs feuilles, dont les sucs âcres déterminent une violente irritation. L'aconit est très vénéneux ; on l'emploie, à très petites doses, contre les rhumatismes et les névralgies.

Quelques renonculacées, comme l'aconit et la pivoine, sont cultivées comme plantes d'ornement.

2. — PAPAVÉRACÉES.

Le coquelicot. — Le coquelicot est une plante très commune, à fleurs d'un rouge vif, que l'on trouve dans les champs de blé et dans les endroits peu cultivés, tels que les bords des voies des chemins de fer. Cette plante porte en latin le nom de *Papaver*, d'où le nom de Papavéracées.

Dans la fleur étalée du coquelicot, on ne voit pas de calice ; le calice ne se trouve que dans le bouton : il est formé de deux sépales qui coiffent la corolle et que celle-ci rejette en s'étalant (I, tabl. n° 2).

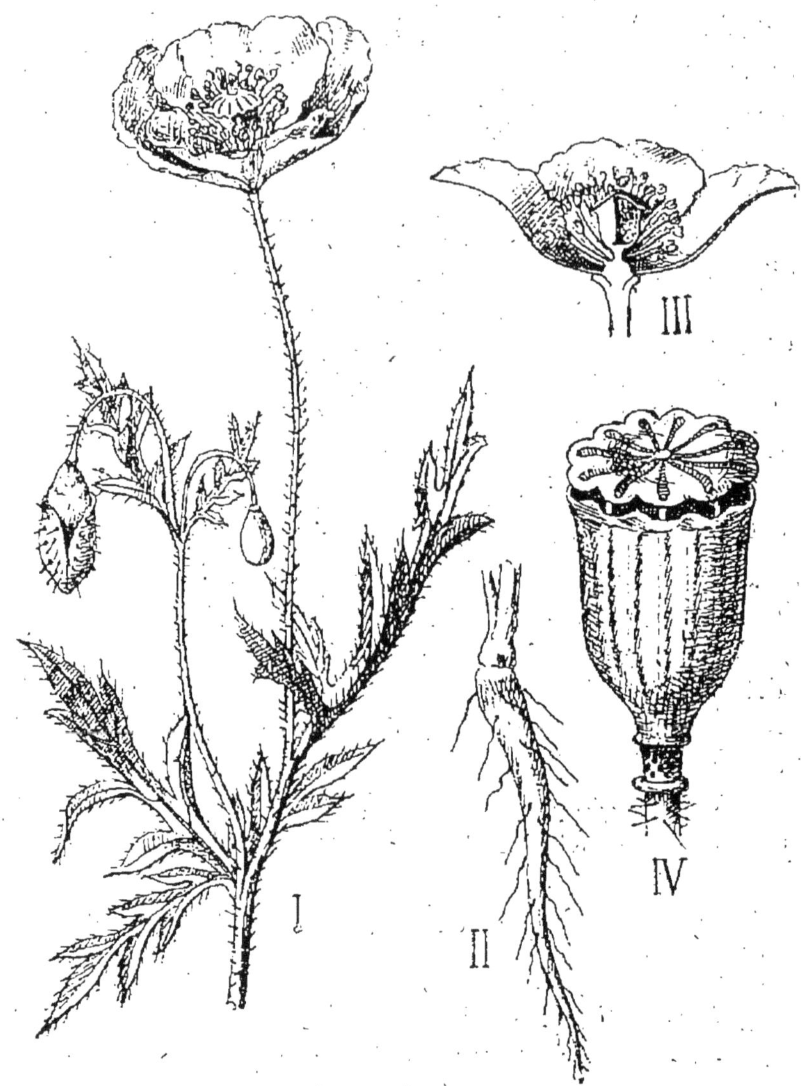

TABLEAU N° 2

Le Coquelicot.

I. Feuilles et fleurs. — II. Racine. — III. Coupe longitudinale d'une fleur. — IV. Capsule montrant les rayons formés par les stigmates et les trous pour la sortie des graines.

La corolle est rouge, grande, et formée de quatre pétales séparés, qui sont plissés irrégulièrement dans le bouton.

Les étamines sont très nombreuses; insérées sur le réceptacle, elles tournent leurs anthères en dedans.

Le pistil, saillant au milieu de la fleur, est constitué par la soudure de plusieurs carpelles; l'ovaire est primitivement à une seule loge, mais il se trouve bientôt divisé en plus de dix loges par de fausses cloisons. Chaque loge renferme un grand nombre d'ovules qui deviennent de petites graines noirâtres. L'ovaire n'est pas surmonté d'un style, mais d'une couronne à rayons constituée par les stigmates. (III et IV, tabl. n° 2).

Le fruit est une capsule s'ouvrant à maturité par de petits trous qui se forment au-dessous de la couronne des stigmates (IV, tabl. n° 2).

Autres exemples de papavéracées. — Dans la famille des papavéracées, on peut signaler :

Le *Pavot somnifère* cultivé dans l'Inde principalement pour la récolte de l'opium;

Le *Pavot œillette*, cultivé dans le nord de la France pour la fabrication de l'huile d'œillette;

La *Chélidoine*, très commune dans le voisinage des maisons; le fruit de la chélidoine est une *silique*.

Propriétés, usages des papavéracées. — Presque toutes les papavéracées contiennent un suc ayant l'aspect du lait et appelé *latex*.

Le latex des capsules encore vertes du pavot somnifère s'écoule au dehors lorsqu'on les entaille et se solidifie à l'air : on le récolte ainsi pour le livrer au commerce sous le nom d'opium. Les Chinois et les peuples de l'Extrême-Orient fument l'opium et se donnent ainsi une ivresse lourde et un sommeil prolongé. En France, on utilise les capsules sèches pour faire des infusions calmantes.

Le pavot-œillette est cultivé pour ses graines avec lesquelles on fabrique l'huile d'œillette qui est comestible.

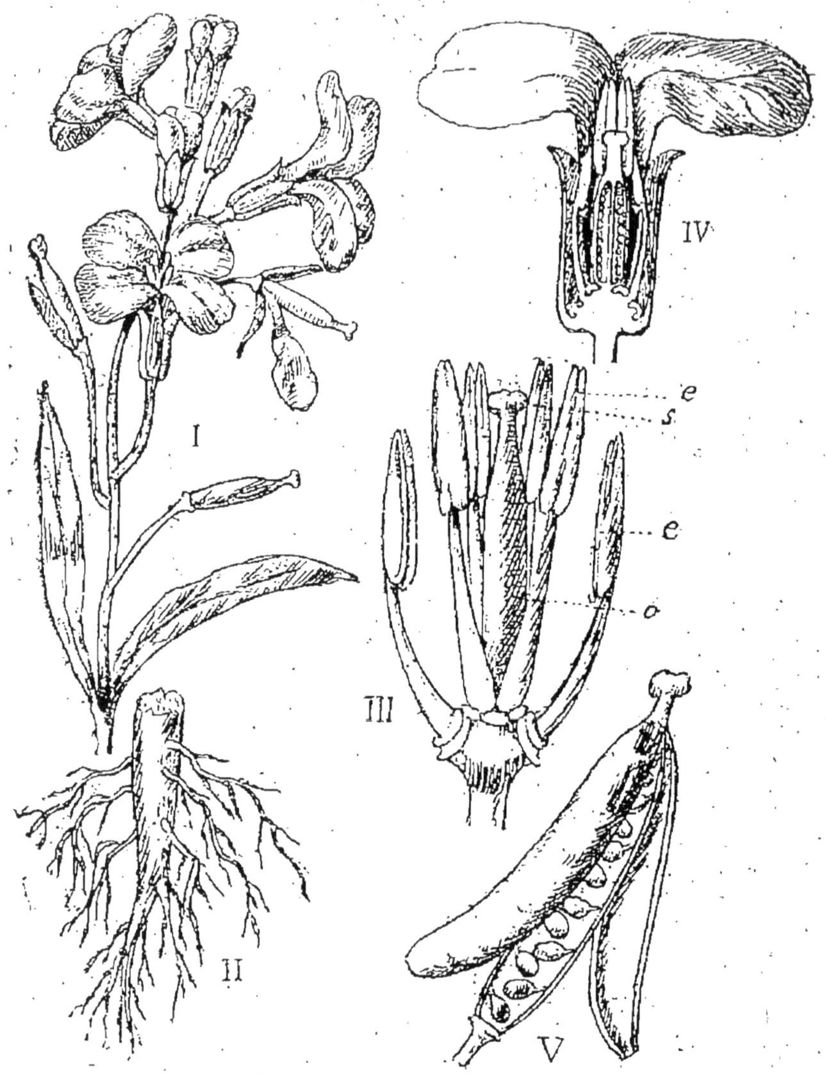

TABLEAU N° 3

La Giroflée

I. Feuilles et fleurs. — II. Racine. — III. Etamines et pistil : *e*, étamine; *s*, stigmate; *o*, ovaire. — IV. Coupe longitudinale d'une fleur. — V. Silique ouverte.

La chélidoine est appelée la *Grande Eclaire* parce que les anciens se servaient de son latex pour enlever les taches de la cornée de l'œil; on l'emploie encore dans les campagnes pour enlever les verrues, mais elle est très dangereuse.

3. — CRUCIFÈRES.

La giroflée. — La giroflée est une plante à feuilles entières et simples, à fleurs jaunes, qui fleurit au commencement du printemps ; elle est communément cultivée dans les jardins.

Fig. 71.

Diagramme de Giroflée.

Dans les fleurs de la giroflée on trouve (fig. 71 et tabl. n° 3) :

Un calice formé de quatre sépales séparés, de couleur verdâtre ;

Une corolle formée de quatre pétales d'un jaune sombre, séparés, alternant avec les sépales et étalés de façon à figurer une *croix* (d'où le nom de crucifères) ;

Six étamines, quatre plus grandes que les deux autres ;

Un pistil long, formé de deux carpelles soudés ensemble ; l'ovaire est divisé en deux loges par une fausse cloison ; le style très court est terminé par deux stigmates.

Le fruit est une silique (tabl. n° 3).

Autres exemples de crucifères. — Les crucifères sont très nombreuses ; on les reconnaît surtout à la croix que forment leurs pétales et à leurs six étamines de deux longueurs.

Parmi elles, nous citerons : le chou, le radis, le navet, le cresson, la moutarde, le pastel, le colza, le raifort, etc.

Propriétés, usages des crucifères. — Les crucifères sont presque toutes des plantes utiles.

On mange les feuilles, les inflorescences (chou-fleur) et

les bourgeons (chou de Bruxelles) des choux. Le colza (variété de chou) est cultivé pour ses graines qui fournissent de bonnes huiles d'éclairage.

Le radis et le navet ont des racines renflées et comestibles.

On mange les feuilles du cresson qui servent, en outre, à la fabrication des sirops antiscorbutiques.

La farine des graines de moutarde est employée en sinapismes ; elle est la base du condiment qui porte ce nom.

4. — Rosacées.

Le rosier. — Le rosier est une plante ligneuse, à piquants, portant des feuilles composées pennées.

Si on examine la fleur du rosier sauvage ou églantier, on y trouve :

Un calice à cinq sépales ; une corolle à cinq pétales insérés sur le bord du calice ;

Un grand nombre d'étamines, dont les anthères sont tournées en dedans ;

Un grand nombre de carpelles logés dans une sorte de coupe (réceptacle) creusée à l'extrémité du pédoncule floral. Chaque carpelle présente un ovaire à une seule loge renfermant un ovule ; un style et un stigmate.

Le fruit est formé par un ensemble d'akènes ; à la maturité, le réceptacle est rouge et un peu charnu ; il sert de nourriture à quelques oiseaux.

Dans les rosiers cultivés, la corolle est formée par un grand nombre de pétales qui (à l'exception des cinq pétales fondamentaux) ne sont que des étamines transformées et revenues presque entièrement à leur forme primitive de feuilles.

Autres exemples de rosacées. — La famille des

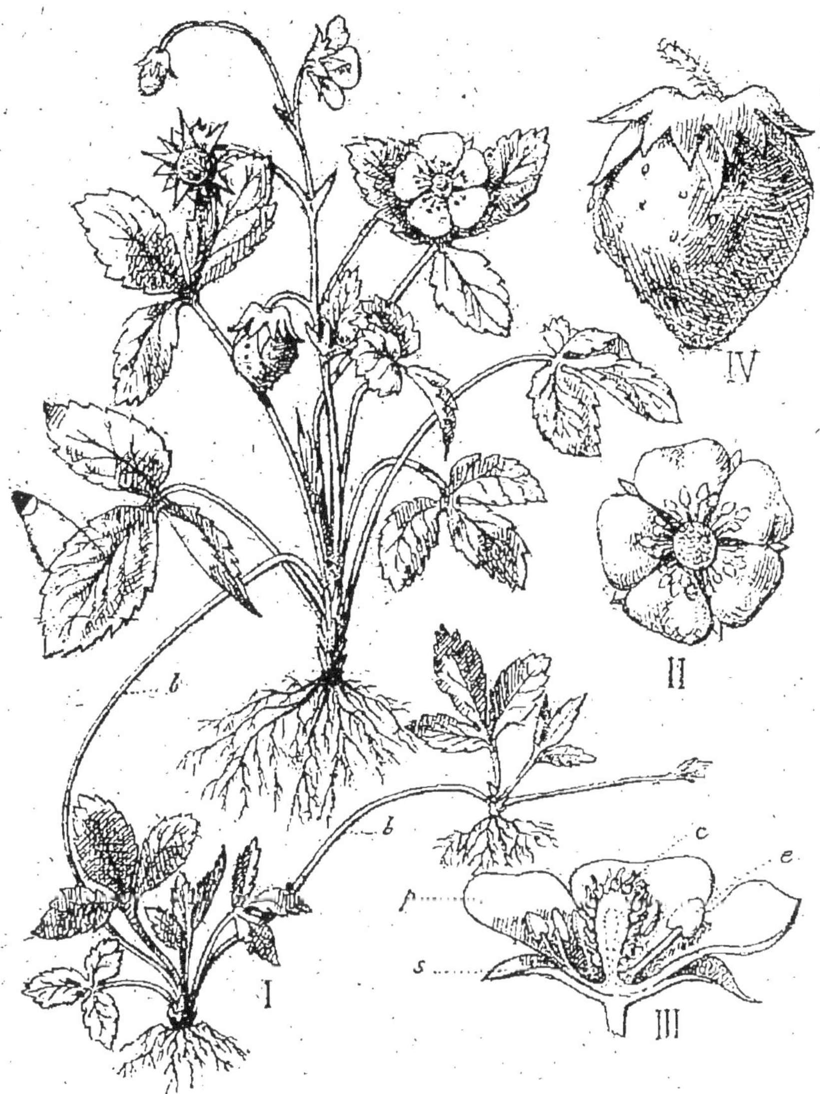

TABLEAU N° 4

Le Fraisier

I. Fraisier complet avec rameaux *b* multipliant la plante. — II. Fleur vue par en haut. — III. Coupe longitudinale de la fleur : *s*, sépales; *p*, pétales; *e*, étamines; *c*, carpelles. — IV. La fraise.

rosacées renferme un très grand nombre de plantes parmi lesquelles nous signalerons :

Le *fraisier* (tabl. n° 4 et fig. 72), dont la fleur ressemble à celle du rosier avec cette différence que le réceptacle s'élève au milieu de la fleur en une colonne conique. A la maturité, ce réceptacle est charnu, comestible, et les fruits — qui sont des akènes comme dans le rosier — se trouvent comme enchâssés dans cette masse charnue.

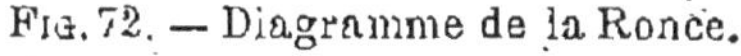

Fig. 72. — Diagramme de la Ronce.

Fig. 73.— Fruit de la Ronce.

La *ronce* et le *framboisier*, dont les fruits sont des baies et non des akènes (fig. 72 et 73).

Le *cerisier*, le *prunier*, l'*abricotier*, le *pécher*, l'*amandier*, dont les fleurs n'ont qu'un seul carpelle. L'ovaire de ces plantes devient charnu et comestible (drupe), sauf dans l'amandier, où c'est la graine qui devient comestible.

Le *poirier*, le *pommier*, le *cognassier*, le *néflier*, dont l'ovaire situé au-dessous du calice se transforme en un fruit charnu, etc.

Usages. — Les fruits de plusieurs rosacées sont comestibles (poires, pommes, prunes, etc.).

Le bois de beaucoup de rosacées (poirier, sorbier, etc.), est recherché dans la menuiserie et l'ébénisterie.

Quelques boissons fermentées (cidre, poiré, etc.) sont fabriquées avec les fruits de certaines rosacées.

Les roses, enfin, sont surtout recherchées pour leurs fleurs.

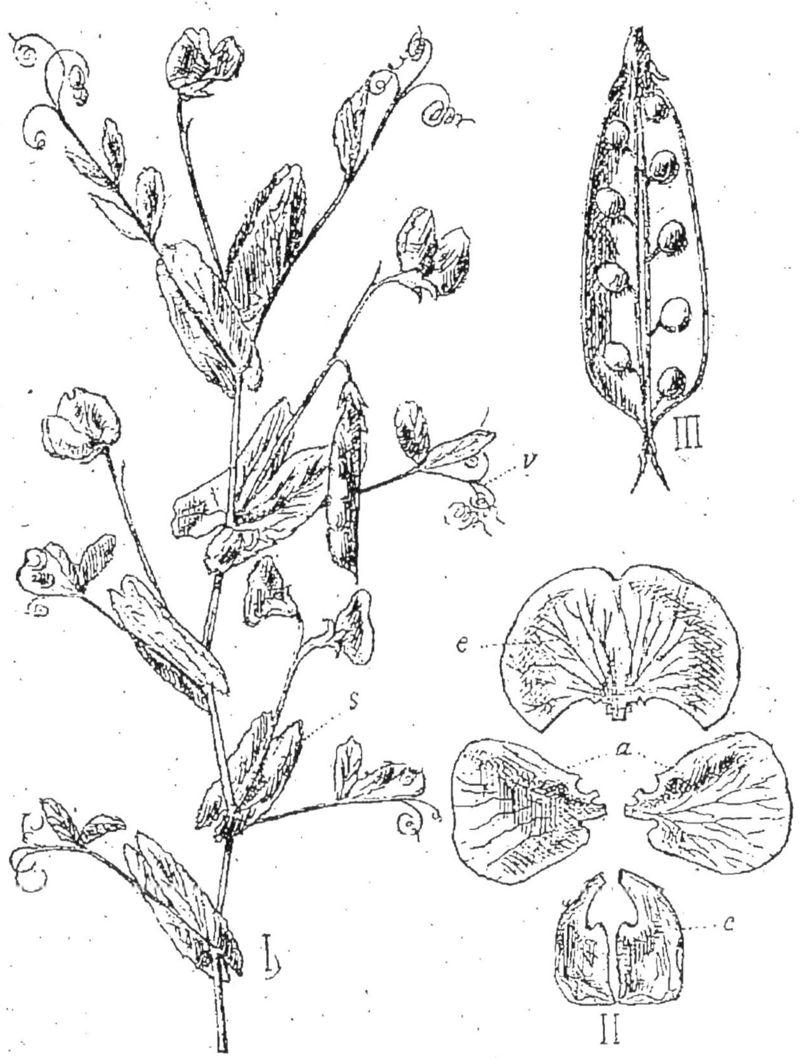

TABLEAU N° 5

Le Pois

I. Feuilles et fleurs du Pois avec vrilles *v* et stipules *s*. — II. Les pétales isolés : *e*, étendard; *a*, ailes; *c*, carène. — III. Fruit coupé longitudinalement.

5. — LÉGUMINEUSES.

Le pois. — Le pois (tabl. n° 5) est une plante herbacée cultivée dans les jardins potagers et dans les champs ; ses feuilles sont composées pennées, c'est-à-dire formées de plusieurs folioles portées à droite et à gauche du pétiole ; les dernières folioles sont transformées en vrilles, à l'aide desquelles la plante grimpe sur les supports voisins.

La fleur du pois est irrégulière ; elle comprend (fig. 74 et tabl. n° 5) :

Un calice formé de cinq sépales soudés entre eux ;

Une corolle formée de cinq pétales séparés et très inégaux : l'un très grand est l'*étendard*, qui enveloppe en quelque sorte les autres ; à droite et à gauche de l'étendard se trouvent deux pétales plus petits, formant les *ailes* ; les deux derniers, égaux entre eux et réunis par leurs bords, constituent la *carène*. L'aspect général de la corolle est quelquefois celui d'un papillon, ce qui a valu à la famille des légumineuses le nom de papilionacées ;

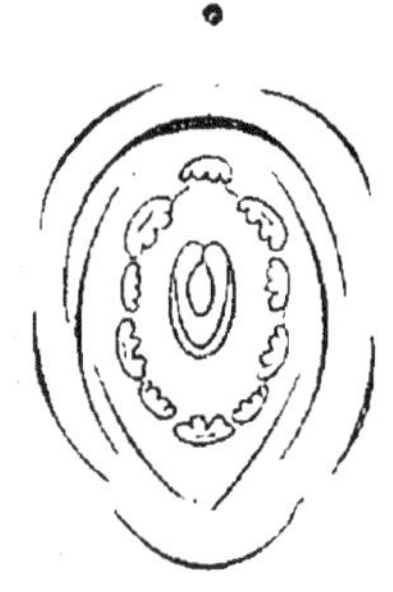

Fig. 74.
Diagramme du Pois.

Dix étamines forment l'androcée (fig. 74) : l'une d'elles est entièrement libre ; les neuf autres sont soudées ensemble par leurs filets, leurs anthères restant séparées les unes des autres.

Un pistil, formé par un seul carpelle, avec un ovaire à une seule loge renfermant plusieurs ovules, un style coudé et un stigmate (fig. 40).

Le fruit est une gousse ou *légume* (d'où le nom de légumineuses) ; la graine est sans albumen, à cotylédons renflés.

Autres exemples de légumineuses. — Parmi les légumineuses de nos pays, nous citerons :

Les *lentilles*, les *gesses*, les *pois chiches*, ayant des vrilles comme le *pois* ;

Le *trèfle*, le *sainfoin*, la *luzerne*, le *genêt*, l'*ajonc*, la *fève*, dépourvus de vrilles;

Le *haricot*, dépourvu aussi de vrilles, mais ayant une tige *volubile*, c'est-à-dire s'enroulant autour des supports ;

La plante appelée *acacia*, et qui est réellement un *robinier*, appartient aussi à la famille des légumineuses, ainsi que certains arbres, le cytise, l'arbre de Judée...

Usages des légumineuses. — Quelques légumineuses sont cultivées dans nos pays pour leurs graines qui forment une bonne nourriture ; exemple : pois, haricot, fève, lentille. D'autres fournissent un excellent fourrage pour les animaux ; exemples : trèfle, luzerne, sainfoin. Une espèce de genêt est employée pour la fabrication des balais (genêt à balai).

Certaines plantes exotiques appartenant à cette famille fournissent au commerce et à l'industrie des produits utiles : telles sont l'indigotier (donnant une matière colorante bleue, l'indigo) ; la réglisse, de la région méditerranéenne (suc de réglisse), etc.

6. — OMBELLIFÈRES.

La carotte. — La carotte (tabl. n° 6) est une plante bisannuelle, à racine pivotante, à feuilles grandes et très découpées; les fleurs très petites, sont groupées en grand nombre dans une *ombelle composée*. Le nom de la famille vient de la forme de l'inflorescence.

Dans une fleur, on trouve (fig. 75 et tabl. n° 6) :

Un calice, en partie soudé à l'ovaire, formé de cinq sépales dont la portion libre est très petite;

Une corolle, formée de cinq petits pétales libres ;

Cinq étamines, libres, insérées comme les pétales au sommet de l'ovaire ;

Un pistil, placé au-dessous des parties précédentes et formé de deux carpelles soudés entre eux ; l'ovaire est à deux loges renfermant chacune un ovule ; il supporte deux styles et deux stigmates.

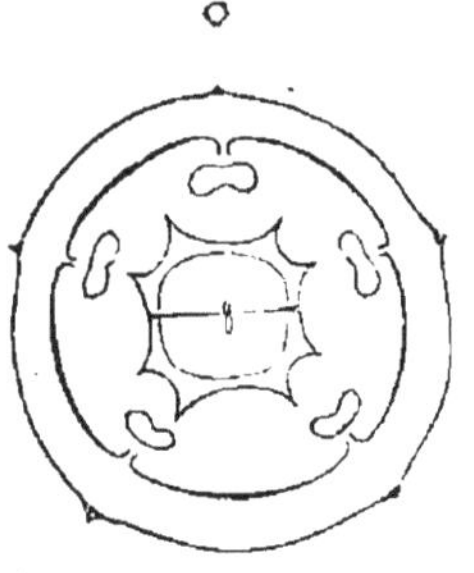

Fig. 75.
Diagramme de la Carot'e.

Le fruit est formé de deux akènes qui se séparent l'un de l'autre à la maturité.

Autres exemples d'ombellifères. — On peut citer, dans cette famille :

Le *persil*, le *panais*, le *fenouil*, le *céleri*, l'*angélique*, l'*anis*, le *cerfeuil*, presque partout cultivés dans les jardins ;

Les *ciguës*, qui croissent dans les lieux humides ou au voisinage des maisons abandonnées ou mal entretenues ;

Le *lierre*, très commun dans les haies, sur les murs, autour des arbres, etc.

Propriétés, usages des ombellifères. — Les racines de quelques ombellifères sont comestibles (*carotte*, *panais*) ; la base de la tige est épaissie et alimentaire dans quelques autres plantes de cette famille (*céleri*, *angélique*) ; les feuilles de certaines ombellifères sont utilisées comme condiment (*persil*, *cerfeuil*) ; les fruits chez d'autres renferment des essences dont on fait usage pour aromatiser certaines préparations, telles que les gâteaux et les liqueurs (*anis*, *angélique*, *fenouil*). Les feuilles du lierre sont communément employées dans les campagnes sous forme de vésicatoires.

Les ciguës sont vénéneuses ; leurs feuilles froissées entre

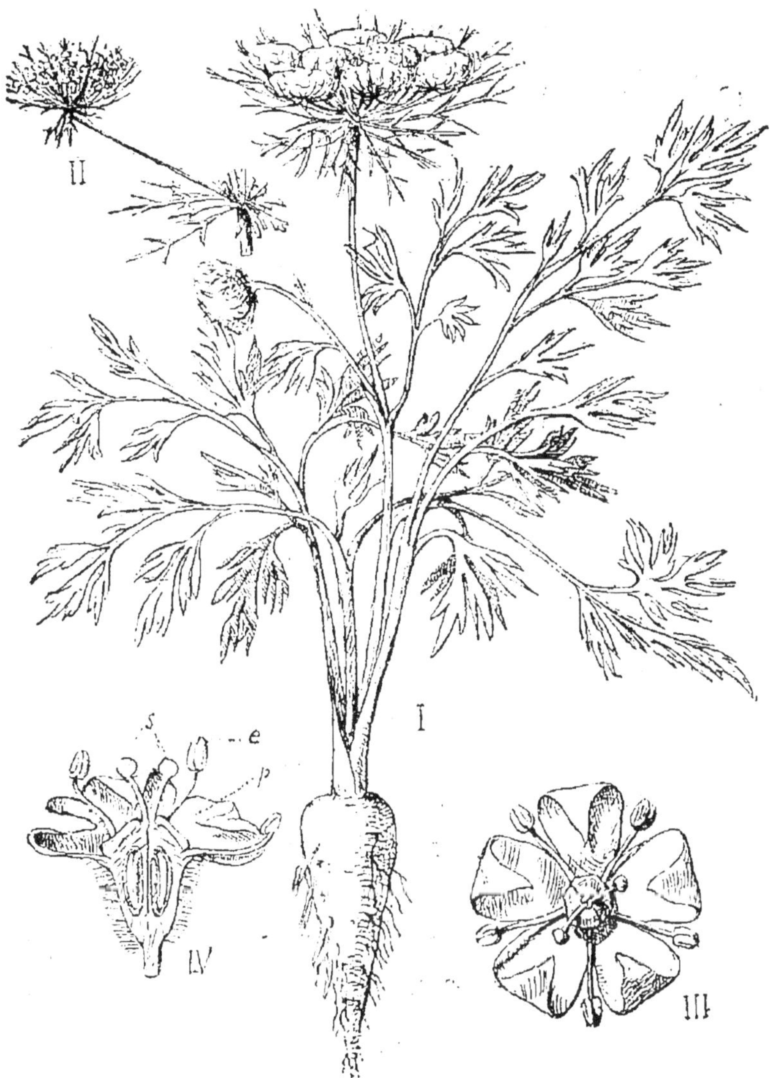

TABLEAU N° 6

La Carotte

I. Carotte entière. — II. Ombelle séparée. — III. Fleur vue d'en haut. — IV. Coupe en long d'une fleur : p, pétales; e, étamines; s stigmates.

12.

les doigts dégagent une odeur fétide, ce qui permet de distinguer ces plantes du persil et du cerfeuil avec lesquels on les confond parfois.

QUESTIONNAIRE SUR LE CHAPITRE VI

1. Etablissez le tableau de la classification générale des végétaux.
2. Citez les principales familles de dicotylédones à pétales séparés.
3. Parlez des renonculacées.
4. Décrivez la fleur du coquelicot; quels sont les usages des papavéracées ?
5. Décrivez la fleur des crucifères. Connaissez-vous quelques crucifères utiles ?
6. Décrivez la fleur du rosier. Quelles sont les rosacées que vous connaissez?
7. Décrivez la fleur du pois. Quels sont les usages des légumineuses de nos pays?
8. Décrivez la carotte. Exemples d'ombellifères. Comment distinguez-vous les ciguës?

CHAPITRE VII

Dicotylédones à pétales soudés

1. — PRIMULACÉES.

La primevère. — La primevère est une petite plante commune dans les prairies et dans les bois; elle doit son nom à ce que ses fleurs d'un jaune pâle sont des premières à s'épanouir dès le début du printemps. Le nom de primulacées vient du nom latin des primevères, *primula*.

La fleur de cette plante présente (fig. 76 et tabl. n° 7) :

Un calice à cinq sépales soudés par leurs bords;

Une corolle à cinq pétales soudés entre eux à la base, mais libres à leur partie supérieure;

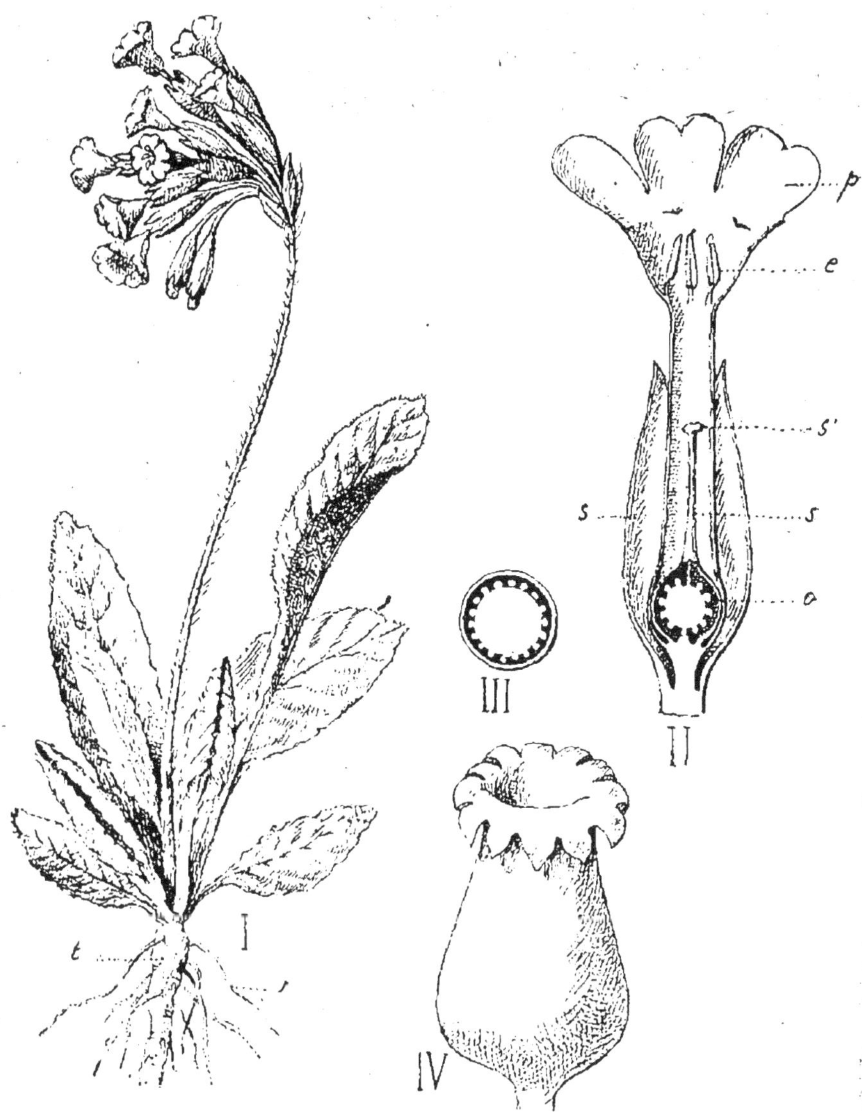

TABLEAU N° 7

La Primevère

I. Plante entière, avec tige souterraine *t* et racines adventives *r*. — II. Coupe en long d'une fleur : *p*, pétales; *e*, étamines; *s'*, *s'*, stigmate et style; *o*, ovaire coupé par le milieu; *s*, sépales. — III. Coupe en travers de l'ovaire montrant les ovules portés sur une colonne centrale. —IV. Fruit (capsule).

Cinq étamines, insérées sur la corolle à laquelle elles sont soudées par leurs filets ; contrairement à ce qui s'observe généralement, les étamines n'alternent pas avec les pétales ; chacune d'elles est placée vis-à-vis d'un pétale ;

Un pistil formé de plusieurs carpelles soudés portant au milieu de l'ovaire une colonne sur laquelle sont portés de nombreux ovules.

Le fruit est une capsule qui s'ouvre à son sommet par plusieurs petites dents (tabl. n° 7).

Dans cette famille se trouvent encore :

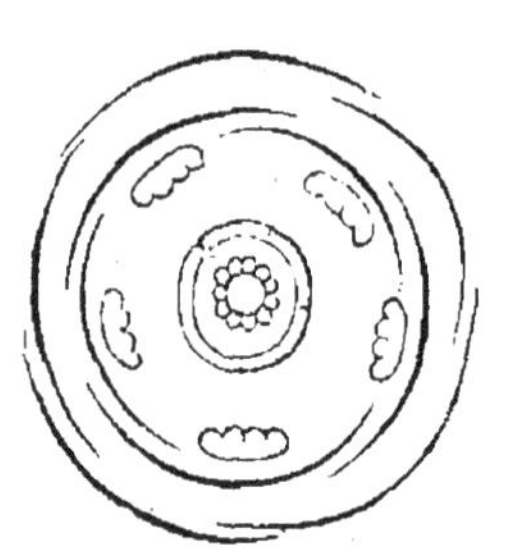

Fig. 76.
Diagramme de Primevère.

Le *mouron des champs*, dont la capsule s'ouvre comme une tabatière ; le *cyclamen*, plante d'ornement.

2. — SOLANÉES.

La pomme de terre. — La pomme de terre est une des plantes cultivées les plus communes et les plus utiles ; nous avons vu que ses tiges souterraines portent des renflements appelés *tubercules*.

Dans la fleur de la pomme de terre on voit (fig. 77 et tabl. n° 8) :

Un calice à cinq sépales soudés entre eux ;

Une corolle à cinq pétales violets, également soudés les uns aux autres ;

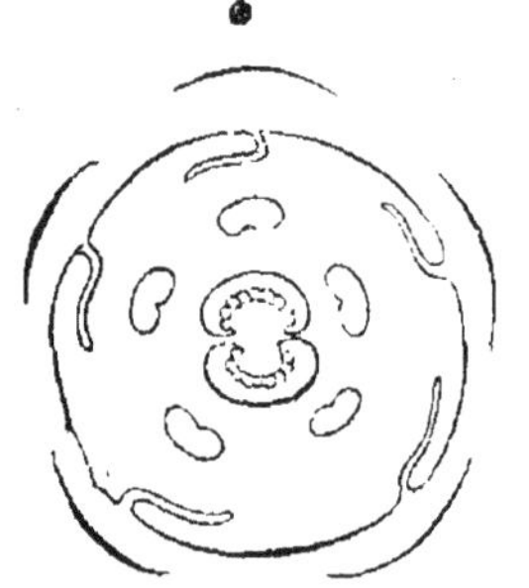

Fig. 77. — Diagramme de la Pomme de terre.

Cinq étamines insérées sur le tube de la corolle ;

Un pistil formé de deux carpelles soudés ; l'ovaire est à deux loges renfermant chacune plusieurs ovules.

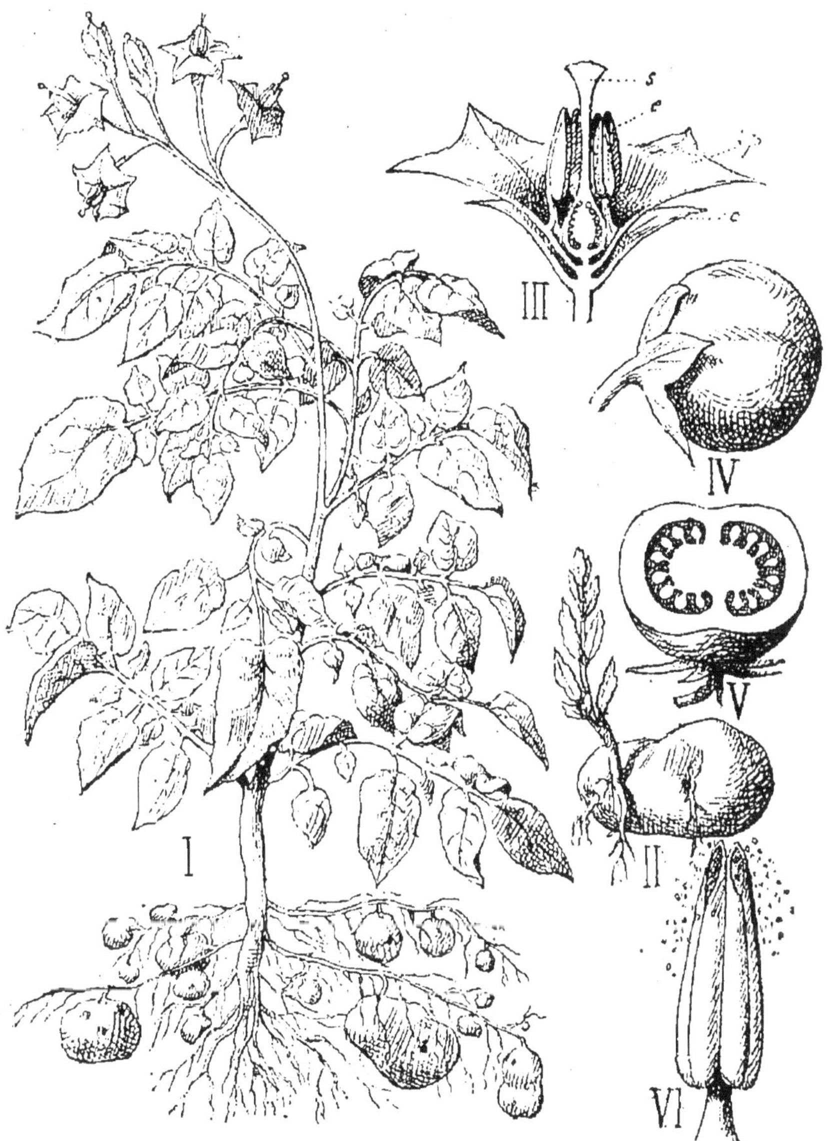

TABLEAU N° 8

La Pomme de terre

I. Plante complète. — II. Tubercule germant. — III. Coupe en long de la fleur : *s*, stigmate; *e* étamines accolées par les anthères; *p*, pétales; *c*, calice. — IV. Baie. — V. Coupe en travers de la baie. — VI. Anthère s'ouvrant au sommet pour laisser sortir le pollen.

Le fruit est une baie, de couleur violette à la maturité.

Autres exemples de solanées. — Le nom de Solanées vient du mot latin *solanum* donné au genre dont fait partie la pomme de terre. Cette famille renferme quelques plantes très communes parmi lesquelles nous citerons :

La *morelle noire*, la *douce-amère*, à tiges volubiles ; la *belladone*, la *tomate*, l'*aubergine*. Ces solanées ont des fruits charnus (*baies*).

La *pomme épineuse* ou *stramoine*, la *jusquiame*, le *tabac*, sont des solanées ayant pour fruit une capsule s'ouvrant de diverses façons.

Propriétés, usages des solanées. — Plusieurs solanées sont alimentaires (*tomate, aubergine, pomme de terre*) ; la plupart sont dangereuses, quelques-unes causent des empoisonnements assez fréquents, la *belladone*, par exemple, dont les baies, d'une couleur violet noir, ressemblent aux fruits du cassis. La jusquiame, la stramoine et le tabac renferment des principes vénéneux.

3. — Scrofulariées ou Personneés.

Le muflier. — Le muflier est une plante herbacée cultivée dans les jardins ; elle vient aussi sur les vieux murs où elle fleurit à partir du mois de juin.

La fleur du muflier est *irrégulière ;* on y trouve comme dans la fleur de la linaire (tabl. n° 9) :

Un calice persistant, à cinq sépales soudés ;

Une corolle irrégulière, formée de cinq pétales inégaux et soudés entre eux de façon à constituer deux lèvres, l'une supérieure (deux pétales), l'autre inférieure (trois pétales) ; la lèvre inférieure un peu renflée ferme l'ouverture ou gorge de la fleur. En pressant sur la corolle avec les doigts, la fleur s'ouvre, puis se referme quand la pression a cessé ;

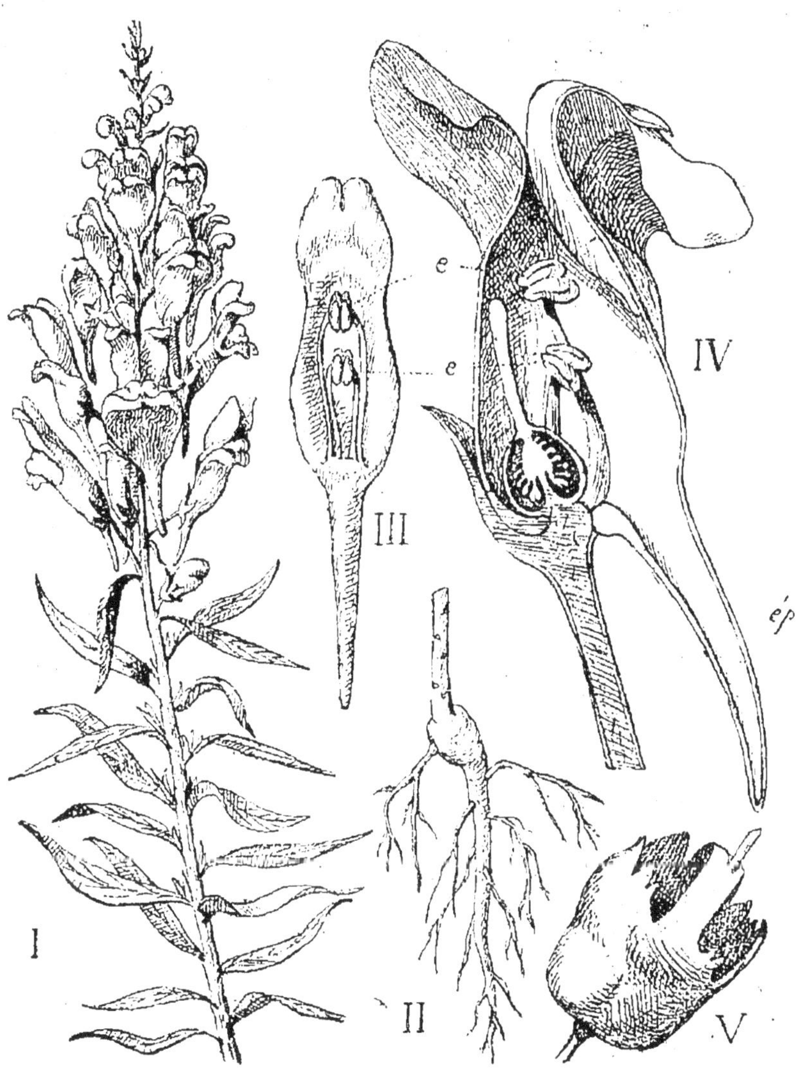

TABLEAU N° 9

La Linaire

I. Feuilles et fleurs. — II. Racine. — III. Lèvre supérieure de la corolle
montrant les quatre étamines *e e*. — IV. Fleur coupée en long. — V. Fruit

cela rappelle un *mufle*, d'où le nom de la plante, ou bien
une *gueule de loup*, d'où le nom de gueule-de-loup donné à
une espèce de muflier (fig. **78**);

Quatre étamines, fixées sur le tube formé par la corolle;
deux étamines sont plus grandes que les deux autres;

Le pistil, avec un ovaire à deux loges contenant chacune un grand nombre d'ovules; l'ovaire est surmonté d'un long style terminé par un stigmate renflé.

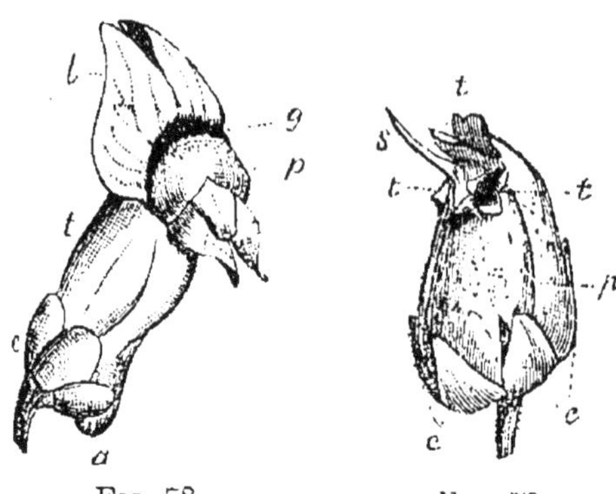

FIG. 78.
Fleur du Muflier.

FIG. 79.
Fruit du Muflier.

Le fruit est une
capsule à deux loges s'ouvrant à son sommet par deux trous
qui laissent sortir les graines lorsqu'elles sont mûres (fig. 79).

Autres exemples de personnées. — La fleur irrégu-

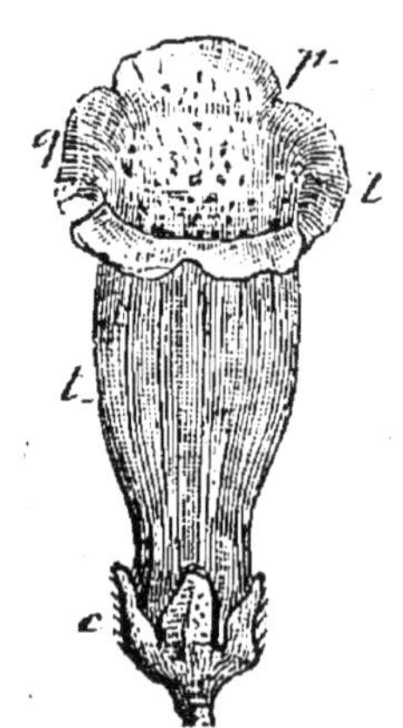

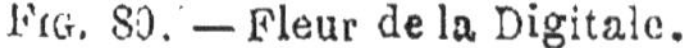

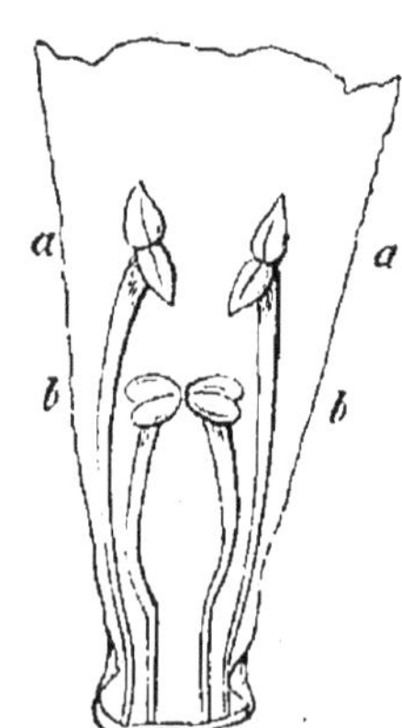

FIG. 80. — Fleur de la Digitale.   FIG. 81. — Les étamines de la Digitale.

gulière des personnées rappelle le masque (*persona*) dont
les acteurs de l'antiquité se couvraient la tête. Dans cette
famille, on peut citer :

La *linaire*, dont la corolle porte un éperon bien développé (tabl. n° 9).

La *digitale*, dont la corolle a la forme d'un cornet (fig. 81 et 82) ; les pétales sont rouges et tachetés dans la digitale *pourprée*.

La *véronique*, plante d'ornement dont la fleur a deux étamines seulement.

Les *scrofulaires*, communes dans les fossés humides.

Usages. — Quelques personnées sont vénéneuses : on retire des feuilles de la digitale un médicament qui a le pouvoir remarquable de ralentir les mouvements du cœur ; c'est un poison que les médecins seuls peuvent ordonner.

D'autres personnées sont cultivées comme des plantes d'ornement : muflier, linaire, véronique, etc.

4. — LABIÉES.

Le lamier blanc. — Le lamier blanc est une plante herbacée très commune dans les haies et sur le bord des chemins ; son aspect général est celui d'une ortie : aussi l'appelle-t-on généralement l'*ortie blanche*.

La tige du lamier a une section carrée ; elle porte des feuilles opposées.

Les fleurs sont blanches et disposées en couronne à l'aisselle des feuilles (tabl. n° 10).

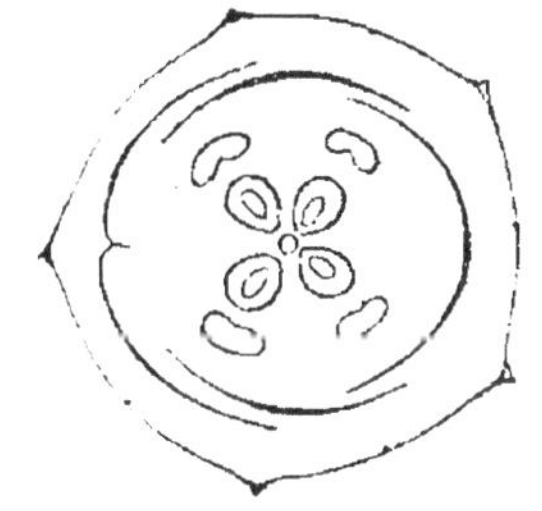

Fig. 82.
Diagramme du Lamier.

Dans chacune d'elles on trouve (fig. 82 et tabl. n° 10) :

Un calice, formé de cinq sépales inégaux, soudés entre eux par la base ;

Une corolle irrégulière, à cinq pétales également soudés par la base ; les pétales forment deux *lèvres* (d'où le nom de labiées) : la lèvre supérieure a deux lobes (deux pétales) et la lèvre inférieure a trois lobes bien marqués (trois pétales) ;

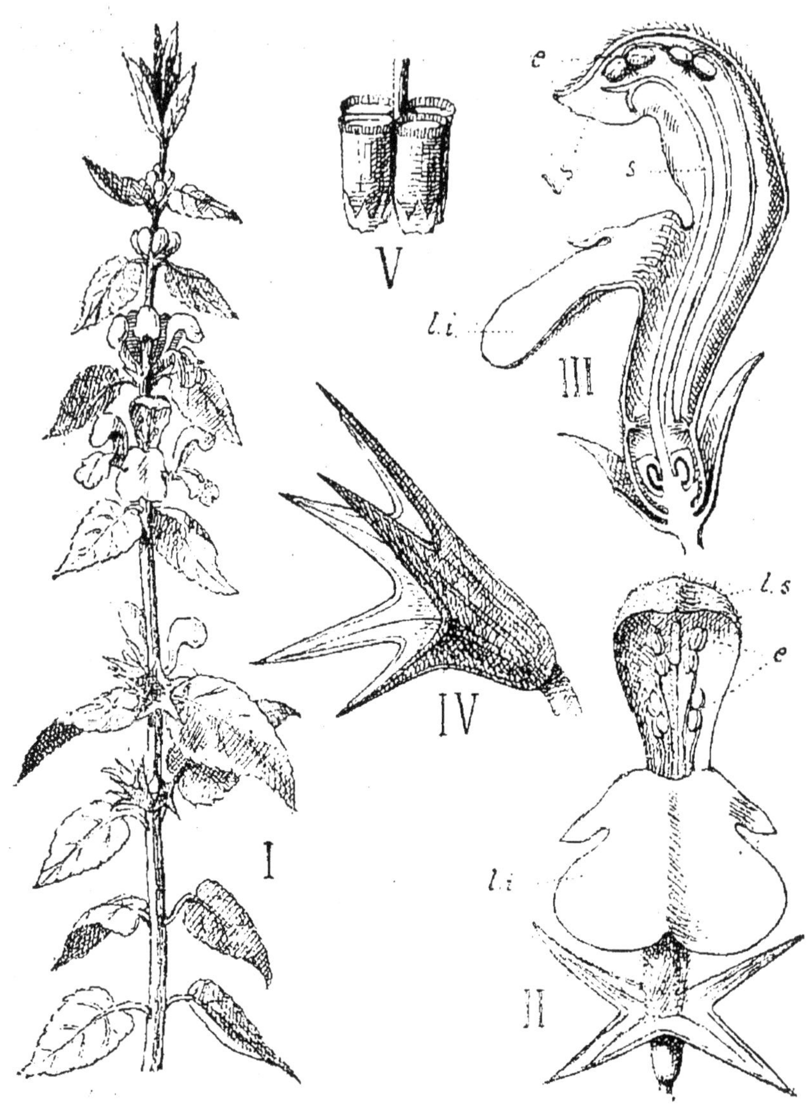

TABLEAU N° 10

Le Lamier blanc

I. Tige, feuilles et fleurs. — II. Fleur vue de face : *ls*, lèvre supérieure recouvrant les étamines *e* ; *li*, lèvre inférieure. — III. Coupe en long de la fleur : *ls*, lèvre supérieure; *li*, lèvre inférieure; *e*, étamines; *s*, style. — IV. Calice. — V. Fruit.

Quatre étamines, deux grandes et deux petites, rangées sous la lèvre supérieure de la corolle ;

Un pistil, à ovaire divisé en quatre loges contenant chacune un ovule ; le style, très long, est terminé par deux stigmates qui arrivent à la même hauteur que les anthères.

Le fruit est formé de quatre akènes.

Autres exemples de labiées. — Les labiées sont presque toutes des plantes odorantes ; leurs feuilles, froissées entre les doigts, laissent dégager un parfum fort et souvent agréable.

Nous citerons, dans cette famille :

La *lavande*, le *romarin*, le *thym*, le *serpolet*, la *menthe*, la *mélisse*, la *sauge*, employées en médecine et dans les usages domestiques.

5. — RUBIACÉES.

La garance. — Le nom latin de la garance est *Rubia* (d'où le nom de *rubiacées*) ; ce nom lui vient d'une matière colorante rouge (de *ruber*, rouge) renfermée dans la racine et dans la tige souterraine de cette plante. La culture de la garance est actuellement abandonnée, parce qu'on extrait du goudron la même matière colorante, à moins de frais.

La tige de la garance, légèrement renflée aux nœuds, porte des feuilles verticillées ; les feuilles et la tige sont couvertes de petits poils rudes au toucher.

Les fleurs sont petites, on y distingue (tabl. n° 11) :

Quatre sépales soudés ; quatre pétales soudés, alternant avec les sépales ;

Quatre étamines, insérées sur la corolle par leurs filets ;

Un pistil avec un ovaire infère à deux loges renfermant chacun un ovule.

Le fruit est formé par deux akènes.

Les fleurs sont par conséquent régulières, à ovaire infère.

Autres exemples de rubiacées. — Près des rubiacées se placent :

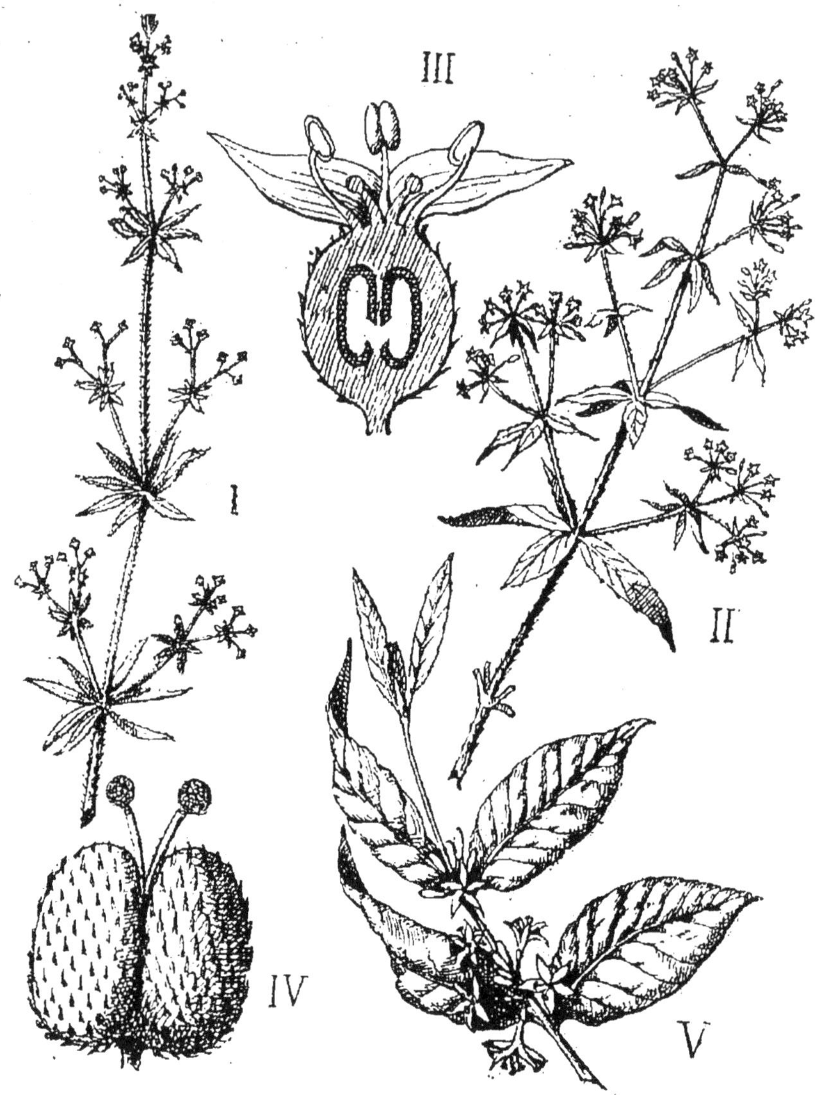

TABLEAU Nᵒ 11

Les Rubiacées

I. Le caille-lait. — II. La garance. — III. Coupe en long de la fleur. — IV. Fruit. — V. Branche et fleurs du caféier.

Le *caille-lait*, petite plante commune dans les haies, assez semblable à la garance, ainsi appelée parce que ses feuilles ont la propriété de faire cailler le lait ;

Le *caféier*, petit arbre de cinq à six mètres de haut, originaire de l'Abyssinie et dont les graines sont employées pour fabriquer le *café ;*

L'*ipécacuanha*, petite plante du Brésil ; l'écorce de ses racines réduite en poudre fournit l'*ipéca*, vomitif énergique ;

Les *quinquinas*, grands arbres d'Amérique, dont l'écorce renferme la *quinine*, très efficace contre les fièvres.

6. — COMPOSÉES.

La famille des composées renferme à elle seule environ le dixième des phanérogames. Elle doit son nom à la disposition des fleurs de ses plantes, fleurs qui sont réunies en *tête* ou *capitule* au sommet des pédoncules floraux.

Tout le monde connaît les fleurs de la *marguerite*, du *pissenlit*, du *bluet*. Ces mêmes plantes vont nous servir d'exemples pour l'étude générale des composées, car elles peuvent être prises comme types de trois séries de plantes de cette famille.

Le bluet ; tubuliflores. — Le bluet est très commun pendant l'été dans les champs de blé, d'avoine, etc. (fig. 83).

Examinons les nombreuses fleurs qui forment le capitule de cette plante et prenons successivement une fleur au pourtour de l'inflorescence et une fleur au centre.

Dans la fleur du pourtour nous voyons tout d'abord un *tube étroit*, allongé, dont le bord supérieur est divisé en cinq dents un peu irrégulières : c'est la *corolle*. Tout à fait à la base de ce tube, on trouve un certain nombre de poils très petits qui représentent le *calice*. Mais il n'y a ni étamines, ni pistil : aussi ces fleurs sont-elles *stériles,* car elles ne peuvent avoir de *graines*.

Dans une fleur prise sur le centre du capitule, on trouve aussi une corolle, en forme de tube, à cinq dents à peu près

FIG. 83. — Les fleurs du Bluet.

égales, et, à la base du tube, les petits poils qui représentent le calice (fig. 84). Mais il y a, en outre, dans cette fleur, cinq étamines *soudées par leurs anthères*, et un ovaire à une seule loge renfermant un seul ovule. L'ovaire est surmonté d'un long style qui passe à travers les anthères et qui est terminé par deux stigmates. Le fruit est un akène qui porte une aigrette de poils, les mêmes poils qui, nous l'avons vu, représentent le calice.

Enfin le capitule est entouré à la base par un grand nombre de feuilles modifiées appelées bractées ; l'ensemble des bractées porte le nom d'involucre.

On désigne par le nom de *fleurons* toutes les fleurs qui entrent dans la composition du capitule du bluet ; comme dans ces fleurons la corolle a la forme d'un tube, le bluet et les plantes qui lui ressemblent sont appelés des *tubuliflores*.

Parmi les tubuliflores les plus connues nous citerons : l'*artichaut*, la *centaurée*, le *chardon*, le *carthame*.

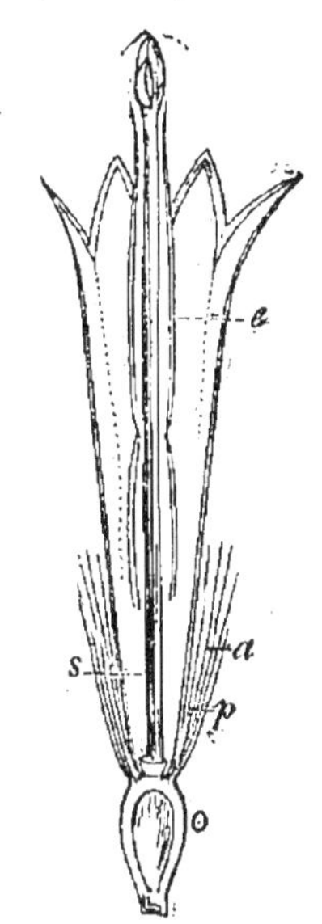

Fig. 81. — Fleuron fendu en long; *e*, étamines : *a*, poils du calice; *p*, corolle; *s*, style; *o*, ovaire.

Le pissenlit; liguliflores. — Le pissenlit est une plante extrèmement commune ; elle croît aussi bien dans les champs que sur les bords des chemins. On la reconnaît facilement à ses feuilles appliquées sur le sol en rosette. Les pédoncules floraux s'élèvent du milieu de cette rosette.

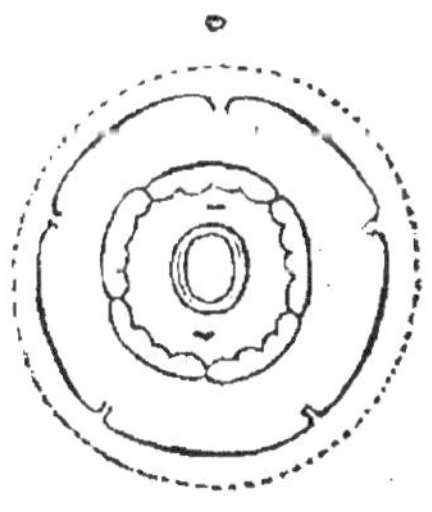

L'inflorescence est un capitule, et l'on voit tout d'abord que les fleurs sont toutes pareilles entre elles, mais différentes de celles du bluet.

Fig. 85.
Diagramme d'un fleuron.

La corolle a la forme d'un tube très court terminé par une languette ou lame à cinq dents, que l'on prend vulgairement pour un seul pétale (fig. 41). A la base de la corolle se trouvent des poils longs et nombreux formant le calice. Au centre de la fleur on voit cinq étamines et un pistil disposés absolument comme dans les fleurs fertiles du bluet.

Le fruit est un akène terminé par une élégante collerette ou aigrette de poils.

On dit que la corolle du pissenlit est *ligulée*, d'où le nom de *liguliflores* donné aux plantes dont le pissenlit est le type.

Nous citerons dans le groupe des liguliflores la *laitue*, la *chicorée*, le *salsifis*.

La marguerite; radiées. — Les fleurs du pourtour du capitule sont *ligulées* comme les fleurs du pissenlit; les petites fleurs jaunes du centre sont des *fleurons* comme les fleurs du bluet (tabl. n° 12). Ces dernières ont les étamines et le pistil disposés comme dans le cas précédent, tandis que les premières sont dépourvues d'étamines.

La marguerite est le type des composées désignées sous le nom de *radiées*.

Parmi les radiées les plus communes on peut citer :

La *camomille*, le *souci*, le *soleil*, la *chrysanthème*, le *dahlia*, le *topinambour*, l'*absinthe*, l'*arnica*.

Propriétés; usages des composées. — Plusieurs composées sont alimentaires : les feuilles de la laitue, du pissenlit, de la chicorée se mangent crues, en salades ou cuites; les racines renflées du salsifis se mangent cuites; on mange aussi les bractées et le réceptacle des capitules de l'artichaut avant l'épanouissement des fleurs; les tubercules du topinambour sont également comestibles.

Quelques composées sont employées en médecine : la camomille, dont les fleurs distillées donnent l'huile à camomille utilisée en frictions et qui servent aussi pour faire une tisane; l'arnica, dont les fleurs et le rhizome donnent la teinture d'arnica utilisée contre les meurtrissures... sont des plantes médicinales.

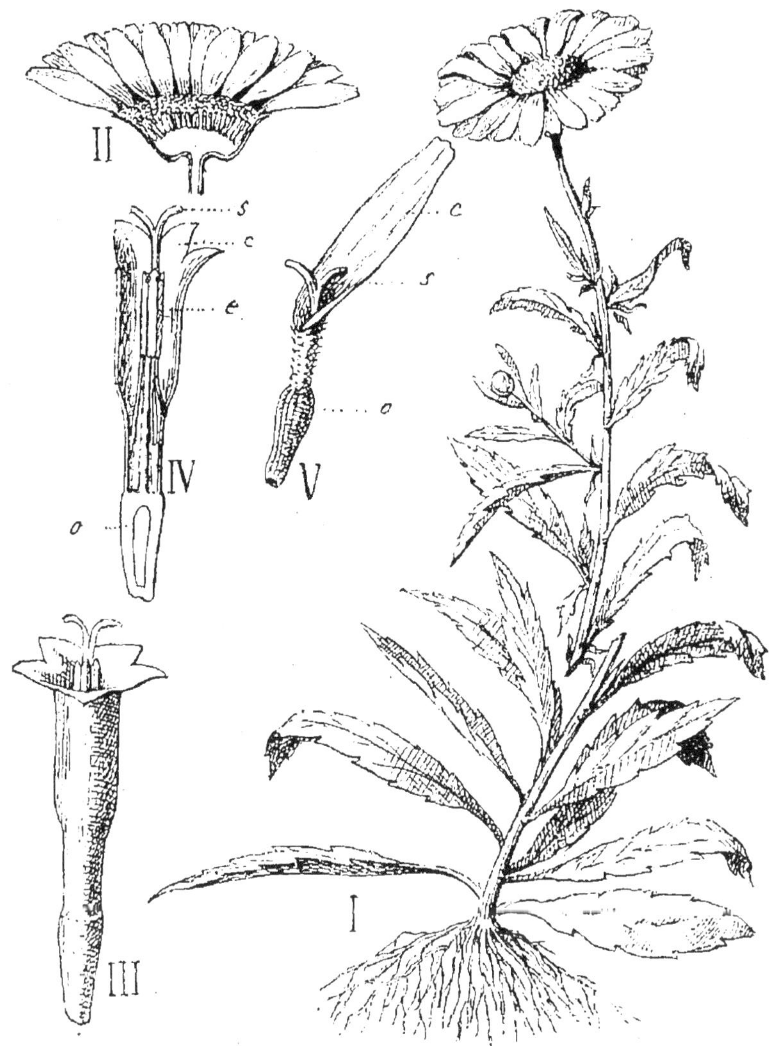

TABLEAU N° 12

La Marguerite

I. Plante complète. — II. Coupe longitudinale du capitule. —
III. Fleuron entier. — IV. Le même coupé en long : *s*, stigmates; *c*,
corolle; *e*, étamines; *o*, ovaire.

13.

L'absinthe est employée dans la fabrication de la liqueur de ce nom.

Certaines composées sont cultivées comme plantes d'ornement ; exemples : le soleil, le dahlia, les chrysanthèmes.

QUESTIONNAIRE SUR LE CHAPITRE VII

1. Décrivez la fleur de la primevère.
2. Décrivez la pomme de terre. Quels sont les principaux exemples de solanées ?
3. Décrivez la fleur du muflier. Citez les principaux exemples de personnées.
4. Décrivez le lamier blanc. A quoi servent les labiées ?
5. Décrivez la garance. Connaissez-vous quelques rubiacées utiles ?
6. D'où vient le mot de composées ?
7. Montrez les différences qui existent entre les fleurs du bluet, du pissenlit et de la marguerite.
8. Indiquez les principales tubuliflores, liguliflores radiées et montrez les usages de quelques-unes d'entre elles.

CHAPITRE VIII

Dicotylédones sans pétales.

Les dicotylédones sans pétales n'ont qu'une seule enveloppe florale, considérée comme correspondant au calice des plantes étudiées jusqu'ici ; cette enveloppe florale est toujours très peu développée, quelquefois même absente.

Dans ce groupe se placent le *sarrasin*, l'*oseille*, la *betterave*, le *ricin*, le *buis*, l'*ortie*, le *chanvre*, le *houblon* et enfin la plus grande partie des arbres et des arbustes de nos

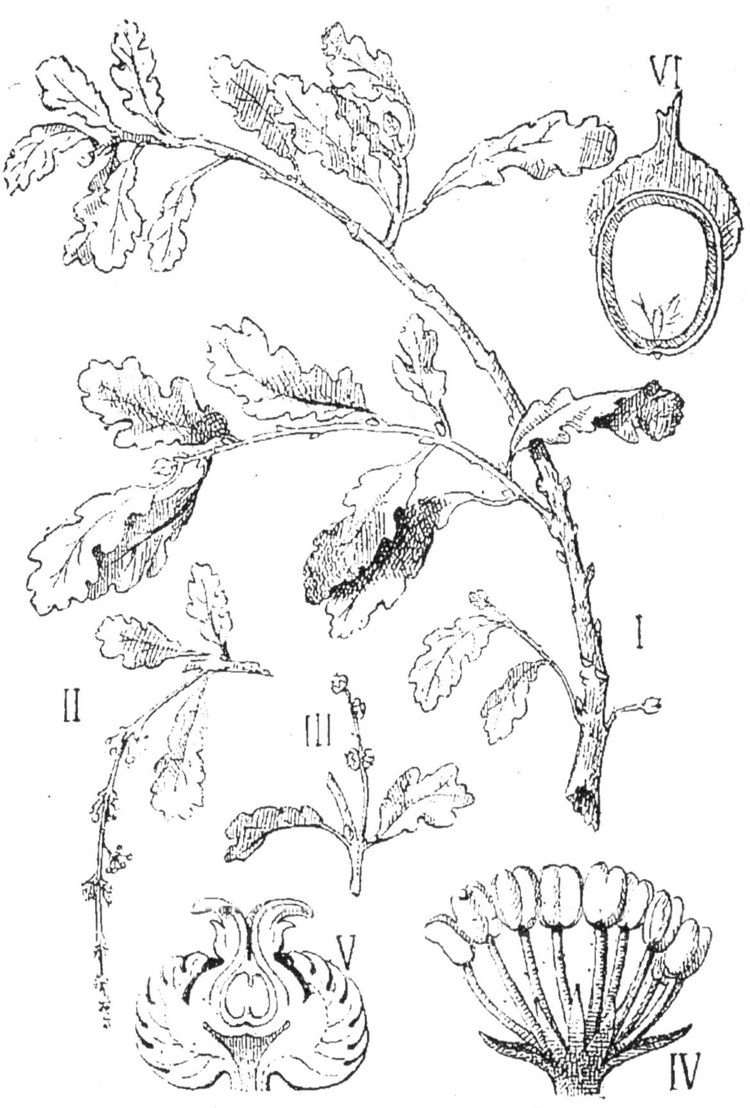

TABLEAU N° 13

Le Chêne

I. Branche de Chêne. — II. Chaton mâle. — III. Chaton femelle. —
IV. Fleur à étamines (mâle). — V. Fleur à pistil (femelle). — VI.
Coupe du gland.

forêts. Ces dernières plantes forment la famille des *amentacées* que nous allons étudier en prenant pour exemples le *chêne*, le *noyer*, le *bouleau* et le *saule*.

AMENTACÉES.

Le chêne. — Le chêne est un arbre qui peut atteindre jusqu'à 50 mètres de hauteur. [Etudions ses fleurs (tabl. n° 13).

Elles apparaissent de bonne heure au printemps ; un même pied présente des fleurs à étamines (sans pistil) et des fleurs à pistil (sans étamines).

Les fleurs à étamines sont portées en grand nombre sur un pédoncule assez grêle ; ce mode d'inflorescence s'appelle un chaton dont le nom latin est *amentum* (d'où la désignation d'amentacées). Chaque fleur comprend de 6 à 10 étamines entourées à la base de 6 à 8 écailles (calice).

Les fleurs à pistil sont disposées en épi. Chacune d'elles est entourée d'un grand nombre d'écailles soudées de façon à former une sorte de petite coupe ou *cupule*. Le pistil est constitué par un ovaire à trois loges renfermant chacune deux ovules, et d'un style terminé par 3 stigmates.

Le fruit n'a qu'une seule graine, tous les ovules moins un ayant avorté ; il est entouré par la cupule et il porte le nom de gland.

La présence de la cupule a

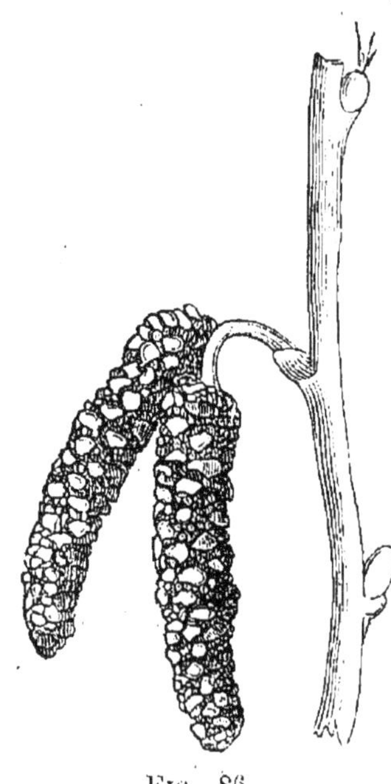

FIG. 86.

Chatons mâles du Noisetier.

fait appeler *cupulifères* le chêne et les plantes qui se rangent à côté de lui.

Principaux exemples de cupulifères :

Dans nos forêts on trouve deux chênes, le *chêne pédonculé*, dont le pétiole des feuilles est extrêmement court, et le *chêne rouvre*, à feuilles bien pétiolées.

Le *chêne-liège* vit dans le midi de la France et en Algérie : c'est son écorce qui donne le liège ;

Le *châtaignier* ;

Le *noisetier* (fig. 86) ;

Le *hêtre* ;

Le *charme*.

Le noyer. — Les feuilles de cet arbre sont composées, à odeur forte.

Les chatons à étamines (mâles) sont cylindriques ; chaque fleur a de nombreuses étamines.

Les fleurs à pistil (femelles) sont disposées en épis de 3 ou 4 fleurs ; chaque pistil présente un ovaire à une seule loge renfermant un seul ovule, un style très court terminé par deux stigmates.

Le fruit est formé extérieurement d'une couche charnue (brou de noix) à l'intérieur de laquelle se trouve une couche dure (coquille).

La graine, huileuse, a la forme irrégulière bien connue.

Le bouleau. — On reconnaît facilement cet arbre à son écorce blanche, qui se détache par place en feuilles très minces, et à son fruit ailé.

Les fleurs à étamines et les fleurs à pistil sont disposées en longs chatons et groupées trois par trois.

L'aulne est du même groupe.

Le saule. — Les saules viennent généralement sur les bords des cours d'eau ; une espèce, le *saule blanc*, fournit l'osier dont les vanniers font un usage journalier.

Dans ces plantes, non seulement les fleurs à étamines et les fleurs à pistil sont portées sur des chatons différents, mais encore ces chatons se trouvent sur des pieds différents. Ainsi certains saules n'ont que des fleurs à étamines, tandis que d'autres n'ont que des fleurs à pistil. Les chatons à étamines sont jaunes, les chatons à pistil sont verts.

Le *peuplier* est du même groupe que le saule.

QUESTIONNAIRE SUR LE CHAPITRE VIII

1. Connaissez-vous quelques plantes appartenant au groupe des dicotylédones sans pétales?
2. D'où vient le nom d'Amentacées?
3. Décrivez les chatons mâles et les chatons femelles du chêne?
4. Quels sont les principaux arbres appartenant à la famille des Amentacées?

CHAPITRE IX

Monocotylédones.

Principales familles. — Les principales familles de monocotylédones sont représentées par le *lis* (liliacées), l'*iris* (iridées), le *palmier* (palmiers) et le *blé* (graminées).

La fleur des liliacées et des iridées est régulière; elle renferme *six* étamines dans la première de ces deux familles, *trois* seulement dans la seconde; le périanthe est formé de six pièces colorées bien développées.

Dans les palmiers, la fleur, régulière aussi, présente un périanthe vert et très peu développé.

Le périanthe peut être considéré comme absent dans les graminées.

Enfin, dans une autre famille (les orchidées) la fleur est irrégulière et l'ovaire infère.

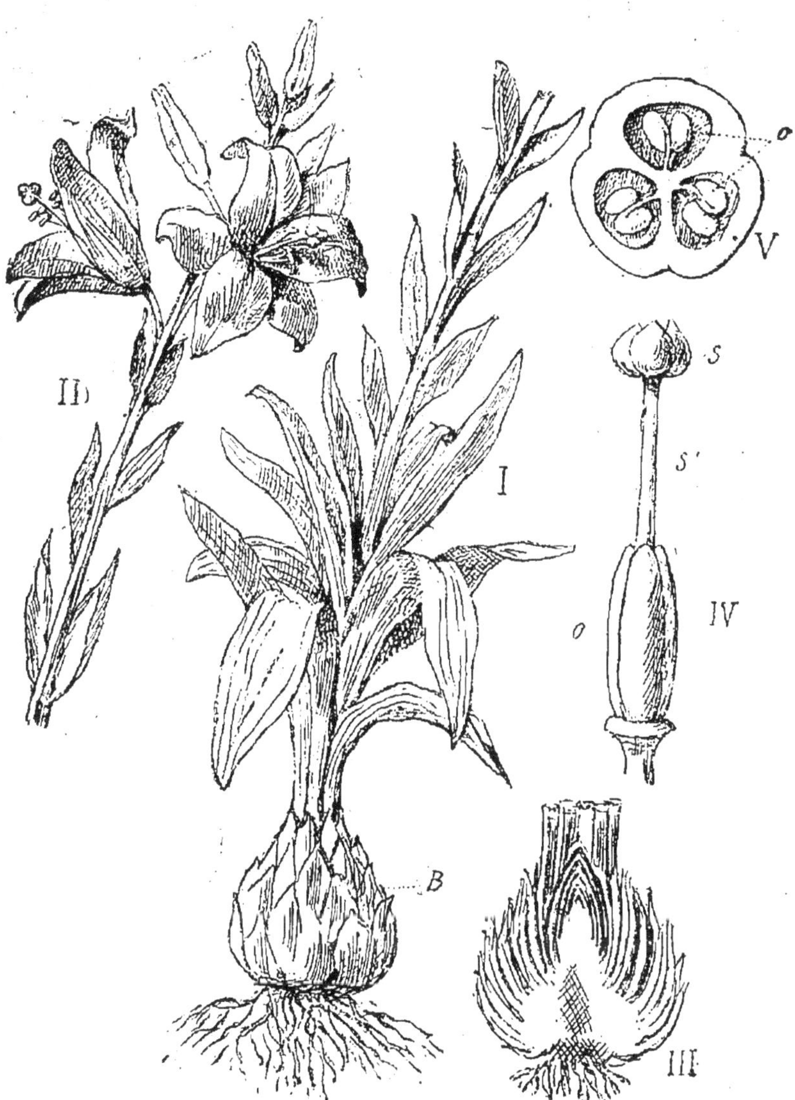

TABLEAU N° 14

Le Lis

I et II. La plante complète. — III. Bulbe coupé en long. — IV. Le pistil isolé : *s*, stigmates; *s'*, style; *o*, ovaire. — V. Coupe transversale de l'ovaire.

1. — LILIACÉES.

Le lis. — C'est le lis (*lilium*) qui a donné son nom à la famille des liliacées.

Si l'on fouille la terre à l'endroit où un lis s'est développé, on trouve un bulbe qui présente à sa base un grand nombre de racines et qui est lui-même formé d'une tige

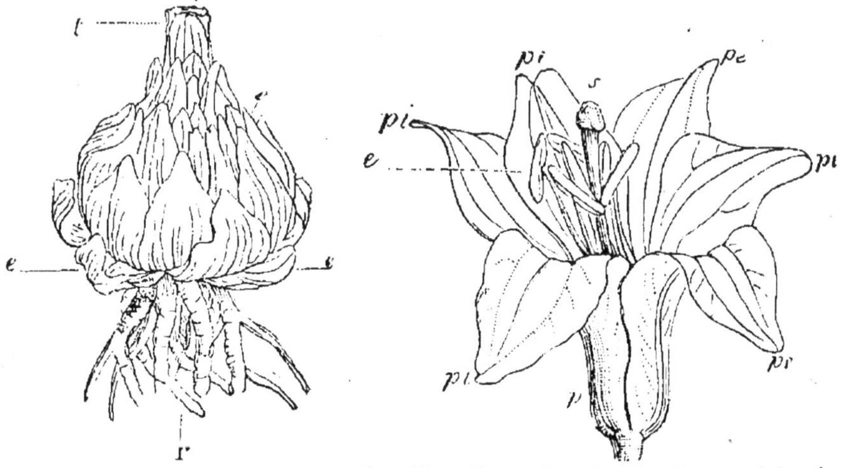

FIG. 87. — Bulbe du Lis : *e*, écailles; *r*, racines; *t*, tige coupée.

FIG. 88. — Fleur du Lis : *p*, *pi*, *pe*, périanthe *e*, étamines; *s*, stigmate.

courte, entourée de feuilles épaisses jaunâtres appelées écailles (fig. 87).

En plaçant le bulbe dans de bonnes conditions de chaleur et d'humidité, on voit sortir de son milieu une tige qui se trouvait dans le bulbe sous forme de bourgeon terminal. Cette tige atteint rapidement une hauteur d'environ un mètre et elle se couvre de feuilles à limbe parallélinerve et à courte gaine. Enfin les fleurs apparaissent en grappe sur la tige.

Chacune de ces fleurs présente (fig. 88 et tabl. n° 14) :

Un périanthe à six pièces blanches, disposées sur deux rangées ;

Six étamines ;

Un pistil constitué par un ovaire à trois loges renfermant chacune un grand nombre d'ovules, un long style et un stigmate divisé en trois lobes.

Le fruit est une capsule s'ouvrant par trois fentes longitudinales.

Autres exemples de liliacées. Usages. — Les plantes de cette famille ont comme fruit une capsule ou une baie.

Parmi les liliacées à capsule, on peut citer : la *tulipe*, l'*ail*, la *jacinthe*, le *colchique*, et parmi les liliacées à baie : l'*asperge*, le *sceau de Salomon*, le *muguet*.

Quelques liliacées sont alimentaires (ail, oignon, échalote, ciboule, asperge) et cultivées comme telles ; d'autres sont ornementales et cultivées pour leurs fleurs (lis, tulipe, jacinthe, muguet) ; quelques-unes sont médicinales, comme l'*aloès* (Afrique) dont les feuilles fournissent un produit ayant des propriétés purgatives.

2. — IRIDÉES.

L'iris. — La tige de l'iris est un rhizome vivant à une faible profondeur dans le sol ; les feuilles des branches aériennes ont la forme de glaives ; leurs nervures sont parallèles (tabl. n° 15).

Le périanthe de la fleur de l'iris est composé de six pièces colorées, disposées sur deux rangées ; on ne trouve dans chaque fleur que trois étamines (fig. 89 et tabl. n° 15). Le pistil est formé d'un ovaire infère à trois loges, surmonté d'un style soudé avec la base du périanthe et terminé lui-même par trois stigmates ayant la couleur et presque la taille des pièces du périanthe.

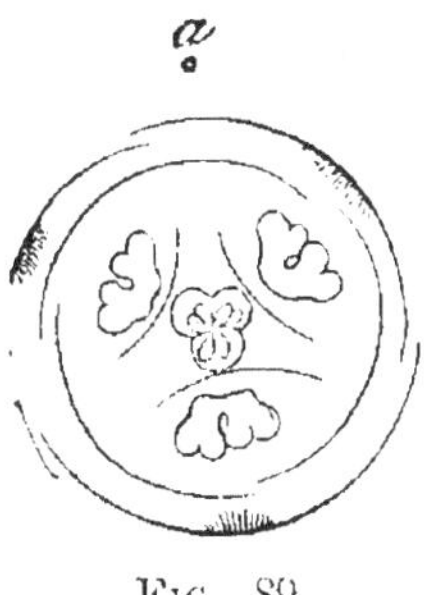

Fig. 89.

Diagramme de l'Iris.

Fig. 90.

Le Safran.

TABLEAU N° 15

L'Iris

I. La plante entière avec rhizome R. — II. l'istil isolé : *s*, stigmate; *o*, ovaire fendu. — III. Fruit.

Le fruit est une capsule s'ouvrant en trois valves (tabl. n° 15).

L'iris donne son nom à un petit groupe de plantes formant la famille des iridées. Nous citerons, dans cette famille, le *glaïeul*, à fleur irrégulière, et le *safran* (fig. 90), dont les stigmates renferment une matière colorante jaune très employée.

3. — PALMIERS.

Le dattier. — Le dattier est un arbre des pays chauds; sa tige cylindrique et non ramifiée (stipe) se termine par un

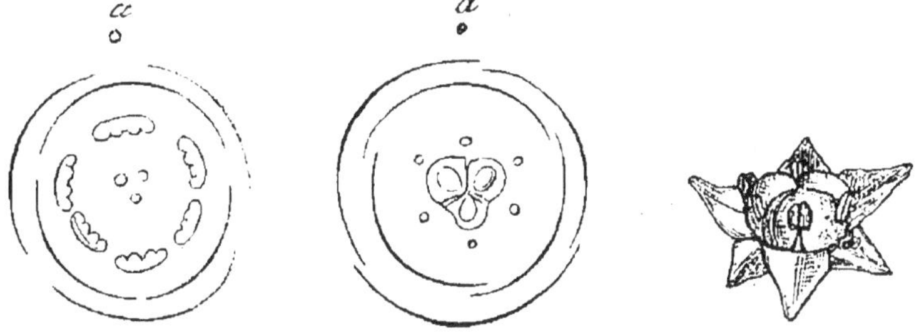

Fig. 91. — Diagrammes et fleurs du Palmier.

bouquet de grandes feuilles composées pennées (tabl. n° 16).

Dans les fleurs du dattier (fig. 91), on trouve un périanthe très petit, vert, formé de six pièces; mais ces fleurs sont de deux sortes : les unes ont six étamines et pas de pistil et les autres ont un pistil et pas d'étamines; le pistil de ces dernières est formé de trois carpelles, dont deux avortent de bonne heure. De plus, on ne trouve sur un même pied de dattier que des fleurs à étamines ou des fleurs à pistil.

Le fruit, appelé datte, est une baie.

Exemples de palmiers; usages. — Tous les palmiers sont des arbres habitant les pays chauds; un seul, parmi eux, le *palmier nain*, croît spontanément à Nice. Leur utilité est très grande dans les contrées chaudes où ils se développent.

Leur bois est employé comme le bois de nos forêts; leurs feuilles servent à la confection des paniers, des nattes, des cordes.

Le fruit du *dattier* (datte) et le fruit du *cocotier* (coco) sont alimentaires; la tige du *sagoutier* renferme une fécule alimentaire appelée sagou; les graines du *palmier à huile* fournissent de l'huile; les inflorescences du *palmier à sucre*

TABLEAU Nᵒ 16

Les Palmiers

donnent une matière sucrée qui par la fermentation devient
une boisson alcoolique (vin de palme); les feuilles et le stipe
du *palmier à cire* fournissent une cire analogue à la cire
des abeilles, etc.

4. — GRAMINÉES.

L'avoine. — La tige de l'avoine (*chaume*) présente des
entre-nœuds longs et creux, des nœuds courts légèrement
renflés et fermés par une sorte de
petit plancher. Les feuilles sont longues, plates, à nervures parallèles,
munies d'une longue gaine fendue
et entourant une grande portion
de l'entre-nœud correspondant.

Les fleurs sont disposées en
épis composés, c'est-à-dire réunies
trois par trois ou quatre par quatre
en petits groupes appelés *épillets*,
portés directement sur un pédoncule principal.

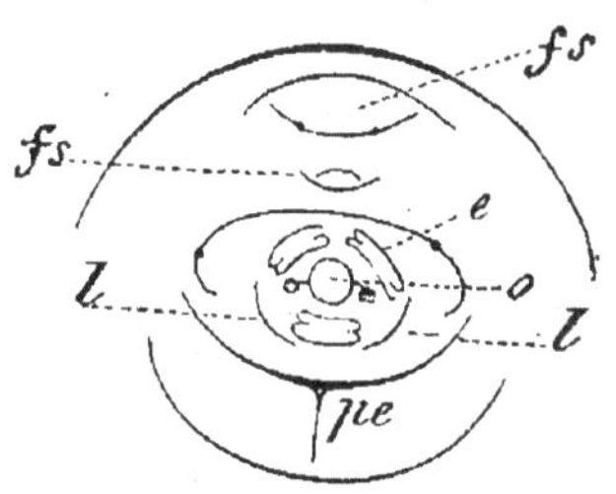

Fig. 92. — Diagramme d'un
épillet : *fs*, fleurs non complètement développées ; *e*,
étamines; *o*, ovaire.

Chaque épillet est entouré de deux écailles vertes ou
glumes; chaque
fleur de l'épillet est
elle-même entou-
rée de deux lames
vertes ressemblant
aux glumes et ap-
pelées *glumelles*.
Dans le *blé barbu*,
l'une des glumelles
se continue par une
sorte de poil long.

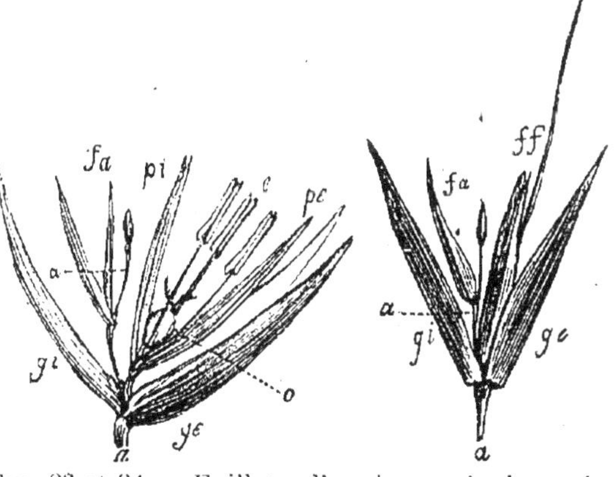

Fig. 93 et 94. — Épillets d'avoine : *gi*, glume interne; *ge*, glume externe; *e*, étamines; *o*, ovaire,

A l'intérieur des
glumelles se trou-
vent deux autres écailles très petites, les *glumellules*
(fig. 92, 93 et 94).

TABLEAU N° 17

Le Blé

I. Plante complète. — II. Epi. — III. Epillet. — IV. Fleur isolée
avec anthères *e* et stigmates plumeux *s*.

La fleur elle-même comprend :

Trois étamines dont les anthères ont, à maturité, la forme d'un X allongé (tabl. n° 17).

Un pistil formé d'un ovaire à une seule loge et à un seul ovule ; l'ovaire est surmonté de deux stigmates *plumeux*, c'est-à-dire couverts de poils qui leur donnent l'aspect d'une plume d'oiseau (tabl. n° 17).

Le fruit (grain d'avoine) est un caryopse formé par l'ovaire soudé avec l'enveloppe de la graine.

Exemples de graminées ; usages. — Les graminées constituent une grande et importante famille ; les gazons (*gramen*, d'où le nom de la famille) sont en majeure partie formés par elles.

Quelques-unes sont alimentaires par leurs grains : *blé*, *seigle*, *orge*, *maïs*, *riz* ; les grains d'*avoine* servent de nourriture aux animaux (cheval) ; les grains d'orge servent à la fabrication de la bière ; la tige de la *canne à sucre* (Amérique) renferme une moelle sucrée d'où l'on extrait par la pression le *sucre de canne* ; il en est de même du *sorgho* (Afrique, Asie) ; l'*alfa* est cultivé en Algérie pour la fabrication du papier. Le fourrage des animaux est presque entièrement formé de graminées : *paturin*, *vulpin*, *dactyle*, *poa*, *brome*, etc.

5. — ORCHIDÉES.

L'orchis. — Les orchidées forment une famille intéressante, représentée dans nos pays par les *orchis*, qu'on trouve assez communément en fleurs au printemps dans nos bois.

Quand on cueille un orchis entier, on voit à la base de la tige deux tubercules, l'un ridé et petit, l'autre renflé et dur (fig. 95). Ce sont des racines modifiées. Le tubercule ridé a fourni des aliments à la plante qui s'est développée ; l'autre fournira des aliments à la plante qui se développera l'année suivante. Un troisième se formera pour remplacer l'ancien et ainsi de suite, de telle sorte qu'on n'en trouve jamais que deux et que les orchis repoussent chaque année au même point.

Les feuilles sont parallélinerves et sans pétiole.

La fleur est curieuse. Le périanthe est constitué par six pièces inégales (tabl. n° 18 et fig. 96) : l'une d'elles, beaucoup plus grande que les autres, porte le nom de *labelle ;* elle présente un prolongement creux, en forme de cornet, contenant du nectar ; ce cornet s'appelle l'*éperon*. — On ne trouve dans cette fleur qu'une seule étamine, et cette unique étamine est même réduite à l'anthère avec ses deux loges ; les grains de pollen sont soudés ensemble de façon à former dans chaque loge une seule masse, appelée *pollinie* (fig. 97). — L'ovaire est infère, tordu sur lui-même, à ovules excessivement nombreux ; il comprend trois loges ; le style est soudé à l'anthère et le stigmate est placé juste au-dessous de ce dernier organe. — Le fruit est une capsule à trois loges, renfermant chacune un nombre immense de graines si petites qu'on a pu les comparer à la sciure de bois.

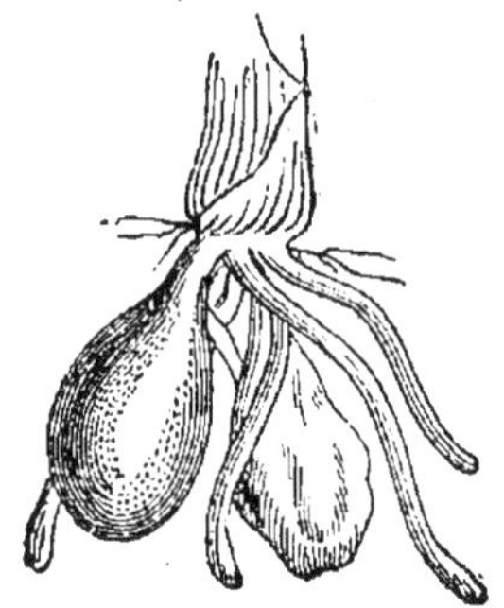

Fig. 95.
Bulbes d'Orchis.

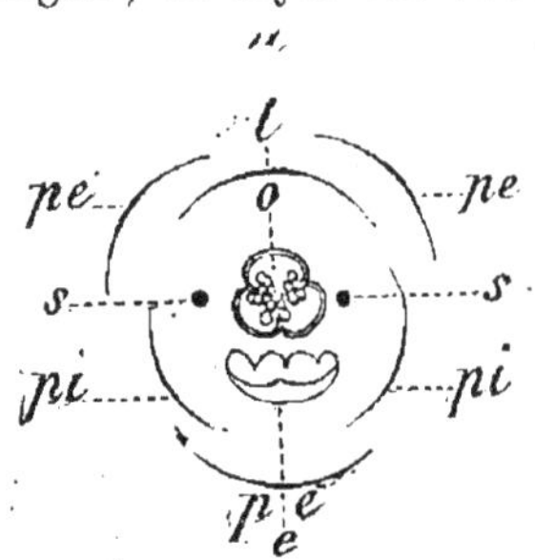

Fig. 96.　　　　Fig. 97.
Diagramme de fleur d'Orchis.　Pollinies grossies.

Le mécanisme du transport du pollen d'une fleur à une autre est très intéressant. Les insectes butinent souvent sur les fleurs des orchis à la recherche du nectar ou liquide sucré contenu dans l'éperon ; pendant qu'ils introduisent

TABLEAU N° 18

L'Orchis

1. Plante complète. — II. Fleur : *p*, périanthe; *e*, éperon; *a*, anthère;
s, stigmate; *o*, ovaire.

leur pompe dans cette espèce de cornet, les pollinies se détachent des loges de l'anthère, se collent sur leur tête et se courbent à angle droit, de telle sorte que, lorsque les insectes vont butiner sur une autre fleur, la masse de pollen est portée directement sur le stigmate gluant, qui en retient une partie.

Exemples d'orchidées ; usages. — Parmi les plantes de nos pays appartenant à cette famille, on peut citer : les *orchis;* les *ophrys*, dont le labelle n'a pas d'éperon. Beaucoup d'espèces exotiques sont cultivées dans les serres pour la singulière beauté de leurs fleurs. C'est aussi dans cette famille que se placent les *vanilles*, dont le fruit aromatique a l'aspect d'une gousse longue et triangulaire ; on connaît l'usage de ce fruit pour les préparations culinaires.

Les tubercules non ridés des orchis, desséchés et réduits en poudre, fournissent le *salep* utilisé pour l'alimentation des enfants et des convalescents.

QUESTIONNAIRE SUR LE CHAPITRE IX

1. Rappelez les caractères généraux des Monocotylédones.
2. Décrivez le lis.
3. Quelles sont les principales liliacées et leurs usages?
4. Décrivez l'iris.
5. Décrivez le dattier.
6. Où croissent les palmiers ? Quels sont leurs usages ?
7. Décrivez la tige, les feuilles et les fleurs d'une graminée.
8. Quelles sont les principales graminées de nos pays ? A quels usages servent ces plantes ?
9. Décrivez la fleur des orchidées.

CHAPITRE X

Gymnospermes.

Nous avons vu que les gymnospermes doivent leur nom à ce que les graines sont *nues*, c'est-à-dire non renfermées dans un *ovaire*.

Ces plantes sont représentées dans nos pays par une seule famille, les *conifères*, dont les exemples les plus communs sont le *pin* et le *sapin*.

FAMILLE DES CONIFÈRES.

Pin. Sapin. — Le pin ou le sapin peuvent nous servir de type pour l'étude générale des conifères.

Ce sont des arbres ainsi que les plantes de toute cette

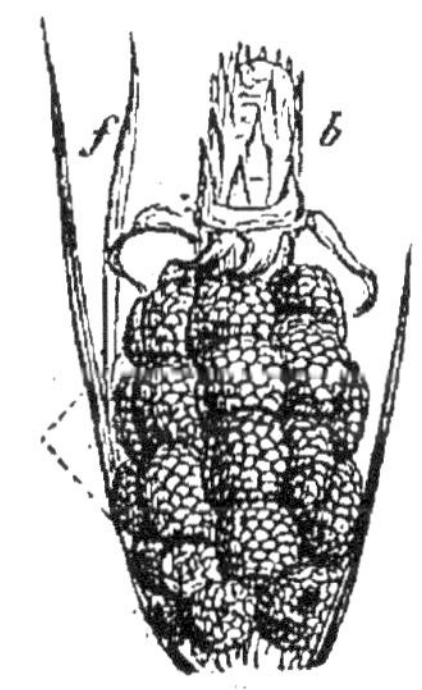

Fig. 98. — Cône mâle (à étamines) du Pin.

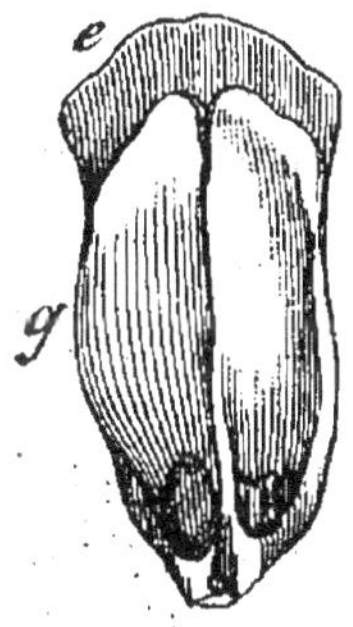

Fig. 99. — Pistil : *e*, bractée; *g*, écailles avec ovule en bas.

famille. Ils sont toujours verts, parce que les feuilles qui tombent sont remplacées à mesure par des feuilles nouvelles. Ces feuilles sont longues et étroites, à une seule nervure : on les appelle des *aiguilles*; dans certains pins elles sont groupées deux par deux au sommet de tout petits rameaux (tabl. nº 19).

Au printemps on voit apparaître sur le pin des appareils en forme de cône (d'où le nom de conifères) : ce sont les fleurs. Dans un même cône on n'observe que des étamines ou des pistils ; chacun d'eux est constitué par un axe principal portant un grand nombre de feuilles modifiées appelées *bractées*.

Dans les cônes à étamines (fig. 98) on trouve à la face *inférieure* de chaque bractée, deux petits sacs qui renferment le pollen : ces petits sacs sont les étamines, réduites à leurs anthères.

Dans les cônes à pistil, on observe à la face *supérieure* de chaque bractée, deux lames minces (fig. 99 et tabl. nº 19), transparentes appelées *écailles*, portant à leur extrémité tournée vers l'axe deux petits corps arrondis ou ovules.

Le pistil est réduit par conséquent aux ovules, non renfermés, on le sait, dans des ovaires.

Les graines viennent, comme toujours, des ovules ayant subi le contact des grains de pollen.

Les cônes à étamines tombent après avoir produit le pollen ; les cônes à ovules, au contraire, grandissent et passent au moins une année sur le pin : ce sont surtout ces derniers qui ont valu à cette famille le nom de conifères.

Autres exemples de conifères ; usages. — Dans la famille des conifères, nous pouvons citer : le *pin maritime*, dont les aiguilles ont une longueur de 10 à 15 centimètre ; le *pin Sylvestre*, à aiguilles moins longues ; le *sapin* et l'*épicea* dont les feuilles sont portées sur des rameaux allongés ; le *cèdre* (fig. 100) ; le *mélèze*, dont les feuilles tombent pendant l'hiver ; le *genévrier*, arbrisseau à feuilles piquantes, disposées en verticilles comprenant chacun trois feuilles ; l'*if*, arbuste à feuilles non piquantes disposées en alternance, à droite et à gauche des rameaux, à fruits charnus rouges (fig. 101) ; le *cyprès*, à feuilles très petites

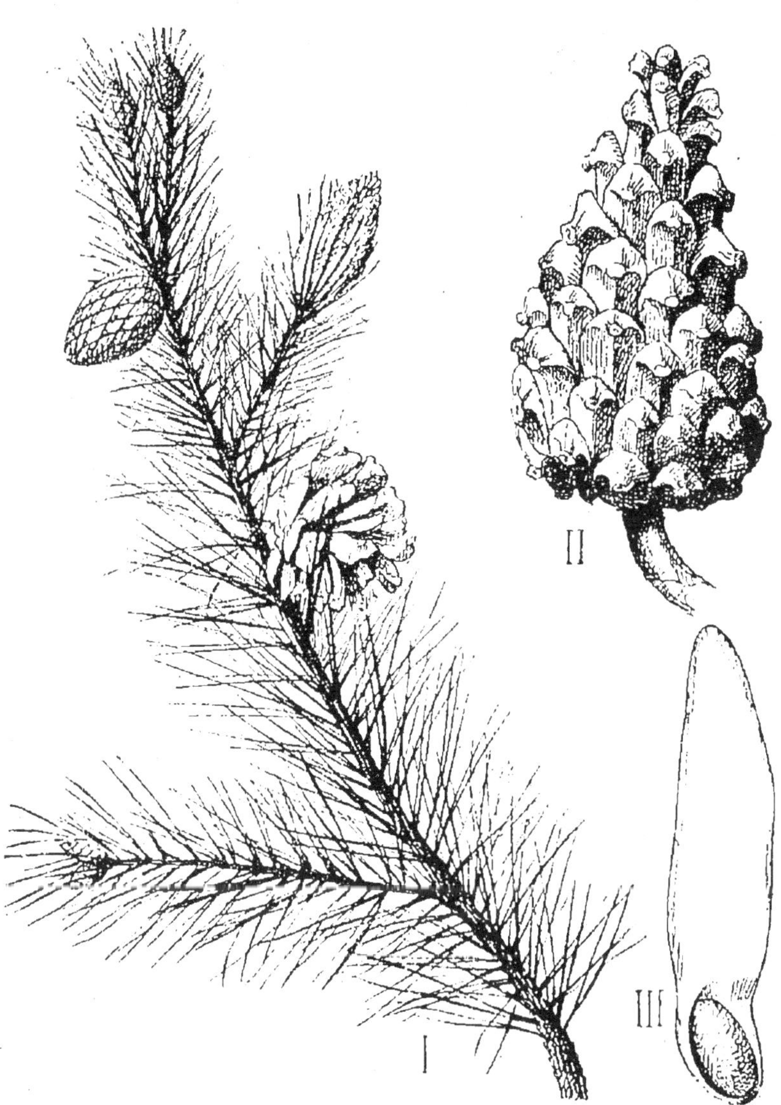

TABLEAU № 19

Le Pin

I. Branches, feuilles et cônes. — II. Cône femelle. — III. Graine.

14.

serrées comme des écailles sur les rameaux qu'elles recouvrent (fig. 102).

Le bois des conifères est très employé dans la construction (charpente des maisons) et dans la menuiserie (meu-

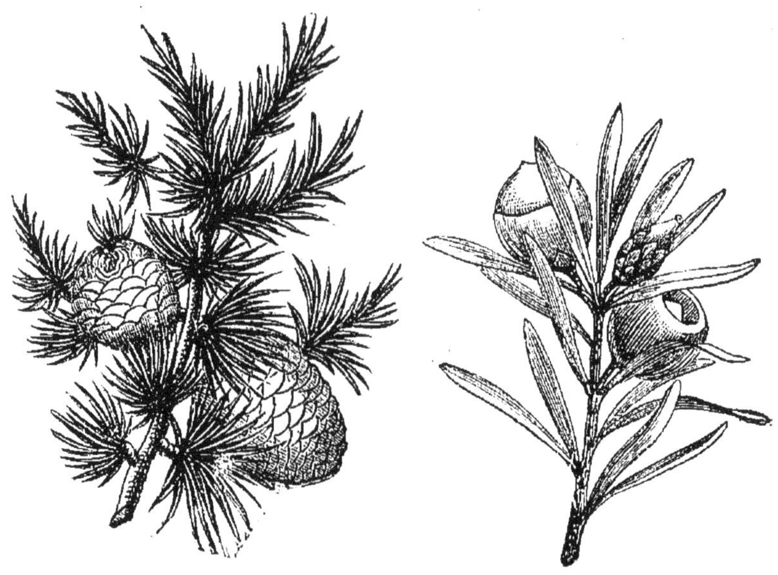

FIG. 100.
Branche de Cèdre du Liban.

FIG. 101.
Branche, feuilles et fruits de l'If.

bles) ; les mâts des navires sont faits avec le pin et le sapin.

On retire du *pin maritime*, cultivé dans les Landes principalement, une substance appelée résine, de laquelle on
extrait divers produits, l'essence de térébenthine, par
exemple.

QUESTIONNAIRE SUR LE CHAPITRE X

1. Quel est le caractère qui a valu leur nom aux gymnospermes ?
2. Comment sont constituées les fleurs à étamines et les fleurs à pistil du Pin ?
3. Quels sont les principaux exemples de conifères ?
4. A quels usages servent les conifères ?

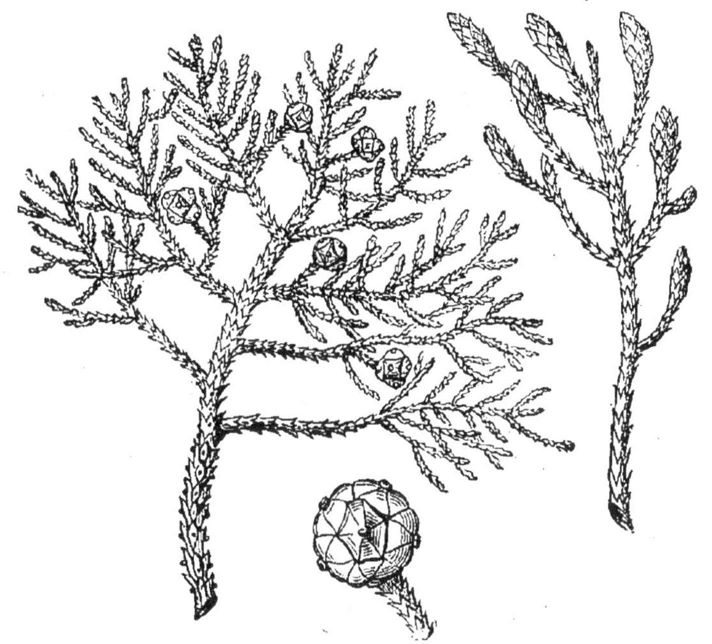

FIG. 102. — Rameaux et fleurs du Cyprès.

CHAPITRE XI

Cryptogames

Les cryptogames sont toujours dépourvues de fleurs, mais tandis que les unes, comme les *fougères*, sont pourvues de tiges, de feuilles et de racines, d'autres, comme les *mousses*, n'ont que la tige et les feuilles. Il en est même dans lesquelles on ne trouve ni racine, ni tige, ni feuilles (algues, champignons).

Passons en revue les trois groupes de cryptogames.

1° CRYPTOGAMES A RACINES

Les fougères, les prêles et les lycopodes.

Les cryptogames à racines sont représentées dans nos pays principalement par les fougères, les prêles et les lycopodes.

Le polypode. — Etudions d'abord les fougères en prenant comme exemple le *polypode*, qu'on trouve communément sur les vieux murs (tabl. n° 20).

La tige est souterraine (rhizome), ainsi d'ailleurs que dans toutes les fougères de notre pays ; elle porte de nombreuses racines grêles (*racines adventives*). Les feuilles, quand elles sont jeunes, sont enroulées en crosse; elles s'étalent à mesure qu'elles grossissent; ce sont des feuilles composées.

Pendant l'été, on trouve, à la *face inférieure* des folioles, des sortes de taches arrondies, vertes d'abord, brunes ensuite : ces taches sont appelées des *sores*. Chaque sore est une espèce de cavité creusée dans la foliole. Cette cavité ou sore est remplie d'un certain nombre de corps en forme de massues, désignés sous le nom de *sporanges*, très nettement visibles avec une loupe ordinaire. Les massues elles-mêmes sont remplies d'une poussière brune formée de petits grains appelés *spores* qui sortent au dehors par la déchirure des sporanges.

En résumé, les spores remplissent la cavité des sporanges, qui par leur groupement constituent les sores.

On compare quelquefois les spores des fougères aux graines des phanérogames. Mais c'est là une comparaison très inexacte, car dans la spore on ne trouve jamais une petite plante, ou embryon, et en se développant, elle ne donne pas tout de suite une nouvelle fougère.

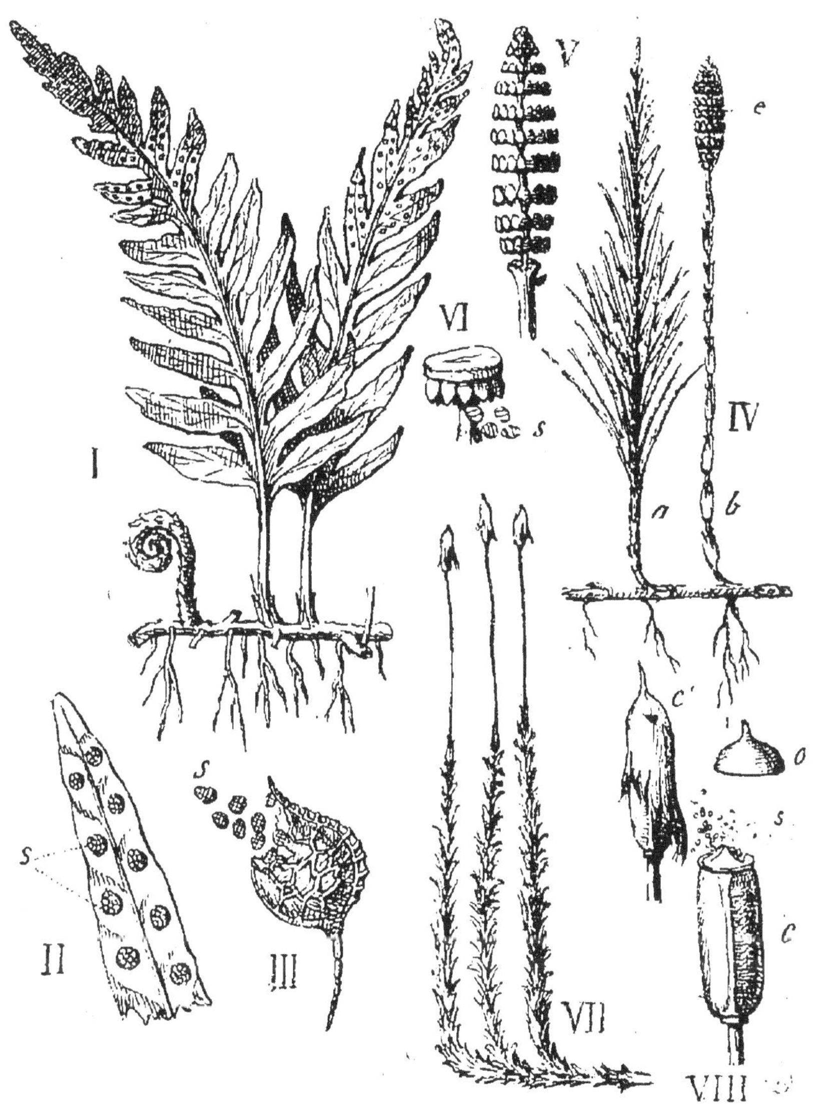

TABLEAU N° 20

Les Cryptogames à racine et les Mousses

I. Polypode avec racines, rhizome, feuilles et sores. — II. Face inférieure de foliole avec sores *s*. — III. Sporange s'ouvrant pour la sortie des spores *s*. — IV. Prèle : *a*, non fertile; *b*, fertile. — V. Epi isolé de prèle. — VI. Une des parties de l'épi avec spores s'échappant *s*. — VII. Mousse avec capsules. — VIII. Détails des capsules : *c'* coiffe; *o*, opercule; *s*, spores; *c*, urne.

En effet, si l'on sème des spores de fougères dans la terre humide, on voit apparaître de petites lames vertes, en forme de cœur et rappelant tout d'abord autant de petites feuilles. Ces lames vertes, résultant du développement des spores, portent le nom de *prothalles*.

C'est sur chaque prothalle que naîtra plus tard la nouvelle fougère par des procédés qu'on ne peut saisir et comprendre qu'à l'aide du microscope composé et que nous devons passer sous silence.

Exemples de Fougères. — Citons quelques-unes de fougères les plus communes :

1° La *scolopendre*, qui vient dans l'ombre et dans les lieux très humides, comme sur les parois des puits. Les feuilles de cette plante sont simples, allongées en forme de langue ;

2° Le *polypode vulgaire*, petite fougère qui vient communément sur les murs et les rochers et dont les feuilles sont une seule fois composées ;

3° La *fougère aigle*, ainsi appelée parce que le pétiole coupé en travers présente grossièrement sur la section une figure d'aigle double ;

4° La *capillaire*, ainsi appelée parce que ses tiges et ses feuilles sont aussi fines que des cheveux ;

5° L'*osmonde*, pouvant avoir jusqu'à 1ᵐ 50 de hauteur.

Les prêles. — Les prêles portent en latin le nom d'*equisetum*, parce que quelques-unes de ces plantes ressemblent à une queue de cheval : c'est même cette désignation de *queue de cheval* qui leur est donnée vulgairement. Ce sont des plantes qui vivent toujours dans des lieux humides, dans les terrains marécageux et même dans les ruisseaux. Leur tige est un rhizome portant des rameaux qui se dressent dans l'air à une hauteur de 1ᵐ 50. Ces rameaux présentent des entre-nœuds assez longs et des nœuds courts qui portent une collerette de feuilles soudées.

Ils peuvent se ramifier en branches secondaires constituées comme eux (tabl. n° 20).

Dans la *prêle des champs*, certaines tiges se terminent par une sorte d'épi formé entièrement par des sporanges qui ont la forme de clous plantés sur l'axe. Ces sporanges sont remplis de spores qui, en se développant, fournissent, comme les spores des fougères, des prothalles sur lesquels se forment plus tard des prêles.

Quelques prêles ont leurs tiges aériennes incrustées de silice ; on peut, en raison de ce fait, les employer pour le polissage des bois : une de ces plantes porte même le nom caractéristique de *prêle des tourneurs*.

Les lycopodes. — Les lycopodes sont des plantes vivaces ayant de 0^m 50 à 1 mètre de long. Leur tige est rampante ; des branches formées sur elles se dressent toutes droites et se terminent par des épis (un ou deux) portant de nombreux sporanges. Les spores contenues dans les sporanges forment la *poudre de lycopode* utilisée par les pharmaciens pour séparer les pilules les unes des autres.

La poudre de lycopode prend feu et fait explosion quand elle est projetée sur une flamme.

2° LES MOUSSES

La funaire hygrométrique. — Prenons comme exemple la *Funaire hygrométrique*.

La tige de cette plante est enfoncée dans le sol ; elle porte dans sa région souterraine des poils bruns qui remplissent le rôle des racines, mais qui ne sont pas plus des racines que les spores des fougères, par exemple, ne sont des graines. Les feuilles, réduites au limbe, sont petites et très serrées les unes contre les autres.

Au printemps on voit s'élever au sommet des tiges, une sorte de filament mince terminé par un petit sac : ce sac est la *capsule* ou *sporange;* il est rempli de spores comparables à celles des fougères quant à leur simplicité. Quand les spores sont mûres, une sorte de couvercle se détache du sommet de la capsule, qui reste ouverte comme une urne, d'où les noms d'*urne* et d'*opercule* donnés à ces deux parties de la capsule (fig. 103, 104, 105 et tabl. n° 20).

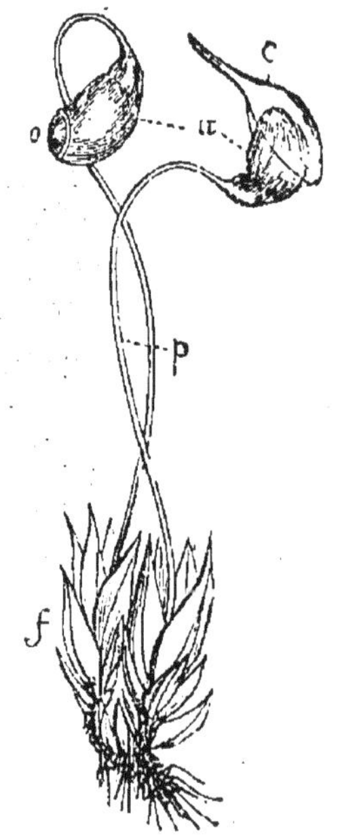

FIG. 103.
La Funaire hygrométrique.

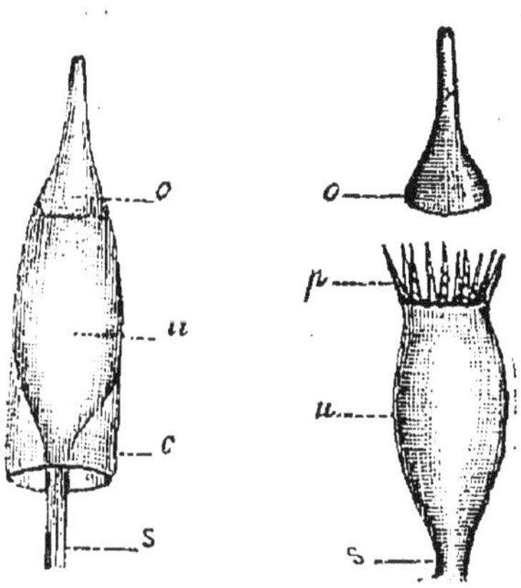

FIG. 104 et 105.
Les capsules de la Funaire.

A l'inverse de ce que nous avons vu chez les Cryptogames à racines, les spores des mousses, en germant sur le sol, deviennent de nouvelles mousses. Mais les sporanges ne s'étaient pas développés immédiatement au sommet des tiges; ils avaient été précédés sur ce sommet par des organes qu'on ne peut voir qu'à l'aide du microscope, et ces organes sont pareils à ceux qui se forment sur le prothalle des fougères pour produire les fougères mêmes.

On peut dire que les mousses sont sans utilité; cependant quelques-unes d'entre elles contribuent à former la tourbe des marais.

Thallophytes.

ALGUES ET CHAMPIGNONS

Caractères généraux des Thallophytes. — Voici encore des plantes plus simples que les mousses : dans les algues et dans les champignons, en effet, on ne trouve jamais aucun organe constitué comme une tige, une racine ou une feuille.

Pour nous en convaincre examinons un des champignons les plus communs, l'*agaric comestible* ou *champignon de couche* (fig. 106); il est cultivé sur le fumier dans les carrières abandon-

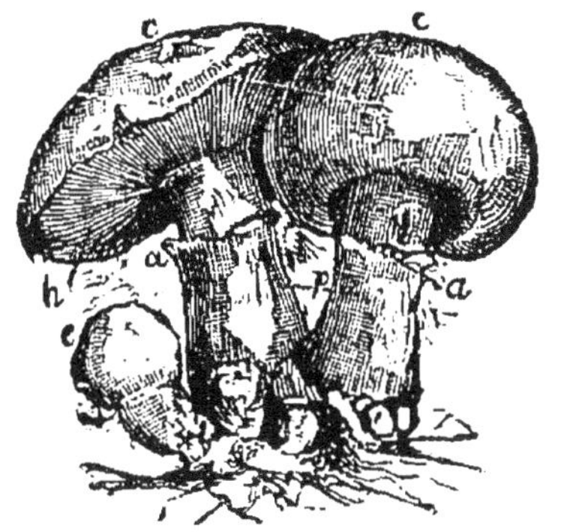

Fig. 106. — Champignon.

nées, et il semble se composer uniquement d'une sorte de *chapeau* porté sur un *pied* plus ou moins allongé. Mais ce ne sont là que les organes destinés à la production des *spores*, et ces organes se sont formés aux dépens de filaments blancs, microscopiques, enroulés, entortillés les uns sur les autres. Ces filaments constituent l'*appareil végétatif* ou *thalle* de ces plantes, et ils ne ressemblent ni à une racine, ni à une tige, ni à une feuille.

Le pied est aussi formé, ainsi que le chapeau, par les mêmes filaments serrés fortement les uns contre les autres.

En examinant le chapeau par sa *face inférieure*, on voit des *lames* rayonnant à partir du pied vers la périphérie : ce sont ces lames qui produisent les *spores*. Si l'on pose un

chapeau d'Agaric sur une feuille de papier blanc, au bout
de quelques heures le papier paraît comme sali par une
poussière noire : cette poussière est formée uniquement par
les spores qui sont tombées des lames du chapeau.

On donne le nom de *thallophytes* aux *champignons* et
aux *algues*, ce qui signifie *plantes ayant un thalle*.

Le thalle varie beaucoup dans sa forme et dans ses dimensions : il y a des algues qui ont un thalle de 300 mètres
et plus de longueur, mais il y en a d'autres et il y a aussi
des champignons dont le thalle n'a que quelques millièmes
de millimètre de longueur. Quelquefois le thalle a l'aspect
d'une feuille, d'autres fois il ressemble à un petit arbre : toujours son étude demande l'emploi du microscope.

Les thallophytes sont divisés en deux groupes : les *algues*
dont le thalle est pourvu de chlorophylle, et les *champignons* dont le thalle est toujours dépourvu de cette substance verte.

Les algues. — Les algues vivent presque toujours dans
l'eau, soit dans l'eau douce,
soit dans la mer. Leur thalle est
vert, brun ou rouge, d'où trois
catégories faciles à distinguer :
les *algues vertes*, les *algues
brunes* et les *algues rouges*.

La plupart des *algues vertes*
habitent l'eau douce : on en
trouve presque toujours dans les
bassins des jardins publics sous
forme de filaments verts, fins
comme des cheveux ; quelques-
unes vivent sur l'écorce des arbres
à laquelle elles donnent une coloration verte ; d'autres plus gran-

Fig. 107. — Algue (Fucus).

des ne se trouvent que dans les mers.

Les *algues brunes* sont celles qui atteignent les plus

grandes dimensions. Leur thalle renferme de la chlorophylle qui est masquée, cachée par une matière colorante brune. On peut citer dans cette catégorie : les *laminaires*, les *varechs* ou *fucus*, très communes sur les plages (fig. 107) ; les *sargasses*, qui forment une végétation abondante dans certaines mers, etc. Les eaux douces ont quelquefois une coloration de *rouille* qui est due à la présence d'*algues microscopiques* appelées *diatomées*.

Les *diatomées* ont leur thalle incrusté de silice : réunies en grand nombre, elles fournissent le *tripoli*.

Les *algues rouges* sont communes sur nos côtes : la chlorophylle de leur thalle est masquée par une matière colorante rouge.

Les champignons. — Les plantes que tout le monde reconnaît comme des *champignons* (l'*agaric*, le *bolet* ou *cèpe*, le *morille*, etc.), ne constituent qu'une très petite partie de ce groupe de Thallophytes : les *moisissures*, si communes sur les confitures, le pain, etc..., l'*oïdium* et le *mildiou*, si désastreux pour les vignobles, la *rouille du blé*, qui cause des dégâts importants dans les champs de Graminées, etc., sont aussi des champignons.

Tous les champignons ont pour caractère commun d'être *parasites*, ce qui s'explique par l'absence de chlorophylle dans leur thalle : c'est précisément leur parasitisme qui est l'origine du mal que certains champignons font à l'agriculture ; on a cependant réussi à combattre efficacement la plupart d'entre eux. Le *mildiou*, par exemple, qui produisait dans les vignobles des ravages considérables, est tué si on arrose avec du sulfate de cuivre (*bouillie bordelaise*), et à certains moments déterminés, les vignes qui en sont atteintes ou simplement menacées.

Les lichens. — Les lichens sont des plantes très communes partout, car ils vivent aussi bien sur l'écorce des arbres que sur les murs et sur les sols les plus arides (fig. 108). Ils ressemblent au premier aspect à des champignons : en réalité ce sont des champignons *associés* à des algues ; ils ne constituent donc pas un groupe à part, ainsi qu'on l'a cru pendant très longtemps.

Dans cette association remarquable de deux végétaux, l'algue, qui est verte, nourrit le champignon ; celui-ci protège l'algue contre la dessiccation et, en outre, fournit les spores qui donnent de nouvelles générations de *lichens*.

Le *lichen d'Islande* est utilisé dans la médecine comme adoucissant dans les maladies des bronches : les Islandais en font une farine qu'ils mangent soit en bouillie, soit dans du lait frais ou dans du lait aigri.

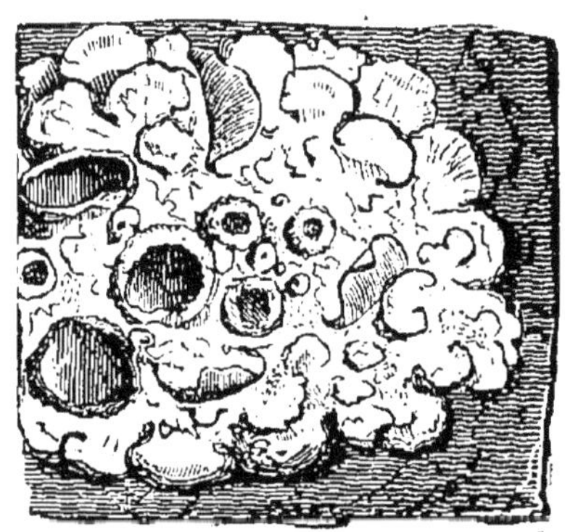

FIG. 108. — Lichen.

Les *roccella* sont utilisés pour la préparation d'une matière colorante rouge, l'*orseille*. Ce sont aussi ces mêmes lichens qui servent à la préparation des *papiers de tournesol* si utilisés en chimie.

Le *lichen des rennes* vient dans les pays froids et constitue presque à lui seul la nourriture des rennes (Laponie).

La *pluie de mousse*, décrite par divers voyageurs, est un lichen qui, sous forme de petites noisettes, est emporté par le vent, puis abandonné comme une pluie dans des plaines éloignées. Il est comestible.

Les bactéries ou microbes. — Tout le monde a entendu parler des *microbes*. Les recherches mémorables de M. Pasteur ont montré qu'ils sont la cause de quelques graves maladies contagieuses (*charbon, choléra, tuberculose*, etc.) ; on les accuse, en outre, de produire un certain nombre de maladies contagieuses également graves (*variole, rage*, etc.).

On sait enfin que si M. Pasteur a déterminé avec la plus grande précision la cause du mal, il est aussi arrivé à trouver un remède efficace dans les vaccinations du charbon, de la rage, etc., et que ses découvertes ont abouti dans tous les cas à des principes d'hygiène de la plus grande importance qui protègent contre la contagion et qui sont appliqués aujourd'hui dans tous les pays.

Que sont les microbes ?

Leur forme est assez variable ; quelques-uns ont la forme de petits globules, d'autres, celle de petits bâtonnets cylindriques, etc. Tous ont un caractère commun, leur petitesse ; les plus grands, en effet, ne dépassent guère dans les conditions ordinaires une longueur de quelques *millièmes de millimètre.*

On les a considérés tout d'abord comme de petits animaux, quoiqu'ils n'aient absolument aucun des organes qu'on est habitué à rencontrer chez les animaux. Aujourd'hui on les place généralement dans le règne végétal, surtout parce qu'ils produisent des *spores;* mais tandis que les uns en font des algues dépourvues de chlorophylle, les autres en font des champignons.

Ce qu'il importe le plus de savoir, c'est que tous sont parasites et se multiplient avec la plus grande rapidité.

Les uns sont utiles, comme ceux qui produisent la fermentation du vin et de la bière, en changeant le sucre du raisin et l'amidon de l'orge en alcool et en acide carbonique ; ce gaz se dégage dans l'air.

Les autres sont inoffensifs et ne nous intéressent nullement.

Beaucoup d'entre eux sont dangereux. Il suffit, pour s'en convaincre, de savoir que ce sont eux qui sont la cause du charbon, de la tuberculose, du choléra, etc., et sans doute aussi d'autres graves maladies dont on n'a pas trouvé encore le microbe spécial.

QUESTIONNAIRE SUR LE CHAPITRE XI

1. Quels sont les trois grands groupes de cryptogames ?
2. Décrivez une fougère. Qu'est-ce que les sores, les sporanges, les spores ?
3. La germination des spores a-t-elle pour résultat la formation d'une fougère ?
4. Qu'est-ce que les prêles ?
5. Qu'est-ce que les lycopodes ?
6. Décrivez une mousse. Où se trouvent les spores de ces plantes ?
7. Qu'est-ce qu'un thalle ?
8. Quels sont les trois principaux groupes d'algues ?
9. Décrivez un agaric. Exemples de champignons.
10. Qu'est-ce que les lichens ? Leur rôle ; exemples.
11. Parlez des bactéries. Exemples.

FIN DE LA BOTANIQUE

TABLE DES MATIÈRES

GÉOLOGIE

BOTANIQUE

PARIS. — IMP. P. MOUILLOT, 13, QUAI VOLTAIRE. — 66253.

www.ingramcontent.com/pod-product-compliance
Ingram Content Group UK Ltd.
Pitfield, Milton Keynes, MK11 3LW, UK
UKHW021853070726
13613UKWH00001B/147